VAN PLANTEN EN SLAKKEN

OF PLANTS AND SNAILS

Sidestone Press

VAN PLANTEN EN SLAKKEN

Bundel aangeboden aan Wim Kuijper
als dank voor veertig jaar lesgeven en determineren

OF PLANTS AND SNAILS

A collection of papers presented to Wim Kuijper
in gratitude for forty years of teaching and identifying

Editors:
Corrie Bakels
Kelly Fennema
Welmoed A. Out
Caroline Vermeeren

Editors: Corrie Bakels, Kelly Fennema, Welmoed A. Out, Caroline Vermeeren

ISBN 978-90-8890-051-8

Published by Sidestone Press, Leiden
www.sidestone.com

Lay-out: P.C. van Woerdekom, Sidestone Press
Cover design: J.F. Porck, Faculty of Archaeology, Leiden University

Contents

Inhoudsopgave

Wim Kuijper veertig jaar in de archeologie

Veertig jaar geleden stapte Wim Kuijper de wereld van de archeologie binnen om te beginnen als tekenaar/restaurator bij de Interfaculteit der Aardrijkskunde en Prehistorie. Daar, op de eerste verdieping van het pand Breestraat 87 in Leiden, zat hij achter een grote tekentafel. Maar alras bleek hij de bovenste verdieping veel interessanter te vinden. In zijn lunchpauze verscheen hij steeds vaker op de zolder waar zich het botanisch laboratorium bevond, dat toen overigens nog in de kinderschoenen stond. Op die zolder bleek zijn passie voor het determineren van kleine, halfvergane plantenresten. Toen de functie van botanisch analist vrij kwam, aasde hij dan ook op die positie, hoewel hij daar officieel geen enkele kwalificatie voor had. Aan iemand die zó graag iets wil en daar duidelijk talent voor heeft, kan een werkgever niet zomaar voorbijgaan en dus kreeg Wim de baan.

Sindsdien is hij nooit meer vertrokken. Hij maakte de verhuizing mee naar de Reuvensplaats en de geboorte van de Faculteit der Archeologie, waarin de Interfaculteit der Aardrijkskunde en Prehistorie opging. De zolderverdieping van het huis aan de Breestraat werd verruild voor een speciaal voor de archeobotanie ontworpen laboratorium. Aan deze ontwikkeling heeft Wim een grote bijdrage geleverd. Omdat de beschrijvingen en determinatiecriteria van plantaardig materiaal dikwijls verborgen zitten in archeologische publicaties, maakte hij deze toegankelijk en daarmee eenvoudig bruikbaar door ze bijeen te brengen in klappers. Ook werkte hij voortdurend aan de uitbreiding van de vergelijkingscollectie.

Intussen was gebleken dat Wim niet alleen een passie voor determineren heeft, maar ook een talent voor het overdragen van zijn kennis aan anderen. Generaties studenten hebben les van hem gehad en velen deden hun afstudeerwerk onder zijn begeleiding. Wim verliest nooit zijn geduld en blijft alles net zo lang uitleggen tot de student het determineren van een bepaald restje onder de knie heeft. Het onderwijs trok, en trekt nog steeds veel studenten, waaronder ook studenten uit Spanje, Frankrijk, België, Duitsland, Polen, Denemarken en zelfs China. Taalbarrières spelen nooit een rol, omdat de taalbeheersing van de studenten gewoonlijk identiek is aan die van Wim, waardoor niemand enige gêne heeft om zijn of haar mond open te doen. En waar taal tekortschiet helpen gebaren en vóórdoen.

Op het driejaarlijkse congres van de International Work Group for Palaeoethnobotany (IWGP) is Wim een graag geziene deelnemer. Niet omdat hij daar lezingen geeft, maar vanwege zijn fenomenale kennis. Menige congresganger heeft een tasje bij zich met daarin onbekend materiaal waarvan hij of zij hoopt dat Wim zal zeggen: o dat is dat en deze soort is daar en daar ook al eens gevonden. En meestal stelt hij hen niet teleur. Wim heeft een verbazingwekkend goed geheugen en graaft zonder aarzelen documentatie op uit één of andere reeds lang vergeten publicatie. Hij heeft trouwens meerdere publicaties op zijn naam staan.

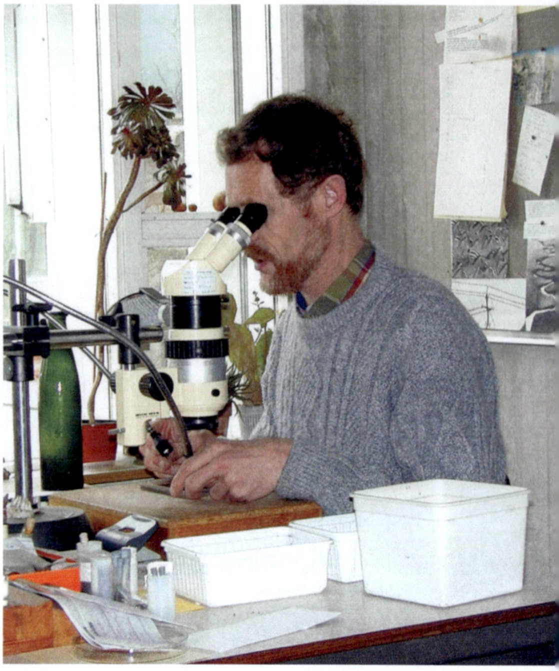

Uiteraard gaat Wim mee het veld in om monsters te nemen op opgravingen of boringen te doen voor pollenonderzoek. Zo ging hij ieder jaar mee naar Frankrijk, naar Cuiry-lès-Chaudardes in het dal van de Aisne, om de bij de grootschalige opgravingen in het Departement Aisne genomen grondmonsters door te zeven en tot transportabele volumes te reduceren. Na de dagelijkse portie zeefwerk nam hij tijd voor zichzelf en stapte het water van de Aisne in om bijzondere zoetwatermossels te verzamelen. Daarmee gaf hij blijk van zijn grote kennis op het gebied van mollusken, een hobby die hij al had vóór hij op het botanisch lab terecht kwam en die hij altijd op hoog niveau is blijven beoefenen. En hoewel schelpen en slakkenhuisjes niet bij zijn eigenlijke baan horen, kunnen veel archeologen de weg naar Wim vinden als het om de determinatie en interpretatie van zulke vondsten gaat.

Aan veertig jaar toewijding kan niet zomaar voorbijgegaan worden. Daarom hebben ondergetekenden de oudleerlingen van Wim die actief in de botanie werkzaam zijn gevraagd om een kleine bijdrage te leveren aan een wetenschappelijke bundel ter ere van Wim. Het idee was om per bijdrage één of hoogstens enkele plantensoorten centraal te stellen. Uiteraard was dit uitgangspunt niet voor iedereen geschikt en was er ruimte om van dit onderwerp af te wijken. Mollusken mochten echter niet ontbreken en daarom hebben we enkele slakkenvrienden van Wim erbij gevraagd om ook dit aspect van Wim's werk onder de aandacht te brengen. Het resultaat is een heel boek geworden: een klassiek 'Festschrift' voor Wim Kuijper. Maar, naar we hopen geen slotaccoord van een carrière, want we willen nog lang van zijn fenomenale kennis gebruik maken.

Corrie Bakels, Kelly Fennema, Welmoed A. Out, Caroline Vermeeren

Wim Kuijper forty years in archaeology

Forty years ago, Wim Kuijper stepped into the world of archaeology to start as illustrator/ restorer with the Interfaculty of Geography and Prehistory. There, on the first floor of the Breestraat 87 in Leiden, he sat behind a large drawingboard. But very soon he was much more interested in the top floor. More and more often he appeared in his lunchhour in the attic where the botanical laboratory was housed, which incidentally was still in its infancy. In that attic became apparent his passion for identifying small, half-decayed plant remains. Thus, when the position of botanical analyst became available, he had his eye on that job, though officially he did not have any qualification for it whatsoever. Someone, who so dearly wants something and so obviously has a talent for it, cannot be passed over by an employer and so Wim landed the job.

And he never left. He went through the move to the Reuvensplaats and saw the birth of the Faculty of Archaeology, into which the Interfaculty of Geography and Prehisotry was subsumed. The attic of the house in the Breestraat was exchanged for a laboratory especially designed for archaeobotany. Wim made a huge contribution to its development. As descriptions and identification criteria of plant material are often hidden away in archaeological publications, he made these accessible and then easy to use by collecting them into binders. He also worked diligently at extending the reference collection.

In the meantime, it appeared that Wim had not only a passion for identifying but also had a talent for passing on his knowledge to others. Generations of students were taught by him, and many did their graduation work under his supervision. Wim never loses patience and keeps on explaining everything until the student gets the hang of identifying a certain remains. Education drew, and continues to draw, many students, among whom students from Spain, France, Belgium, Germany, Poland, Denmark, and even China. Language barriers never played a part, as the proficiency of the students usually is the same as Wim's, so that nobody is embarrassed to open his or her mouth. And where language fails, signs and an actual demonstration can help.

Wim is a highly respected participant at the tri-annual congress of the International Work Group for Palaeoethnobotany (IWGP). Not because he gives lectures there, but because of his phenomenal knowledge. Many a conference participant has a small bag with him with unidentified remains of which he or she hopes that Wim will say: ah that is that, and this species has been found there and there. And usually he does not disappoint them. Wim has an amazingly good memory, and without hesitation digs up documentation from an already long-forgotten publication. Incidentally, he is credited with several publications himself.

Of course Wim comes along into the field to take samples at excavations or to make borings for pollen research. Thus he came to France every year, to Cuiry-lès-Chaudardes in the Aisne Valley, to sieve the soil samples of the large-scale excavations in the Departement Aisne, and to reduce them to transportable volumes. After his daily share of sieving, he took time off for himself and would enter the waters of the Aisne to collect unusual freshwater mussels. He thus showed his extensive knowledge in the field of molluscs, a hobby he already had before he joined the botanic lab, and which he has always continued to pursue at the highest level. And although shells and snail shells are not part of his job proper, many archaeologists can find their way to Wim's office when it comes to the identification and interpretation of such finds.

We cannot allow forty years of dedication to pass unnoticed. Hence the undersigned have asked those ex-pupils of Wim who are actively engaged in botany to submit a short contribution to a scientific volume in his honour. The idea was to focus in every contribution on one or at most a few plant species. Of course this point-of-departure did not suit everybody, and there was room to deviate from this subject. Also, this volume would not be complete without molluscs, and we therefore invited some of Wim's snail friends to highlight this aspect of Wim's work. The result has evolved into quite a volume: a classic 'Festschrift' for Wim Kuijper. But we dearly hope not a grand finale to a career, as we would like to make use of his phenomenal knowledge for a long time to come.

Corrie Bakels, Kelly Fennema, Welmoed A. Out, Caroline Vermeeren

De vroegste vondsten van bolderik (*Agrostemma githago* L.) in Nederland

The earliest finds of corncockle (*Agrostemma githago* L.) in the Netherlands

Corrie Bakels

Faculteit der Archeologie, Universiteit Leiden
Postbus 9515 2300 RA Leiden, Nederland
c.c.bakels@arch.leidenuniv.nl

Samenvatting

Uit archeologische vondsten blijkt dat bolderik (*Agrostemma githago* L.) pas sinds het begin van onze jaartelling, de Romeinse tijd, in Nederland voorkomt. Het onkruid is met partijen tarwe, bestemd voor het Romeinse leger, meegekomen. De herkomst van deze tarwe moet waarschijnlijk in Noord-Frankrijk gezocht worden, maar ook daar is bolderik niet inheems. Zij komt, voor zover bekend, oorspronkelijk uit Zuidoost-Europa en heeft haar areaal van daar uit in een duizenden jaren durend proces uitgebreid naar het westen.

Abstract

Finds from archaeological contexts show that the earliest presence of corncockle (*Agrostemma githago* L.) in the Netherlands date from the Roman period. The weed arrived with wheat destined for the Roman army. Its immediate origin probably lies in Northern France, but there too the plant is not indigenous, as it has not been found there earlier than the pre-Roman Iron Age. Its origin is said to lie in Southeastern Europe. From there the species spread over Central and Western Europe during a process that started somewhere in the fifth millennium BC and ended around the beginning of our era.

Inleiding

Bolderik (*Agrostemma githago* L.) is een plant die al snel de aandacht trekt. Vanwege de mooie bloemen ontbreekt zij tegenwoordig in vrijwel geen enkel 'wilde bloemen' mengsel dat in de handel aangeboden wordt om wegbermen en tuinen te verfraaien. In een archeobotanisch laboratorium vallen haar zaden meteen op, althans héle zaden. Met kleine fragmenten ligt dat anders, maar Wim Kuijper weet zelfs de miniemste stukjes feilloos op naam te brengen. Die stukjes zijn gewoonlijk uit meel of brood afkomstig, want bolderik hoort bij graan en wordt samen met de graankorrels vermalen.

Een negentiende-eeuwse bron, de Flora Batava, vermeldt over bolderik het volgende:

> *'Groeiplaatsen: op graanlanden. Algemeen over het geheele Rijk, bovenal op Kleigronden.*
>
> *Huishoudelijk gebruik: Dit tusschen de granen sterk wassend onkruid, verdient daarvan naauwkeurig gezuiverd te worden, om dat het zaad aan het meel eene hemelschblaaue kleur, en een scherpen bitterachtigen smaak geeft. De hoenders en duiven zijn er afkerig van, en schoon het doorgaans voor onschadelijk wordt gehouden, komt het uit dezen hoofde aan Gattenhoff verdacht voor, te meer, om dat men in Duitschland kwaadaardige koortsen had ontdekt bij behoeftigen, die dit zaad uit het graan gezocht hadden, om er meel van te winnen en brood van te bakken.—De bijen halen veel was uit de bloemen. De moeilijkheid der uitroeijing dezer plant op den akker, is elken bouwman bekend.' (Kops 1814).*

De zaden zijn inderdaad moeilijk uit graan, ook uit het zaaigoed, te verwijderen, omdat zij in gewicht en formaat zo op graankorrels lijken dat wannen en zeven weinig effect hebben. Maar met moderne chemicaliën is dat uitroeien inmiddels wel degelijk gelukt. Bolderik staat op de Rode Lijst met de aantekening Ernstig Bedreigd. Eeuwenlang was de plant echter een gevreesd onkruid in wintergraanakkers (Fig. 1).

De vroegste vondsten in Nederland

In Centraal en Westeuropa behoort bolderik tot de allochtone akkeronkruiden, dat wil zeggen tot de groep die zich niet vanuit een natuurlijke standplaats tot akkeronkruid ontwikkeld heeft. De wilde voorouder zou in Zuidoost-Europa thuishoren al zijn de gegevens hierover wat vaag. De plant heeft zich zó aan de graanteelt in de diverse regio's aangepast dat er vele

Fig. 1
Een graanakker met bolderik in Turkije. Foto R. Cappers.

Cereal field with corncockle in Turkey.

landrassen zijn ontstaan, horend bij een specifiek klimaat en graantype. De verschillende verschijningsvormen worden in de genenbank van het Leibniz Institute of Plant Genetics and Crop Plant Research in Gatersleben, Duitsland, bewaard. Gatersleben kan 244 bolderik-rassen leveren.

Wanneer dook bolderik in Nederland op? Hoewel al sinds 5300 v. Chr. op Nederlands grondgebied graan wordt verbouwd, blijkt dat de plant gedurende de hele prehistorie schittert door afwezigheid. De oudste vondsten dateren van ná de komst van de Romeinen rond 19 v. Chr. (Tabel 1). Sterker nog, zij zijn uitsluitend gedaan in samenhang met directe Romeinse aanwezigheid (Fig. 2). Gedurende de eerste vijf eeuwen van onze jaartelling zijn geen vondsten buiten zulke locaties gedaan. Pas in de Vroege Middeleeuwen duikt bolderik ook elders op.

De op dit ogenblik oudste vondst komt uit het Romeinse havenslib van Velsen en heeft een datering tussen 15 en 30 n. Chr. De Romeinen hadden hier kortstondig een zeehaven, maar deze bleek militair niet houdbaar. Na deze korte excursie in het gebied ten noorden van de grote rivieren trokken zij zich terug achter een duidelijke grens: de Rijn, die toen nog als hoofdstroom de Kromme Rijn en de Oude Rijn volgde. Deze rijksgrens is duidelijk zicht-

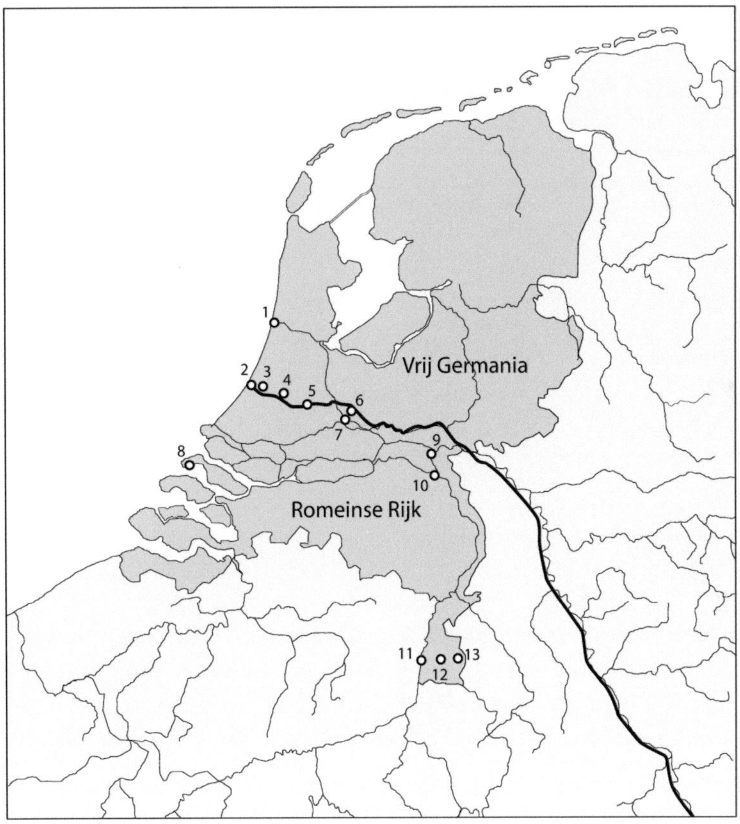

Fig. 2
Vindplaatsen met een datering ouder dan AD 500. De nummers corresponderen met de nummers in tabel 1. De dikke zwarte lijn geeft de grens van het Romeinse Rijk aan.

Sites older than AD 500. The numbers correspond with the numbers mentioned in table 1. The frontier of the Roman Empire is indicated by a thick black line.

nr	plaats	context	datering	bron
1	Velsen 1	militaire zeehaven	15-28	van den Berg 1985
11	Maastricht-Plankstraat/ Derlon	vuilstort, civiel	15-30	Bakels en Dijkman 2000
4	Alphen a/d Rijn-Julianastraat	latrine in fort (castellum)	40-75	Kuijper en Turner 1992
2	Valkenburg-castellum II	fort (castellum)	69	van Zeist 1968
2	Valkenburg-Marktveld I	waterput in handelsplaats bij fort (vicus)	28-69	Pals et al. 1989
2	Valkenburg-Marktveld II	graanschuur in handelsplaats bij fort (vicus)	69	Pals et al. 1989
5	Woerden-hoek Molenstraat	gracht rond fort (castellum)	40-69	Brinkkemper en de Man 1999
7	Houten-Doornkade	waterput bij inheemse boerderij	70-150	Buurman 1986
8	Ouddorp-Oude Oostdijk	handelsplaats bij fort (vicus) ?	ca. 80	van Zeist 1968
11	Maastricht-Stokstraat	bakkerij ? In civiele nederzetting	2e-3e eeuw	van Zeist 1968
9	Nijmegen-Canisiuscollege	kuil in handelsplaats bij legerplaats (canabae)	70-150	Buurman 1982
11	Maastricht-Houtmaas	latrine ? In civiele nederzetting	100-150	Bakels en Dijkman 2000
2	Valkenburg-Marktveld III	greppel en waterput in handelsplaats bij fort (vicus)	90-250	Brinkkemper niet gepubl.
6	Vechten-Bunnik	fort (castellum)	90-270	Buurman en de Man 1999
12	Voerendaal-ten Hove, 3e fase	grote boerderij (villa rustica)	2e-3e/4e eeuw	Kooistra 1996
13	Kerkrade-Holzkuil	grote boerderij (villa rustica)	ca. 250	Kooistra en van Beurden 2004
6	Bunnik-Marsdijk	waterput in handelsplaats bij fort (vicus)	150-250	Buurman 1986
5	Woerden	schip	175-200	Pals en Hakbijl 1992
3	Leiden-Roomburg	handelsplaats bij fort (vicus) en Corbulo gracht	70-275	van Amen en Brinkkemper zj
11	Maastricht-Pandhof	graanschuur in fort	375-425	Bakels en Dijkman 2000
10	Cuijk-6000	rivierslib naast loskade bij fort	4e eeuw	Bakels en Kuijper 2006
7	Houten-Tiellandtweg IV	voorraadkuil bij inheemse boerderij	250-350	Kooistra 1996

Tabel 1
Plaats, context en datering van bolderikvondsten ouder dan AD 500.

Site, context and date of corncockle finds older than AD 500.

baar in het stippenpatroon van figuur 2. De grens werd door troepen onder Romeins bevel bewaakt en de meeste vondsten van bolderik zijn gedaan in militaire nederzettingen. Eén van de vroegste is bijvoorbeeld de bolderik uit het toilet van een Romeinse officier met een datering tussen 25 en 75 n. Chr. (Kuijper en Turner 1992). Het ziet er dus naar uit dat het graanonkruid bolderik met de Romeinen is meegekomen.

Bolderik in Centraal en Westeuropa

Hoe is het elders in Centraal en Westeuropa gesteld? Bolderik ontbrak op de akkers van de eerste boeren, de dragers van de zogenaamde Lineairbandkeramische cultuur (Vroeg-Neolithicum) die duurde tot 4900-4800 v. Chr. (Kreuz 1990, Kreuz et al. 2005). De eerste bolderik duikt op in Polen, in opgravingen van de aldaar op de Lineairebandkeramische cultuur volgende Lengyel cultuur (vijfde millennium v. Chr.). Sinds het Midden-Neolithicum wordt zij met enige regelmaat aangetroffen in Polen en het oostelijk deel van Duitsland (Hellmund 2008). In het derde millennium v. Chr. heeft de plant Zwitserland bereikt (Jacomet 2008). Meer westelijk gelegen delen van Europa, zoals Noord-Frankrijk, krijgen pas in de IJzertijd, vanaf 500 v. Chr. met bolderik te maken (de Hingh 2000; Matterne 2001). Matterne merkt overigens op dat het onkruid pas in de Romeinse tijd een echte plaag wordt. In het Duitse Rijnland is bolderik, net als in Nederland, pas sinds de Romeinse tijd aanwezig (Knörzer et al. 1999, p. 120). Voor Noord-Duitsland geldt hetzelfde als voor het Nederland van boven de grote rivieren: bolderik komt daar pas sinds de Vroege Middeleeuwen voor, zoals o.a. te Kosel is aangetoond. Daar ontbreekt de soort in contexten die gelijktijdig zijn met de Romeinse tijd, om zeer frequent op te duiken in monsters uit de Viking periode (Müller-Wille et al. 1988).

Bij welke graansoort hoorde de eerste Nederlandse bolderik?

Terug naar Romeins Nederland. Tussen welke soort graan groeide bolderik? Vele vondsten zijn uit afval afkomstig dat op stortplaatsen en op de bodem van grachten en afgedankte waterputten terecht gekomen is. Dit afval bestaat uit een mengsel van plantenresten van allerlei herkomst en een duidelijke één op één relatie tussen bolderik en graan is in dit type vondsten niet vast te stellen. Gelukkig zijn er ook resten van graanvoorraden bewaard gebleven die ons wèl die informatie kunnen verschaffen. Zij danken hun bestaan aan het afbranden van een graanschuur of een andere calamiteit, waarbij de inhoud verkoolde (Fig. 3). Hieronder volgen de tot nu toe bekende vondsten van de combinatie graan en bolderik.

Een afgebrande (vermoedelijke) bakkerij te Maastricht-Stokstraat had broodtarwe (*Triticum aestivum* L.) in voorraad, met daarin bolderik (van Zeist 1968). Partijen broodtarwe met bolderik zijn ook gevonden in Ouddorp-Oostdijk, Valkenburg-castellum II en Maastricht-Pandhof (van Zeist 1968; Bakels en Dijkman 2000). Op de herenboerderij (*villa rustica*) Voerendaal-ten Hove ging het niet om broodtarwe maar om speltarwe (*Triticum spelta* L.)

Fig. 3
Verkoolde bolderikzaden uit een Romeinse graanopslag in Maastricht-Pandhof. Doorsnede van de zaden 2-2,5 mm.
Foto J. Pauptit.

Charred seeds of corncockle found in a Roman granary in Maastricht-Pandhof. The seeds are 2-2.5 mm across.

(Kooistra 1996) en in de lading van een Romeins schip, gezonken in de Rijn bij Woerden was het emmertarwe (*Triticum dicoccum* Schübl.) (Pals en Hakbijl 1992). Emmertarwe, met een kleine bijmenging van spelttarwe, lag ook opgeslagen in een graanschuur te Valkenburg-castellum II (van Zeist 1968). De graanconcentraties te Valkenburg-Marktveld II en Nijmegen-Canisiuscollege bestonden uit respectievelijk broodtarwe gemengd met gerst (*Hordeum vulgare*) en broodtarwe gemengd met spelttarwe (Pals et al. 1989). In de laatste twee gevallen zijn er vermoedelijk twee of meer partijen graan bij een brand door elkaar geraakt.

Er zijn ook Romeinse graanvoorraden waarin géén bolderik voorkwam. Zowel in Ouddorp-Oude Oostdijk als in Valkenburg-castellum II ontbrak bolderik in partijen gerst (van Zeist 1968). In een Laat-Romeinse voorraad emmertarwe, opgegraven te Houten-Tiellandt IV ontbrak bolderik eveneens (Kooistra 1996, p. 306). De afwezigheid van het onkruid in gerst is wellicht geen toeval. Bolderik groeit voornamelijk tussen wintergraan en gerst was waarschijnlijk een zomergraan. Tarwe werd geteeld als wintergewas. Dan moet alleen nog de voorraad uit Houten-Tiellandt IV verklaard worden. Het ontbreken van bolderik kan in dit geval op toeval berusten. Een andere onkruidsoort die net als bolderik bij wintergraan hoort, dreps (*Bromus secalinus* L.), is namelijk wel aanwezig en deze emmertarwe is dus vermoedelijk toch als wintergewas verbouwd. Het is echter ook mogelijk dat dit graan lokaal geproduceerd is, met zaaigoed dat terugging op lokale, nog uit de prehistorie stammende emmertarwe. Juist déze tarwesoort was de meest geteelde tarwe in de periode vóór de komst van de Romeinen en in de prehistorie van Nederland kwam bolderik nog niet voor.

Waar komt de Nederlandse bolderik vandaan?

Daarmee komen we op de vraag: waar komt die Romeinse tarwe, mèt bolderik, eigenlijk vandaan? Transport van grote partijen graan, over de weg maar vooral ook over water, was in de Romeinse tijd heel gebruikelijk. Het leger had heel wat graan nodig. Het te Woerden gezonken schip is een getuige van zo'n transport. De lading graan kwam niet uit het rivierengebied, maar uit zuidelijker streken, zoals door een ander onkruid, straalscherm (*Orlaya grandiflora* (L.) Hoffm.) wordt aangetoond (Pals en Hakbijl 1992). Ook in het havenslib aan de voet van de Romeinse loskade langs de Maas te Cuijk-6000 waren veel onkruiden van meer zuidelijke herkomst aanwezig (Bakels en Kuijper 2006). De meest noordelijk gelegen bedrijven waar grootschalig tarwe werd verbouwd zijn boerderijen in het Duitse Rijnland en Zuid-Limburg. Het reeds genoemde Voerendaal-ten Hove, maar ook Kerkrade-Holzkuil, zijn er voorbeelden van. Op hun akkers groeide al bolderik tussen het graan. Maar hoe kwamen zij aan die bolderik? Mogelijk kwam hun zaaigoed oorspronkelijk uit Noord-Frankrijk, waar dit onkruid al in de IJzertijd voorkwam, maar pas in de Romeinse tijd een serieus probleem werd. De grootschalige monocultuur van tarwe, vooral brood- en spelttarwe, die op de Romeinse herenboerderijen de norm schijnt te zijn geweest, heeft vermoedelijk veel aan de opmars van bolderik bijgedragen. Het zaad van bolderik houdt niet lang zijn kiemkracht en overleeft slecht enkele jaren in de grond, in de zogenaamde zaadbank (Bakker 2000) en het onkruid moet het daarom hebben van een regelmatig weerkerende teelt, uitgaande van zaaigoed waarin haar zaden reeds aanwezig zijn. Echter, het laatste woord over de herkomst van de Nederlandse bolderik is nog zeker niet gesproken.

Literatuur

Amen I van, Brinkkemper O (zonder jaartal) De plantenresten uit de Romeinse sporen van de opgraving te Roomburg. Rapportage Archeologische Monumentenzorg, ROB, Amersfoort

Bakels C, Dijkman W (2000) Maastricht in the first millennium AD, the archaeobotanical evidence. Archaeologica Mosana 2

Bakels C, Kuijper W (2006) De Romeinse loskade van Cuijk, botanisch gezien. In: Brinkkemper O, Deben J, van Doesburg J, Hallewas DP, Theunissen EM, Verlinde AD (eds) Vakken in vlakken, Nederlandse Archeologische Rapporten 32, pp 7-19

Bakker P (ed.)(2000) Beschermingsplan akkerplanten. Ministerie van landbouw, natuurbeheer, visserij, Wageningen

Berg T van den (1985) Paleobotanisch onderzoek van enkele anthropogene lagen uit de Romeinse haven bij Velsen. Intern rapport IPP, Amsterdam

Brinkkemper O, Man R de (1999) Archeobotanisch onderzoek. In: Haalebos JK, Vos W (eds) Aanvullend onderzoek in Woerden. ADC-rapport 5, pp 27-31

Buurman J (1982) Intern rapport ROB, Amersfoort

Buurman J (1986) Intern rapport ROB, Amersfoort

Buurman J, de Man R (1999) Archeobotanische waardering van enkele monsters uit de opgraving van het Romeinse fort te Bunnik-Vechten. Intern rapport ROB, Amersfoort

Hellmund M (2008) The Neolithic records of *Onopordum acanthium*, *Agrostemma githago*, *Adonis* cf. *aestivalis* and *Claviceps purpurea* in Sachsen-Anhalt, Germany. Vegetation History and Archaeobotany 17: 123-130

Hingh AE de (2000) Foodproduction and food procurement in the Bronze Age and Early Iron Age (2000-500 BC). Archaeological Studies Leiden University 7

Jacomet S (2008) Subsistenz und Landnutzung während des 3. Jahrtausends v. Chr. Aufgrund von archäobotanischen Daten aus dem südwestlichen Mitteleuropa. Offa Bücher 84:355-377

Knörzer K-H, Gerlach R (1999) Geschichte der Nahrungs- und Nutzpflanzen im Rheinland. In: Knörzer K-H, Gerlach R, Meurers-Balke J, Kalis AJ, Tegtmeier U, Beckern WD, Jürgens A (eds) Pflanzenspuren, Archäobotanik im Rheinland: Agrarwirtschaft und Nutzpflanzen im Wandel der Zeiten. Rheinland-Verlag, Köln pp 67-127

Kooistra LI (1996) Borderland farming, possibilities and limitations of farming in the Roman period and early Middle Ages between the Rhine and Meuse. Van Gorcum, Assen

Kooistra LI, van Beurden L (2004) De Romeinse villa van Kerkrade-Holzkuil onderzocht op organische resten. Biaxiaal 176

Kops J (1814) Flora Batava, Volume 3. JC Sepp en Zn, Amsterdam

Kreuz A (1990) Die ersten Bauern Mitteleuropas – eine archäobotanische Untersuchung zu Umwelt und Landwirtschaft der Ältesten Bandkeramik. Analecta Praehistorica Leidensia 23

Kreuz A, Marinova E, Schäfer E, Wiethold J (2005) A comparison of Early Neolithic crop and weed assemblages from the Linearbandkeramik and the Bulgarian Neolithic cultures: differences and similarities. Vegetation History and Archaeobotany 14: 237-258

Kuijper WJ, Turner H (1992) Diet of a Roman centurion at Alphen aan den Rijn, The Netherlands, in the first century AD. Review of Palaeobotany and Palynology 73: 187-204

Matterne V (2001) Agriculture et alimentation végétale durant l'âge du Fer et l'époque gallo-romaine en France septentrionale. Monique Mergoil, Montagnac

Müller-Wille M, Dörfler W, Meier D, Kroll H (1988) The transformation of rural society, economy and landscape during the first Millennium AD: archaeological und palaeobotanical contributions from Northern Germany and Southern Scandinavia. Geografiska Annaler 706: 53-68

Pals JP, Beemster V, Noordam A (1989) Plant remains from the Roman castellum Praetorium Agrippinae near Valkenburg (prov. of Zuid-Holland). Archäobotanik, Dissertationes Botanicae 133:117-134

Pals JP, Hakbijl T (1992) Weed and insect infestation of a grain cargo in a ship at the Roman fort of Laurium in Woerden (Province of Zuid-Holland). Review of Palaeobotany and Palynology 73: 287-300

Zeist W van (1968) Prehistoric and early historic food plants in The Netherlands. Palaeohistoria 14: 42-173

Zaden van Vergeet-me-nietjes (*Myosotis*) aan de vergetelheid ontrukt

Seeds of Forget-me-nots (*Myosotis*) no longer forgotten

Otto Brinkkemper[1], Laurens van der Maaten[2], Paul Boon[3]

1 Rijksdienst voor het Cultureel Erfgoed, Postbus 1600, 3800 BP Amersfoort
o.brinkkemper@cultureelerfgoed.nl

2 Information and Communication Theory Group, Delft University of Technology, Postbus 5013, 2600 GA Delft, l.j.p.vandermaaten@tudelft.nl

3 Data Archiving and Networked Services (DANS), Postbus 93067, 2509 AB the Hague
paul.boon@dans.knaw.nl

Samenvatting

Zaden van vergeet-me-nietjes hebben de naam moeilijk determineerbaar te zijn en weinig archeobotanici hebben een poging ondernomen om verder te komen dan *Myosotis* species. Deze bijdrage poogt daar verandering in aan te brengen. Uitgaande van digitale foto's zijn afmetingsvariabelen vastgelegd die vervolgens aan diverse statistische analyses zijn onderworpen. Het resultaat is een determineersleutel die aan het einde van de tekst te vinden is.

Abstract

The identification of seeds of *Myosotis* species (forget-me-not) has received little attention from archaeobotanists, despite their name. Digital image analysis by means of Fovea Pro 4.0 (Russ 2005) has provided clues to distinguish most of the seven Dutch *Myosotis* species. The identification key at the end of this contribution summarises the results and can be used in the identification of archaeobotanical remains. We aimed to use as much as possible easily obtainable measurement criteria. Where more detailed identifications are possible using variables obtained from performing digital image analysis of seed photographs, we have included these variables as well.

Inleiding

Zaden van vergeet-me-nietjes (*Myosotis*) behoren, hun naam ten spijt, in archeobotanisch opzicht tot de ondergeschoven kindjes. Waar erkende complexe genera als *Carex* of families als de schermbloem- of de grassenfamilie zich hebben mogen verheugen op diepgravende aandacht van archeobotanici, komen de slechts zeven soorten vergeet-me-nietjes die tot onze inheemse flora behoren er bekaaid vanaf. Zelfs in de 71 pagina's die Jacomet, Brombacher en Dick (1986, p. 277-348) wijdden aan determinatiecriteria voor vrijwel alle denkbare West- en Centraal-Europese plantensoorten is geen regel gewijd aan de vergeet-me-nietjes. Ook

Fig. 1
Bloeiwijze van Moeras-vergeet-me-nietje (Myosotis scorpioides)
Foto Hendrik van Kampen

Inflorenscence of True Forget-me-not (Myosotis scorpioides)

Knörzer (1970) constateerde slechts dat "alle Früchtchen der Gattung [*Myosotis*] sind einander sehr ähnlich"! In 1981 meldt dezelfde collega, die zich waarschijnlijk het meest uitputtend heeft verdiept in het opsporen van determinatiecriteria voor archeobotanisch materiaal, dat zaden van *M. scorpioides* (in zijn publicatie opgevoerd onder het synoniem *M. palustris*) door de grotere zaden (1,3-1,6 mm) afwijken van *M. arvensis, M. ramosissima* en *M. discolor* (synoniem *M. versicolor*). Behre (1983) onderscheidt *M. scorpioides* van alle andere soorten door vloeiende overgang tussen de dorsale en ventrale zijde. Al met al zijn determinatiecriteria voor de zaden van de meeste soorten er dus nauwelijks. En dat terwijl googelen op 'forget-me-not' bijna 50 miljoen (voornamelijk poetische) treffers oplevert, vooral dankzij de bekende bloeiwijze (Fig. 1)!

De aanleiding voor dit artikel is de verhuizing van de (thans) Rijksdienst voor het Cultureel Erfgoed. Daarbij is flink geïnvesteerd in nieuwe laboratoriumapparatuur. In het kader daarvan is ook een test uitgevoerd met software (Fovea Pro) waarmee een groot aantal afmetingsvariabelen vanaf digitale foto's bepaald kunnen worden. De behoefte die daarbij ontstond naar een geschikt testobject leidde als vanzelf naar de veronachtzaamde vergeet-me-nietjes.

We wilden daarbij nagaan in hoeverre de verschillende soorten vergeet-me-nietjes op metrische kenmerken van elkaar te onderscheiden zijn. Het nauwkeuriger kunnen determineren dan het gebruikelijke '*Myosotis* spec.' dient niet uitsluitend ter bevrediging van de determinatiedrift van de gemiddelde archeobotanicus. De zeven inheemse soorten komen in vijf sterk verschillende biotopen voor (duin, bos, grasland, oever, akker) en een soortdeterminatie kan dus ook helpen bij de ecologische interpretatie van een monster. Het moge duidelijk zijn dat zowel het eerste als het tweede argument koren op de molen van Wim Kuijper is, vandaar deze bijdrage in zijn dikverdiende feestbundel.

Materiaal en methode

Om een representatieve set meetgegevens te verkrijgen, is getracht om van alle zeven inheemse soorten vergeet-me-nietjes recent materiaal van twee verschillende herkomsten en tenminste 100 zaden per herkomst te 'meten'. In enkele gevallen bleken de geraadpleegde collecties van de Rijksdienst voor het Cultureel Erfgoed (RCE), Archeologisch Centrum Leiden (IPL), BIAX Consult en Brinkkemper Archeobotanisch Bureau (BAB) per herkomst aanzienlijk lager aantallen zaden te bevatten. In die gevallen zijn zaden van meerdere herkomsten in de metingen betrokken. Desondanks is het aantal beschikbare metingen van *M. stricta* zeer be-

Collectie	Nummer	Soort	Auteur	Aantal	Vindplaats	Datum	Verzameld
IPL	2466	Myosotis arvensis	(L.) Hill	120	Bot. supply unit, London, UK	1978	-
BAB	484	Myosotis arvensis	(L.) Hill	115	Varik, Moestuin, NL	sept. 1998	O. Brinkkemper
IPL	4675	Myosotis discolor	Pers.	120	Jardin Alpin, Meyrin, CH	1987	-
BAB	14	Myosotis discolor	Pers.	122	Hortus Coimbra, PT	1987	-
RCE	3268	Myosotis laxa (subsp. cespitosa)	(Schultz) Nordh.	120	Schiermonnikoog Westerplas, NL	sept. 1988	J. Buurman
IPL	1771	Myosotis laxa (subsp. cespitosa)	(Schultz) Nordh.	60	Bot. garden, Helsingborg, SW	1978	-
BIAX	150	Myosotis laxa (subsp. cespitosa)	(Schultz) Nordh.	90	Unknown, NL	?	H. van Haaster
IPL	166	Myosotis ramosissima	Roch.	120	Bemelen, Bemelerberg, NL	11 juli 1970	-
BIAX	2206	Myosotis ramosissima	Roch.	30	Unknown, NL?	?	-
BIAX	4051	Myosotis ramosissima	Roch.	30	Meyendel, NL	1984	J. v. Middelkoop
IPL	593	Myosotis scorpioides	L.	120	Molenaarsgraaf, slootkant, NL	22 aug. 1974	C.C. Bakels
BIAX	156	Myosotis scorpioides	L.	120	Unknown, NL	?	H. van Haaster
RCE	1921	Myosotis stricta	Link	24	Schonen, SW	?	-
IPL	3895	Myosotis stricta	Link	13	Oslo, Aker, NO	18 juni 1983	Hortus Oslo
RCE	37	Myosotis sylvatica	Ehrh. ex Hoffm.	20	Unknown, NL	?	De Ruiter
RCE	2977	Myosotis sylvatica	Ehrh. ex Hoffm.	22	Bot. Tuin Nijmegen, NL	1981	-
IPL	1293	Myosotis sylvatica	Ehrh. ex Hoffm.	15	Elsloo, bosrand, NL	mei 1976	C.C. Bakels
IPL	2799	Myosotis sylvatica	Ehrh. ex Hoffm.	22	Luumaki, Taavetti, SF	4 aug.1979	Hortus Helsinki
BIAX	4054	Myosotis sylvatica	Ehrh. ex Hoffm.	50	Bot. tuin Nijmegen, NL	1981	Zelfde als RCE2977!!

Tabel 1

Herkomst van de onderzochte zadenmonsters. IPL = Archeologisch Centrum Leiden, RCE = Rijksdienst voor het Cultureel Erfgoed, BIAX = BIAX Consult, BAB = Brinkkemper Archeobotanisch Bureau

Sources of the examined samples of seeds

perkt. Het bleek ook niet mogelijk om de hoeveelheid beschikbare zaden aan te vullen met materiaal op het Rijksherbarium (pers. meded. W. Holwerda). De onderzochte soorten en de herkomst van het materiaal zijn weergegeven in tabel 1. De zadenmonsters afkomstig van eigen verzameld materiaal van IPL, RCE en BAB zijn verzameld van een of enkele bij elkaar groeiende planten, waarvan de determinatie door medewerkers van het Rijksherbarium (Leiden) is gecontroleerd. Van het overige materiaal is de kans op foutieve determinaties minder goed uit te sluiten, maar door de consistentie van de hier gepresenteerde gegevens zijn fouten in de determinaties niet aannemelijk. Tijdens het bewerken van het materiaal van de verschillende collecties kwamen wel enkele foutieve determinaties aan het licht. Zo bevatte IPL4677 zaden onder de naam *M. ramosissima* die op basis van de geringe afmetingen aan

M. discolor of *M. stricta* moeten hebben behoord, evenals BIAX1306 die als *M. laxa* te boek stond. *M. scorpioides* van IPL1495 had een veel grotere lengte dan het verdere bestudeerde materiaal van deze soort, en ook een opmerkelijke peervorm die bij geen van de andere monsters (ook niet bij de andere soorten) is waargenomen. Dit materiaal is van Scandinavische herkomst dus wellicht betreft het een andere (onder)soort?

De zaden zijn digitaal gefotografeerd met op elke foto een strook millimeterpapier. Er zijn alleen goed uitgerijpte, donkerbruine tot zwarte zaden geselecteerd uit de beschikbare referentiemonsters. Van elk monster werden in de regel drie foto's gemaakt met 40 zaden per foto. Alle foto's zijn gemaakt met een Wild stereomicroscoop bij vergroting van 6x. Omdat alle zaden een enigszins dakvormige (dorsale) en een ronde (ventrale) zijde bezitten, zijn ze steeds zorgvuldig neergelegd, zodat ze met de ventrale zijde naar beneden lagen en de maximale breedte in beeld kwam. Als ze *at random* zouden zijn neergestrooid, zou een deel van de zaden een te smalle breedte (en andere daarmee samenhangende variabelen) opleveren doordat het zaad op de dorsale zijde altijd iets schuin ligt. Bovendien moest worden vermeden dat twee zaden elkaar raakten, want dan zouden ze door de software als één object worden herkend. Een voorbeeld van een gebruikte foto is opgenomen in figuur 2.

Voor het digitaal meten van de foto's is gebruik gemaakt van de testversie van Fovea Pro 4.0, ontwikkeld door John Russ (2005). Dit programma kan als zogeheten *plug in* geïnstalleerd worden bij beeldverwerkingsprogramma's zoals Photoshop. Van elke foto is eerst de vergroting gekalibreerd met Fovea Pro. Daarbij is telkens 13-15 mm van de strook millimeterpapier gemeten. Voor het meten van de zadenafmetingen moeten foto's eerst omgezet

Fig. 2
Voorbeeld van een gebruikte foto (M. ramosissima BIAX3306) met millimeterpapier
Foto Otto Brinkkemper

Example of a photo used (M. ramosissima BIAX3306) with graph paper

worden in een afbeelding met uitsluitend zwarte of witte pixels (bitmap). Daartoe is eerst van elke foto de achtergrond geselecteerd, inclusief de schaduwen en – na het kalibreren - het millimeterpapier (met behulp van de 'toverstaf' met tolerantie 20 en selectiekader en -lasso van Photoshop). De achtergrond en het millimeterpapier zijn wit gemaakt, en de resterende zaden zwart. Vervolgens zijn kleine clusters zwarte pixels (stof en krassen met een straal tot 10 pixels) verwijderd via het bijbehorende filter van Photoshop. Rafelige randen van de zaden worden met dit filter ook gladgestreken (belangrijk voor het berekenen van de omtrek!). Veel zaden vertonen na deze bewerkingen een wit gat waar in de oorspronkelijke foto het zaad sterk glansde. Met de optie 'Fill holes' binnen Fovea Pro is voorkomen dat hierdoor een verkeerde oppervlakte wordt berekend.

In twee gevallen is tien keer 15 mm van de strook millimeterpapier van één enkele foto gemeten om de meetfout in de kalibratie te bepalen. Op een totale lengte van 127 resp. 130 pixels (per mm) bleek de standaardafwijking resp. 0,10 en 0,12 pixels te zijn, een te verwaarlozen fout van 0,1% dus. Alle foto's zijn met dezelfde strook millimeterpapier opgenomen, en ook allemaal afzonderlijk gekalibreerd.

Variabele	Omschrijving
Area (mm2)	Oppervlakte
Filled area (mm2)	Opgevulde oppervlakte (gelijk aan oppervlakte bij ontbreken holes)
Convex area (mm2)	Oppervlakte binnen vorm van 'strakgespannen touwtje' uit object
Length (mm)	Lengte
Breadth (mm)	Breedte
Equivalent diameter (mm)	Diameter uit oppervlak, als het object een cirkel was: sqrt(4*Area/π)
Inscribed radius (mm)	Straal van grootst mogelijke cirkel binnen object
Circumscribed radius (mm)	Straal van kleinst mogelijke cirkel rond object
Perimeter (mm)	Omtrek
External perimeter (mm)	Omtrek rond alle uitstekende punten (gelijk aan omtrek bij ontbreken uitsteeksels)
Convex perimeter (mm)	Omtrek bepaald door 'strak gespannen touwtje' rond object
Formfactor	4π.Area/Perimeter^2
Roundness	Mate van afwijking van een perfecte cirkel
Aspect ratio	Lengte/Breedte
Solidity	Filled area/Convex area
Convexity	Convex perimeter/Perimeter
Symmetry	Tweezijdige symmetrie t.o.v. lengte-as
Radius ratio	Inscribed Radius/Circumscribed radius
Elongation	Maat voor lengte versus breedte, langgerektheid
Fractal dimension	1 voor Euclidische figuren (cirkel, vierkant), oplopend met onregelmatigheid omtrek
Skeleton length (mm)	Lengte van de middellijn (het 'skelet') door het object
Mean fiber width	Afstand van elk punt op het skelet tot de rand x2 is fiber width, deze maat is gemiddeld voor alle skeletpunten van het object
Width standard deviation	Standaard deviatie bij Mean fiber width

Tabel 2
Bij de analyse gebruikte variabelen van Fovea Pro 4.0 met omschrijving

Fovea Pro 4.0 variables with specifications used in the analysis

Vervolgens zijn alle 56 binnen Fovea Pro beschikbare variabelen aan elke foto gemeten. Voor de technische details achter de gemeten variabelen verwijzen we naar de uitgebreide handleiding van Fovea Pro die (gratis) beschikbaar is op www.reindeergraphics.com. Een deel van de variabelen die worden weggeschreven in een tekstbestand is niet relevant voor het determineren van de zaden. Onbruikbaar zijn variabelen die te maken hebben met de positie van elk object op de foto en variabelen die de kleur van elk object beschrijven. De 24 (mogelijk) wel voor determinatie relevante, aan vorm en afmetingen gerelateerde variabelen zijn met een toelichting opgenomen in tabel 2. Het is belangrijk te realiseren dat dus steeds het twee-dimensionale beeld van de foto geanalyseerd wordt. Dikte en daarvan af te leiden variabelen worden dus niet meegenomen in onze analyses.

Uiteindelijk waren van de zeven soorten in totaal 1331 afzonderlijke meetreeksen van individuele zaden beschikbaar. Om patronen in deze grote dataset te kunnen onderscheiden, zijn de gegevens onderworpen aan drie verschillende soorten multivariate statistiek: Discriminant Analyse (DA), Correspondentie Analyse (CA) en t-Distributed Stochastic Neighbour Embedding (t-SNE).

Bij Discriminant Analyse worden de afzonderlijke groepen bij voorbaat als aparte klassen gedefinieerd (Fisher 1936). Vervolgens vindt de Discriminant Analyse een lineaire combinatie van de variabelen op zo'n manier dat (1) de variantie van metingen in dezelfde klasse zo klein mogelijk wordt gemaakt en (2) de variantie van metingen in verschillende klassen zo groot mogelijk wordt gemaakt. Het resultaat van Discriminant Analyse is een verzameling gewichten van de variabelen, die aangeven hoe belangrijk iedere variabele is voor het onderscheiden van de verschillende klassen. Tevens leidt de lineaire combinatie van de variabelen tot een nieuwe representatie van de metingen, waarvan de twee of drie belangrijkste assen weergegeven kunnen worden in een scatter plot.

In tegenstelling tot bij Discriminant Analyse worden in Correspondentie Analyse geen klassen gedefinieerd. Correspondentie Analyse zoekt los van de soortstoewijzingen naar een lineaire combinatie van de variabelen die de grootst mogelijke variatie in de dataset beschrijft (Pearson 1901). De resulterende gewichten geven nu aan in hoeverre de variabelen bijdragen aan de variantie in de data. Ook nu kan de nieuwe representatie van de data weergegeven worden in een scatter plot. Met behulp van deze plot kan worden onderzocht in hoeverre de soorten eigen clusters vormen. Op hetzelfde assenstelsel kunnen ook de variabelen geplot worden, waarmee inzichtelijk wordt welke variabelen een rol spelen bij het onderscheid van bepaalde clusters.

Hoewel Discriminant Analyse en Correspondentie Analyse veel informatie geven over de relatieve importantie van de variabelen, zijn de scatter plots die ze construeren vaak van inferieure kwaliteit. Dit wordt veroorzaakt door de lineariteit van de technieken, die leidt tot grote restricties op de data representaties die op twee of drie assen weergegeven kan worden. In t-SNE wordt dit probleem opgelost door niet-lineaire transformaties van de data toe te staan (van der Maaten en Hinton 2008). De t-SNE techniek berekent Euclidische afstanden tussen de meetreeksen in de originele data, en schuift nu de punten in de scatter plot die corresponderen met deze meetreeksen op zo'n manier, dat de afstanden tussen de punten in de scatter plot zoveel mogelijk hetzelfde zijn. De resulterende scatter plots geven over het algemeen veel meer inzicht in de structuur van de data dan de scatter plots die Discriminant Analyse en Correspondentie Analyse opleveren. Bij t-SNE wegen alle variabelen in gelijke mate mee en is het dus niet mogelijk om te bepalen welke afzonderlijke variabele(n) doorslaggevend kunnen zijn bij determinatie.

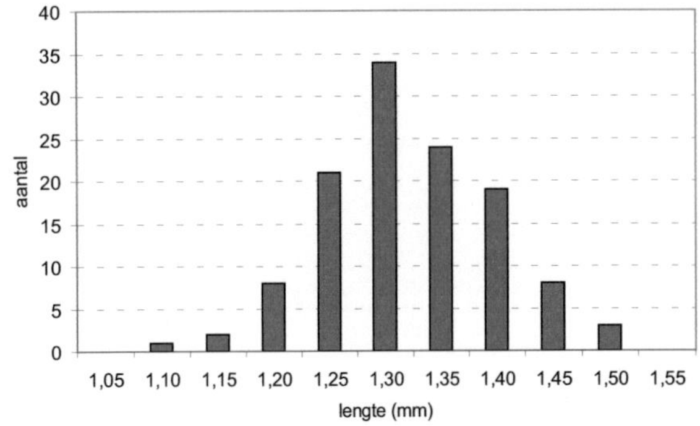

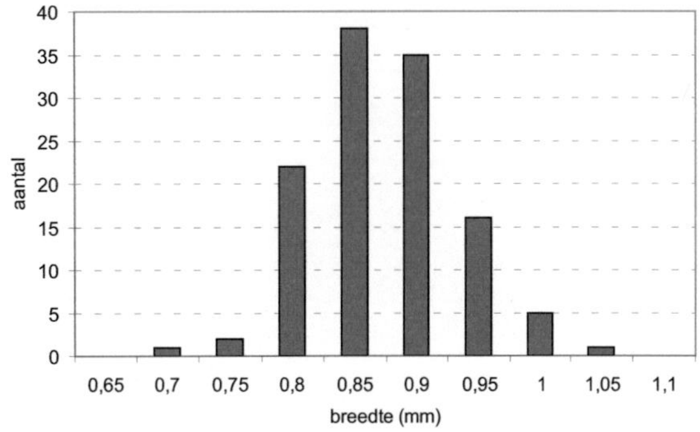

Fig. 3
Histogrammen van de verdeling van lengte en breedte (M. ramosissima IPL166)

Scatter plot of the distribution of length and width (M. ramosissima IPL166)

Resultaten en discussie

De meetgegevens

Eerdere metingen aan zaden met behulp van Fovea Pro zijn gepubliceerd door Rovner en Gyulai (2007). Zij maten een groot aantal soorten. Daarbij kwamen ze tot de opmerkelijke bevinding dat veel metingen aan afzonderlijke soorten niet de verwachte Gaussische verdeling van lengte en breedte opleverden, maar een meertoppig histogram. Bij een vergelijking tussen wilde en gedomesticeerde granen constateerden ze dat de gecultiveerde soorten dichter bij een Gaussische verdeling kwamen dan wilde. Met behulp van Fovea Pro werd zelfs de mate van meertoppigheid van de histogrammen berekend (via Form factor, Convexity en Solidity). Bij de gemeten *Myosotis*-zaden bleek echter totaal geen meertoppigheid in de lengte- of breedtematen (Fig. 3). Wellicht is de meertoppigheid bij het onderzoek door Rovner en Gyulai bepaald door hun werkwijze, waarbij zaden *at random* werden uitgestrooid en niet stelselmatig op hetzelfde vlak zijn gepositioneerd. Ook kunnen de resultaten van Rovner en Gyulai veroorzaakt zijn door structurele verschillen in de acquisitie van verschillende foto's. Door het uitstrooien kan bij niet al te platte zaden al snel het resultaat zijn dat de metingen deels de breedte en deels de dikte weergeven, wat dus snel tot meertoppige histogrammen kan leiden. Het feit dat voor het huidige onderzoek de zaden wel steeds consequent op dezelfde zijde zijn neergelegd, verklaart waarschijnlijk de keurige Gaussische verdeling van de metingen die te zien is in figuur 3.

Vanuit het oogpunt van eenvoudige toepasbaarheid voor routinematige determinatie zou het ideaal zijn als de lengte en de breedte van de zaden afdoende zouden blijken om de afzonderlijke soorten te onderscheiden. Om de bruikbaarheid daarvan te onderzoeken, is voor alle afzonderlijke metingen een scatter geplot van de lengte tegen de breedte (Fig. 4). Uit deze scatter blijkt dat *M. sylvatica* het eenvoudigst te onderscheiden is van alle overige soorten, doordat deze soort de grootste lengte en breedte heeft. Alle zaden langer dan 1,9 mm zijn vrijwel zeker van *M. sylvatica* en een breedte van meer dan 1,2 mm bij een lengte van tenminste 1,7 mm wijst eveneens op *M. sylvatica*. Een breedte boven 1,2 mm, maar dan bij een lengte onder 1,7 mm komt uitsluitend voor bij *M. laxa*, maar een flink deel van de zaden van deze soort zijn ook smaller en overlappen dan met *M. scorpioides*. In het kleine bereik vormen *M. stricta* en *M. discolor* een groep die tot een lengte van 1,2 mm en een breedte van 0,9 mm geen overlap oplevert met andere soorten. *M. ramosissima* en *M. scorpioides* vormen

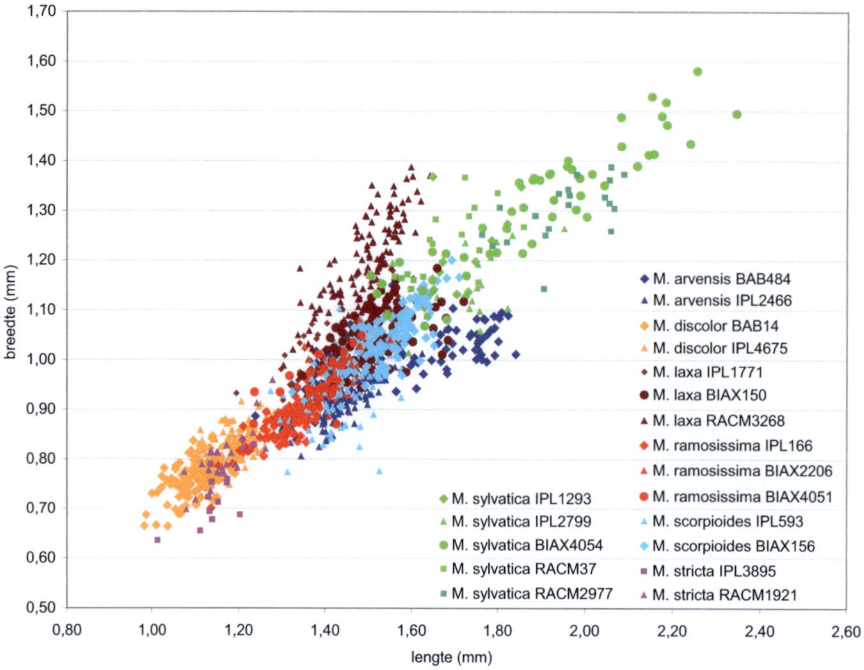

Fig. 4
Scatterdiagram van lengte versus breedte van alle soorten

Scatterdiagram of length vs width of all species

op basis van lengte en breedte een sterk overlappende groep, die ook nog deels overlapt met *M. arvensis*. Een beperkt deel van deze laatste soort is echter wel op soortniveau toewijsbaar door een lengte boven 1,7 mm bij een breedte onder 1,1 mm. Uit deze gegevens kan geconcludeerd worden dat er wel enkele aanknopingspunten zijn voor soortdeterminatie op basis van uitsluitend lengte en breedte, maar dat lang niet alle soorten hiermee eenduidig zijn te determineren. Daarom is met de drie genoemde multivariate analyses getracht te bepalen welke variabelen verder bruikbaar zijn bij het onderscheid van de zeven soorten.

Discriminant Analyse

De biplot van de Discriminant Analyse is weergegeven in figuur 5. De afzonderlijke soorten zijn (ongeacht hun herkomst) elk met een eigen kleur aangeduid. Uit deze afbeelding blijkt dat een aantal soorten een eigen, separate cluster vormen, terwijl andere soorten door elkaar heen liggen. Op basis van deze analyse blijkt *M. sylvatica* (lila cirkels) het best te onderscheiden van alle andere soorten, en ook *M. stricta* (paars) vormt een aparte groep met vrij weinig overlap (met *M. discolor*; geel). Ook *M. arvensis* (rood) komt vrij goed afgescheiden van de andere soorten uit de analyse. *M. laxa, M. ramosissima* en *M. scorpioides* leveren de grootste mate van overlap op, hoewel een deel van *M. scorpioides* nog wel een eigen stuk links onderin de biplot inneemt.

Door te bepalen in welke mate de afzonderlijke variabelen bijdragen aan de eerste en tweede as, krijgen we inzicht in welke variabelen het meest relevant zijn voor de ontstane scheidingen tussen de soorten.

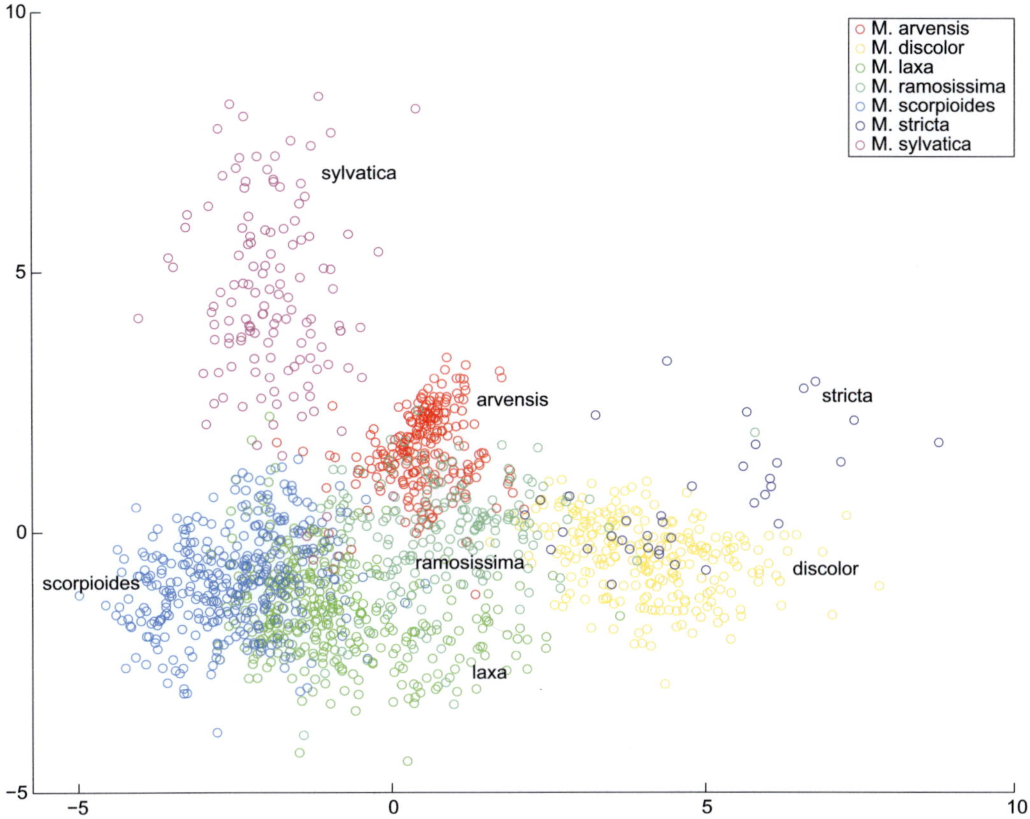

Fig. 5
Biplot van de Discriminant Analyse van alle soorten

Biplot of the Discriminant Analysis of all species

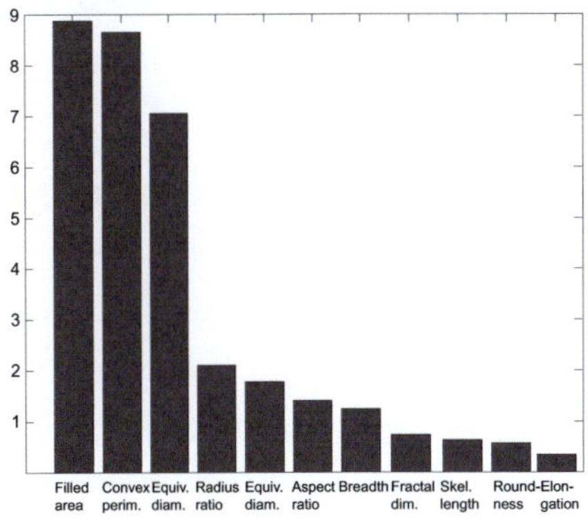

Fig. 6a
Histogram van het gewicht van de variabelen op de eerste as van de Discriminant Analyse

Histogram of the weight of the variables on the first axis of the Discriminant Analysis

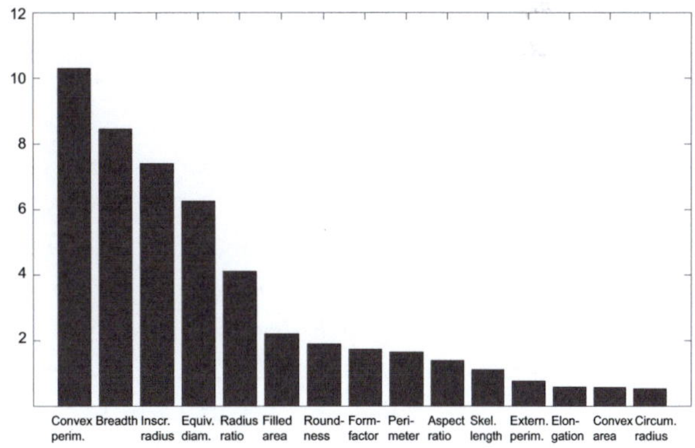

Fig. 6b
Histogram van het gewicht van de variabelen op de tweede as van de Discriminant Analyse

Histogram of the weight of the variables on the second axis of the Discriminant Analysis

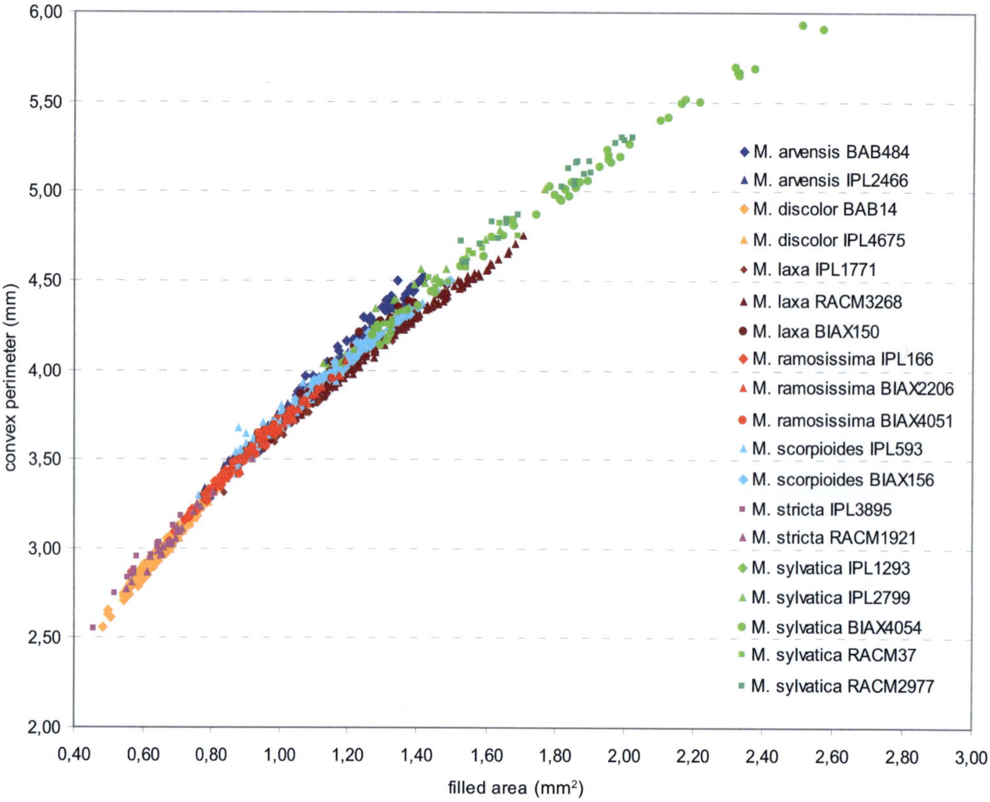

Fig. 7
Scatterdiagram van 'Filled area' versus 'Convex perimeter' van alle soorten

Scatterdiagram of 'Filled area' vs 'Convex perimeter' of all species

Voor de eerste (horizontale) as is het gewicht van de afzonderlijke variabelen weergegeven in figuur 6a. De variabelen 'Filled area' (in de praktijk overeenkomend met de oppervlakte omdat de objecten geen gaten vertonen), 'Convex perimeter' en 'Equivalent diameter' blijken gezamenlijk veruit de meest bepalende variabelen voor de X-as te zijn, en dus vooral van belang voor het onderscheid van *M. stricta* en *M. discolor*.

Het gewicht van de afzonderlijke variabelen voor de verticale as is weergegeven in figuur 6b. Daarbij zijn 'Convex perimeter', 'Breadth', 'Inscribed radius' en 'Equivalent diameter' de belangrijkste variabelen. Deze variabelen bepalen dus vooral de afscheiding van *M. sylvatica* en zijn ook belangrijk voor *M. arvensis*.

Om de bruikbaarheid van deze resultaten voor het onderscheiden van de verschillende soorten nader te bepalen, is van de twee variabelen die als belangrijkste uit de bus kwamen voor de twee assen (Filled area versus Convex perimeter) opnieuw een scatterdiagram gemaakt (Fig. 7). In essentie zien we hierin dezelfde tendens als in de lengte/breedte scatter. *M. sylvatica* vormt een eigen groep, *M. discolor* en *M. stricta* vormen de tegenpool bij de kleine dimensies, en de overige vier soorten liggen weliswaar niet kris-kras door elkaar, maar vertonen wel een aanzienlijke mate van overlap, met *M. ramosissima* en *M. scorpioides* aan een zijde en *M. arvensis* en *M. laxa* aan de andere. Met uitsluitend de belangrijkste variabele van elke as van de Discriminant Analyse krijgen we dus geen aanvullende variabelen in handen bij het determineren van de afzonderlijke soorten.

Correspondentie Analyse

De eerste twee assen (die samen 91% van de totale variantie verklaren) met de verschillende soorten zijn als een biplot weergegeven in figuur 8a. Wederom vormen *M. sylvatica* enerzijds en *M. stricta* plus *M. discolor* elkaars tegenpolen langs de eerste (horizontale) as. Van de vier overige soorten neemt *M. laxa* nog een enigszins afzonderlijke positie in rechtsonderin de plot.

Hetzelfde assenstelsel, maar dan met de positie van de verschillende variabelen, is weergegeven in afbeelding 8b. Daarbij blijkt de horizontale as vooral bepaald door de oppervlakte en de lengte/breedte verhouding, en de verticale as door 'Width standard deviation', en door 'Elongation' en 'Roundness', twee sterk daaraan gerelateerde variabelen. Een scatterdiagram van 'Width standard deviation' tegen 'Filled Area' is niet afgebeeld. Afgezien van de bekende

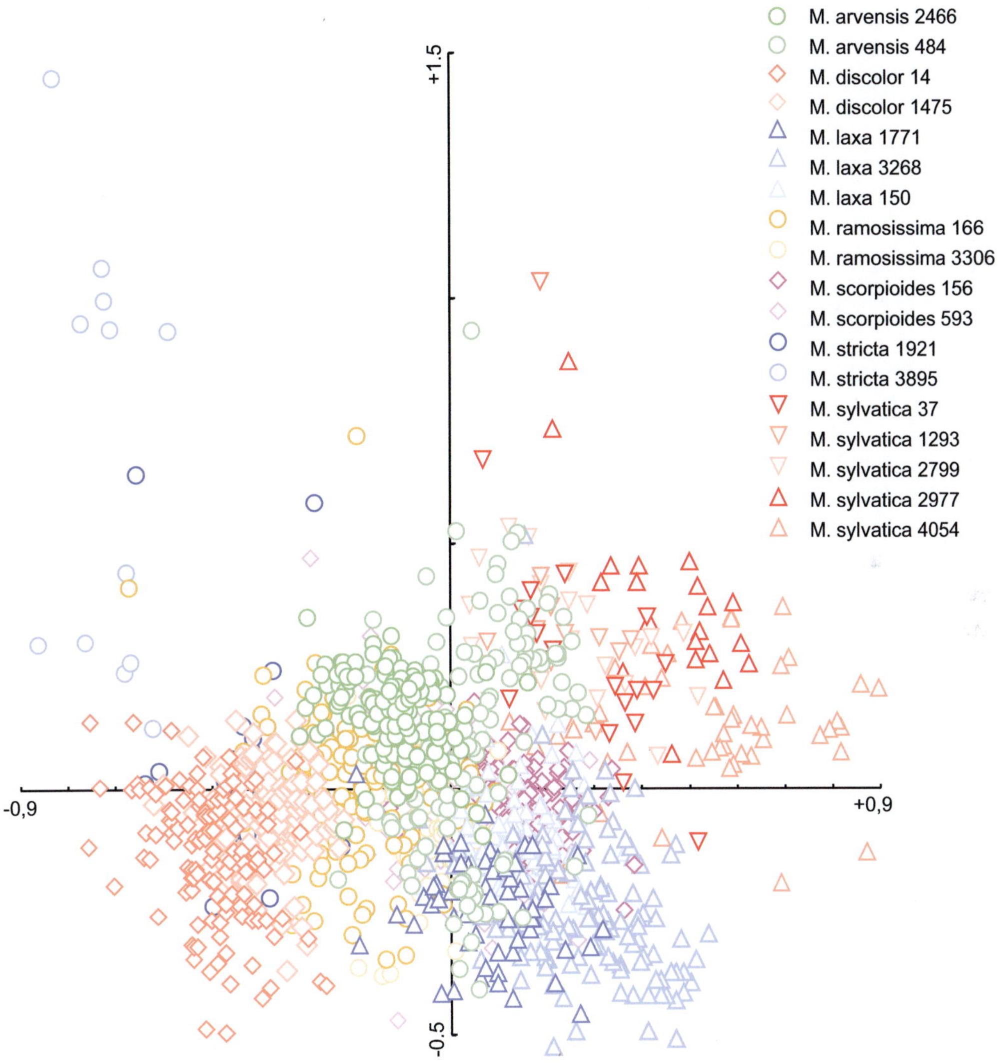

Fig. 8a
Biplot van de Correspondentie Analyse van alle soorten

Biplot of the Correspondence Analysis of all species

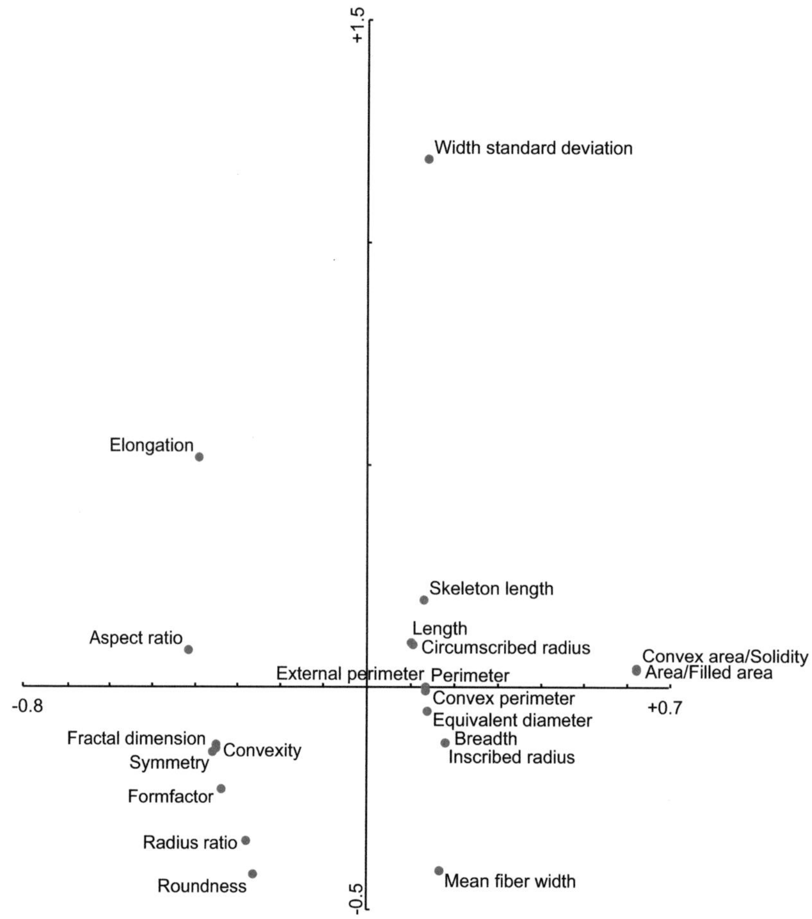

Fig. 8b

Biplot van de Correspondence Analyse van de onderzochte variabelen

Biplot of the Correspondence Analysis of the examined variables

afsplitsing van *M. sylvatica* enerzijds en het duo *M. discolor* en *M. stricta* anderzijds levert deze scatter een verder onontwarbare wolk op van de vier overige soorten. Als we de 'Filled Area' tegen 'Roundness' plotten (Fig. 9), blijkt echter dat een groot deel van de zaden *M. laxa* zich door een grotere 'Roundness' onderscheiden van de drie overgebleven soorten, terwijl deze soorten met de eerder geanalyseerde variabelen niet gesplitst konden worden.

t-Distributed Stochastic Neighbour Embedding

De scatter voor de zeven *Myosotis*-soorten op basis van t-SNE is weergegeven in figuur 10. De groep met *M. discolor* en *M. stricta* is ook hierin herkenbaar, en dus zijn ze onderling ook met behulp van t-SNE niet goed te onderscheiden. *M. sylvatica* vormt wederom een eigen cluster, hoewel deze keer niet geheel aan het uiteinde van de scatter. Er treedt bovendien enige overlap op met *M. ramosissima*, die door een aanzienlijk deel van de scatter verspreid voorkomt. Een deel van de zaden van *M. laxa* vormen nog wel een eigen cluster binnen de scatter. Het trio *M. arvensis*, *M. scorpioides* en *M. ramosissima*, aangevuld met een deel van de zaden van *M. laxa*, komt ook in deze analyse als ongesorteerd cluster uit de bus.

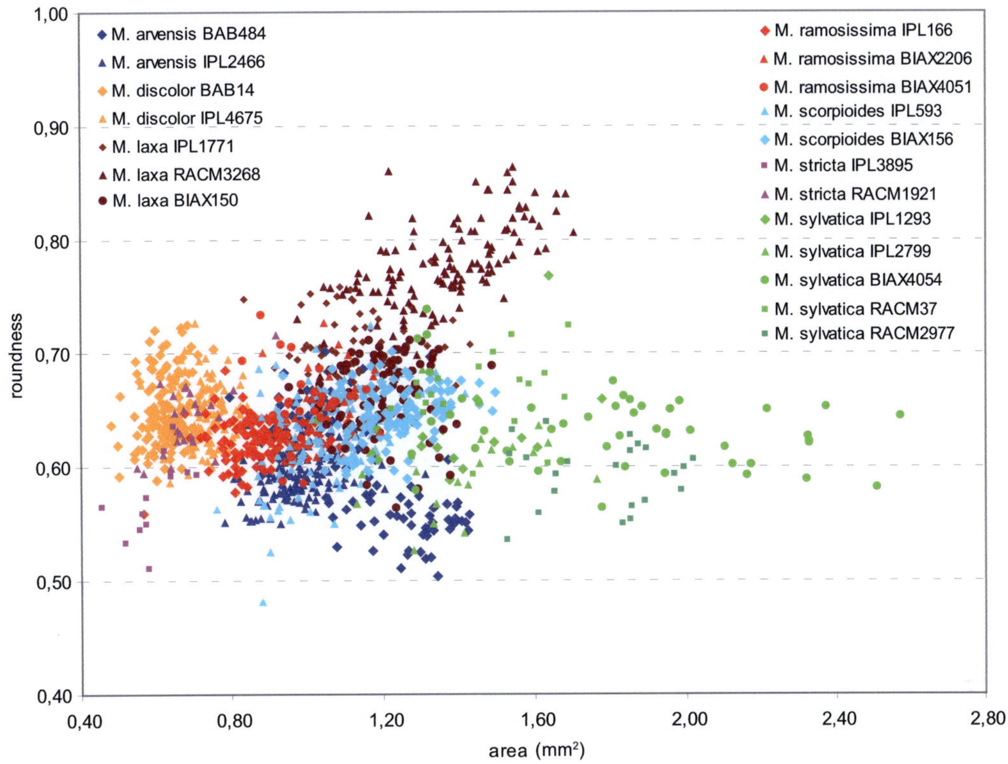

Fig. 9
Scatterdiagram van 'Area' versus 'Roundness' van alle soorten

Scatterdiagram of 'Area' vs 'Roundness' of all species

Omdat *M. laxa* al op basis van de 'Roundness' onderscheiden kon worden van de overige drie soorten, is een aparte Discriminant Analyse gemaakt van uitsluitend *M. arvensis, M. scorpioides* en *M. ramosissima* . Hier komen de soorten kriskras door elkaar voor en zijn geen aanknopingspunten voor determinatie aanwezig. Een vergelijkbare exercitie met Correspondentie Analyse levert evenmin een biplot op met aanknopingspunten (Fig. 11). De analyse met t-SNE levert daarentegen wèl een afscheiding op van een deel van de *M. arvensis* zaden. Kennelijk levert een niet-lineaire combinatie van de variabelen hier meer aanknopingspunten op. Bij een te determineren subfossiel zaad kan dit aanknopingspunt echter alleen benut worden door dezelfde reeks variabelen te meten en de verkregen datareeks mee te laten lopen in een nieuwe t-SNE plot van deze drie soorten (Fig. 12).

De t-SNE scatter waarbij alleen de data van *M. discolor* en *M. stricta* zijn opgenomen (Fig. 13), levert geen afscheiding van één van de soorten op. Met Discriminant Analyse is het niet mogelijk om een scatter van dit duo te maken, omdat bij twee groepen slechts één dimensie geplot kan worden. Wèl kan een histogram gemaakt worden welke variabelen het sterkst bijdragen aan het onderscheid van deze twee soorten op de enkele beschikbare as (Fig. 14). Verreweg de meest bepalende variabelen hierbij blijken 'Width standard deviation' en 'Mean fiber width'. Om het scheidend vermogen van deze twee variabelen na te gaan, is ook hiervan een scatter gemaakt (Fig. 15). *M. stricta* kan deels van *M. discolor* worden onderscheiden door een lage 'Mean fiber width' in combinatie met een hoge 'Width standard deviation'. Het omgekeerde komt juist voor bij *M. discolor.*

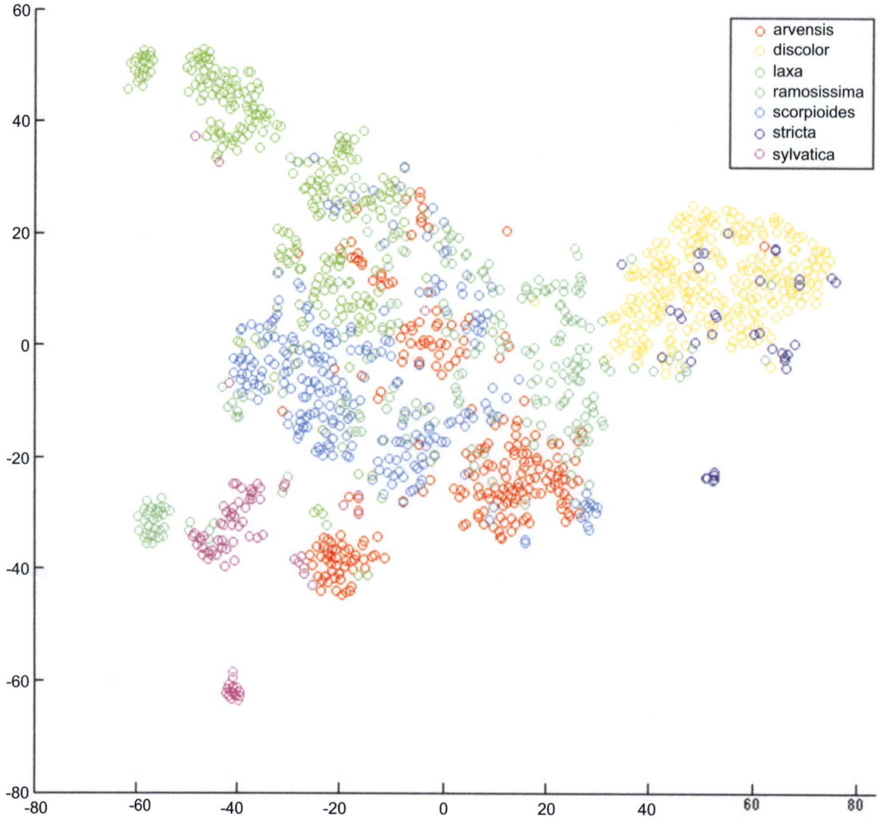

Fig. 10
Biplot van de t-SNE Analyse van alle soorten

Biplot of the t-SNE Analysis of all species

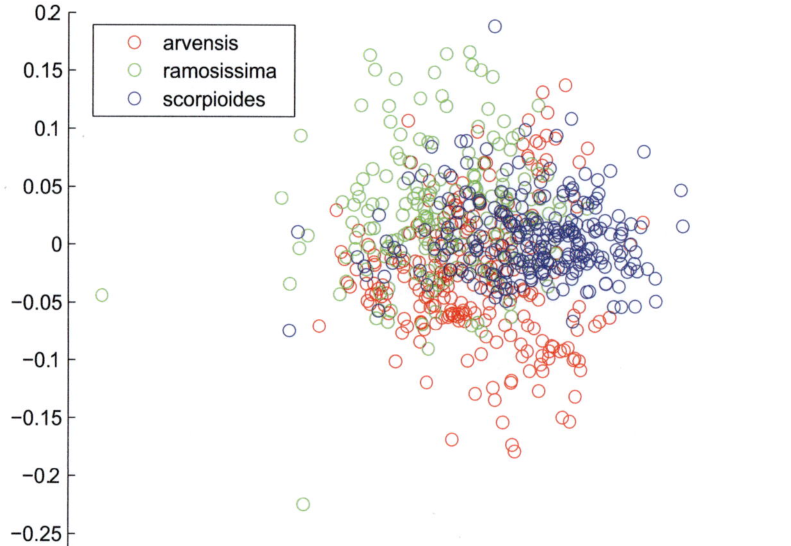

Fig. 11
Biplot van de Correspondentie Analyse van M. arvensis, M. ramosissima en M. scorpioides

Biplot of the Correspondence Analysis of M. arvensis, M. ramosissima and M. scorpioides

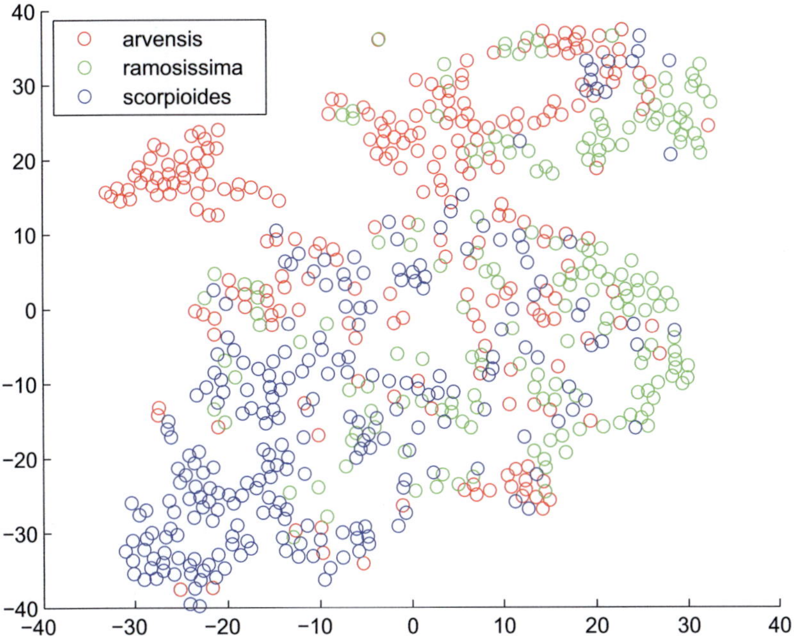

Fig. 12
Biplot van de t-SNE Analyse van M. arvensis, M. ramosissima en M. scorpioides

Biplot of the t-SNE Analysis of M. arvensis, M. ramosissima and M. scorpioides

Discussie en conclusies

Zaden van *Myosotis*-soorten bieden meer mogelijkheden voor soortdeterminatie dan tot nu toe is gepubliceerd in de archeobotanische literatuur. Weliswaar blijkt het niet mogelijk om elk individuele zaad op basis van metrische gegevens met zekerheid tot op de soort te determineren, maar er zijn alleen op basis van lengte en breedte al drie groepen te onderscheiden. *M. sylvatica* is met een gemiddelde lengte van 1,8 mm verreweg de grootste soort. Alle zaden vanaf 1,9 mm lengte kunnen met zekerheid aan deze soort worden toegeschreven, evenals de zaden van tenminste 1,7 mm lang en tenminste 1,2 mm breed. Bovendien worden de zaden van *M. sylvatica* gekenmerkt door een grootste breedte die ruim boven het midden ligt.

In het kleine bereik kunnen *M. discolor/M. stricta* worden onderscheiden, met een kleinere lengte dan 1,2 mm en/of een kleinere breedte dan 0,9 mm. Hierbij kan een deel van de zaden van *M. stricta* worden onderscheiden op basis van een 'Mean fiber width' (ruwweg gerelateerd aan breedte en breedte-verloop over de lengte) onder 0,53 en/of een 'Width standard deviation' (breedteverloop) boven 0,18. Anderzijds lijkt een deel van de zaden van *M. discolor* te kunnen worden onderscheiden door een 'Mean fiber width' boven 0,72 of een combinatie van 'Mean fiber width' boven 0,65 in combinatie met een 'Width standard deviation' onder 0,09. Problematisch is echter het kleine aantal zaden van *M. stricta* dat onderzocht is, waarmee wellicht niet de gehele variatiebreedte in beeld is gekomen. Een deel van de zaden van deze twee soorten valt hiertussen en kan dus niet onderscheiden worden.

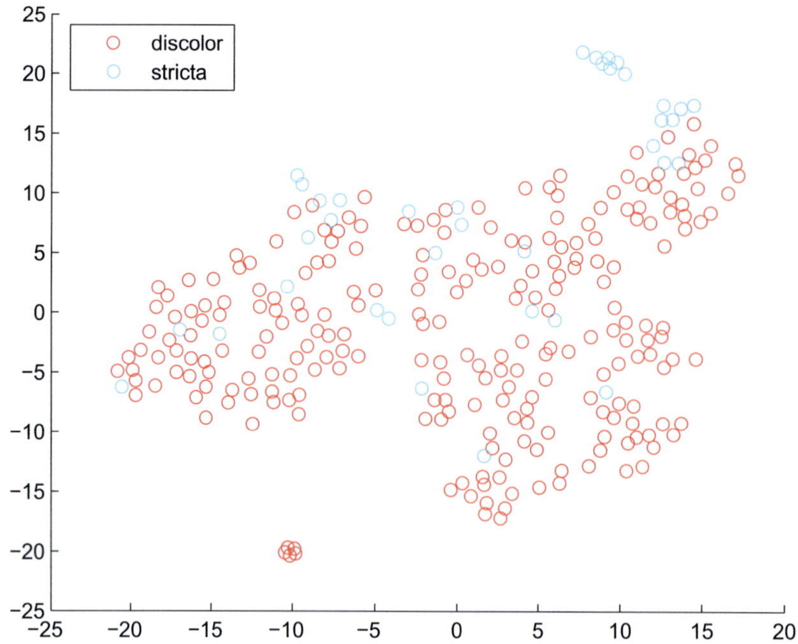

Fig. 13
Biplot van de t-SNE Analyse van M. discolor en M. stricta

Biplot of the t-SNE Analysis of M. discolor and M. stricta

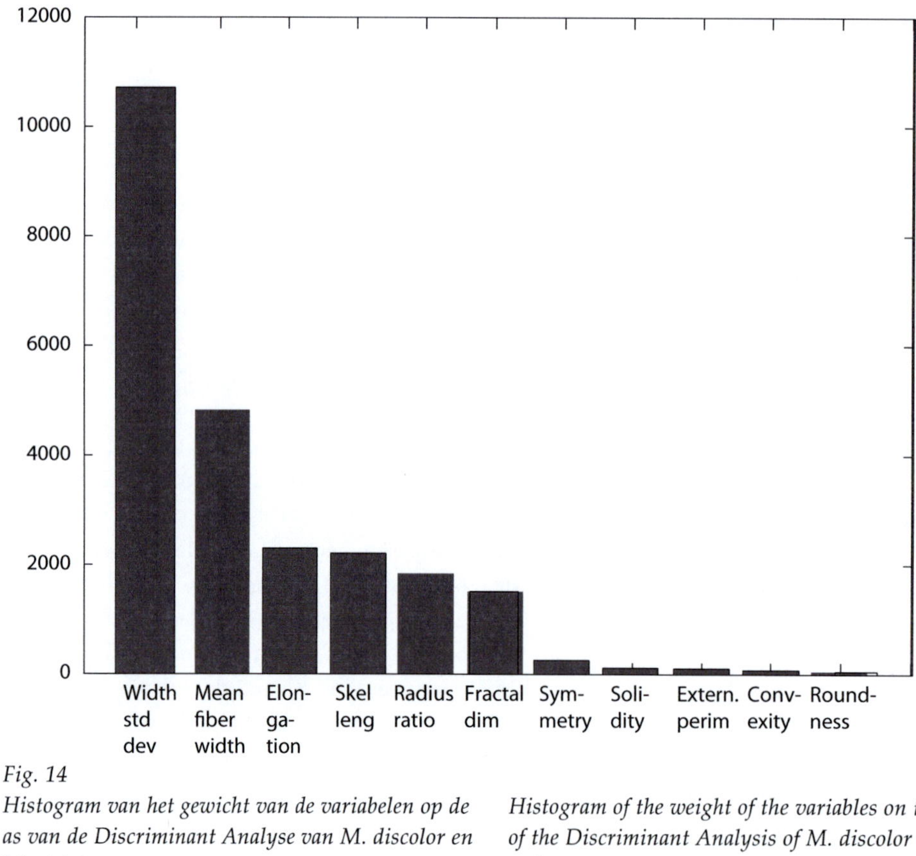

Fig. 14
Histogram van het gewicht van de variabelen op de as van de Discriminant Analyse van M. discolor en M. stricta

Histogram of the weight of the variables on the axis of the Discriminant Analysis of M. discolor and M. stricta

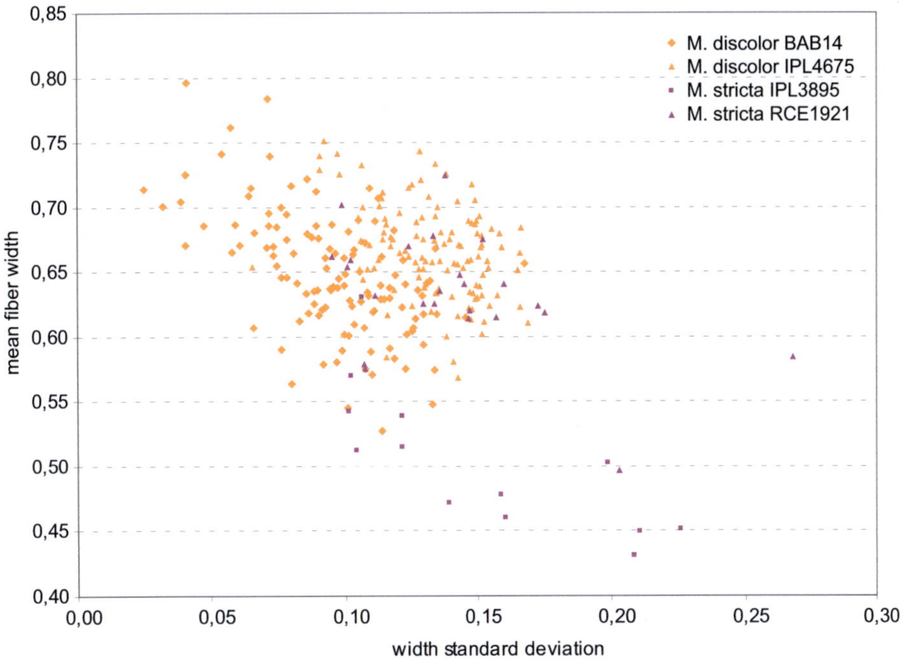

Fig. 15
Scatterdiagram van 'Width standard deviation' versus 'Mean fiber width' van M. discolor en M. stricta

Scatterdiagram of 'Width standard deviation' vs 'Mean fiber width' of M. discolor and M. stricta

Wat betreft lengte en breedte liggen de overige vier soorten hier tussenin. *M. laxa* onderscheidt zich hierbinnen door een relatief grote breedte ten opzichte van de lengte. Een breedte boven 1,2 mm bij een lengte onder 1,7 mm komt alleen bij deze soort voor. Dit vertaalt zich ook in een grote rondheid van deze soort, een 'Roundness' waarde boven 0,75 komt alleen voor bij *M. laxa* (met uitzondering van een enkele *M. sylvatica* die door de grootte en vorm echter direct herkend kan worden).

M. arvensis, *M. ramosissima* en *M. scorpioides* blijken niet goed te onderscheiden met behulp van Discriminant Analyse of Correspondentie Analyse. Met t-SNE blijkt nog wel een deel van de zaden van *M. arvensis* afgescheiden te kunnen worden. Een te determineren subfossiel zaad dat tot een van deze drie soorten blijkt te behoren op grond van het niet voldoen aan de criteria voor de overige soorten, zou dan nog via t-SNE aan *M. arvensis* kunnen worden toegewezen. Voor routinematige identificatie moet echter de conclusie zijn dat deze drie soorten niet eenduidig onderscheiden kunnen worden. Een klein deel van *M. arvensis* blijkt wel in vele variabelen boven de maximale afmetingen van de twee andere soorten te scoren. Het door Behre (1983) opgevoerde criterium van de vloeiende overgang tussen de dorsale en de ventrale zijde bij *M. scorpioides* geeft binnen deze groep dus het enige aanknopingspunt voor determinatie. Dit kenmerk komt echter niet tot uitdrukking in één van de variabelen die met Fovea Pro gemeten worden.

Al met al kan een deel van de zaden van *Myosotis* soorten wel degelijk gedetermineerd worden. Een (Engelstalige) determinatiesleutel is opgenomen aan het eind van deze bijdrage.

Dankwoord

Zonder het ter beschikking gestelde vergelijkingsmateriaal zou dit artikel niet geschreven kunnen worden. We zijn Wim Kuijper (IPL) en Henk van Haaster en Wouter van der Meer (BIAX *consult*) dankbaar voor hun medewerking op dit gebied. Laurens van der Maaten en Paul Boon werden ondersteund door NWO-CATCH, project RICH (projectnummer 640.002.401).

De eerste auteur wil met deze bijdrage ook zijn grote erkentelijkheid laten blijken aan Wim. Wim's vierjarige training in de schone kunst van de zadendeterminatie heeft uiteindelijk geleid tot de – in de woorden van Corrie Bakels – 'spin-in-het-web' functie van deze trainee.

Determineersleutel/Identification key

1a. Seeds longer than 1.9 mm or longer than 1.7 mm AND wider than 1.2 mm.
Seeds with largest width distinctly above half of the height (shouldered)............... *M. sylvatica*
1b. Seeds smaller 2

2a. Seeds with length of maximally 1.2 mm and/or width of maximally 0.9 mm 3
2b. Seeds larger 5

3a. Mean fiber width below 0.53 and/or Width standard deviation above 0.18 ....*M. stricta (p.p.)*
3b. Otherwise 4

4a. Mean fiber width above 0.72 or above 0.65 in combination with Width
standard deviation below 0.09 .... *M. discolor (p.p.)*
4b. Otherwise, or these digital image analysis data unavailable .... *M. discolor/stricta*

5a. Seeds relatively wide, with length/width below 1.3 and roundness above 0.73 ... *M. laxa (p.p.)*
5b. Seeds more slender 6

6a. Seeds with smooth transition between dorsal and ventral side, not ridged ...... *M. scorpioides*
6b. Seeds with ridged transition between dorsal and ventral side .... *M. arvensis/laxa (p.p.)/ ramosissima*

Literatuur

Behre K-E (1983) Ernährung und Umwelt der wikingerzeitlichen Siedlung Haithabu. Die Ergebnisse der Untersuchungen der Pflanzenreste. Die Ausgrabungen in Haithabu 8

Fisher RA (1936) The use of multiple measurements in taxonomic problems. Annals of Eugenics 7: 179-188

Jacomet S, Brombacher C, Dick M (1989) Archäobotanik am Zürichsee. Berichte der Zürcher Denkmalpflege, Monographien 7

Knörzer K-H (1970) Römerzeitlichen Pflanzenfunde aus Neuss. Limesforschungen 10

Knörzer K-H (1981) Römerzeitlichen Pflanzenfunde aus Xanten. Archaeo-Physika 11

Maaten LJP van der, Hinton GE (2008) Visualizing data using t-SNE. Journal of Machine Learning Research 9(Nov): 2579-2605

Pearson K (1901) On lines and planes of closest fit to systems of points in space. Philosophical Magazine 2(6): 559-572

Rovner I, Gyulai F (2007) Computer-Assisted Morphometry: A new method for assessing and distinguishing morphological variation in wild and domestic seed populations. Economic Botany 61(2): 154-172

Russ J (2005) Fovea Pro 4.0. Computer software Reindeer Graphics

The prehistoric exploitation of esparto grass (*Stipa tenacissima* L.) on the Iberian Peninsula: characteristics and use

Het prehistorisch gebruik van espartogras (*Stipa tenacissima* L.) op het Iberisch Schiereiland

Ramon Buxó

Museu d'Arqueologia de Catalunya-Girona
Pedret, 95
E-17007 Girona Spain
rbuxo@gencat.cat

Abstract

Esparto grass (*Stipa tenacissima* L.) is a wild grass native to the dry, arid regions of Spain. Its leaves provide fibres that can be used to make a variety of goods. As such the value of the plant was recognised from prehistoric times onwards. Archaeological investigations revealed that its use was firmly established by at least the 6th millennium BC, when funerary contexts were found to include receptacles and clothing made of its esparto grass fibre.

Samenvatting

Espartogras (*Stipa tenacissima* L.) is een overblijvende grassoort met bloeistengels die een hoogte bereiken van tussen de 60 en 100 cm. De plant hoort thuis in steppemilieus en groeit onder andere in de droge streken van Spanje waar zij dominant aanwezig is. Haar bladeren leveren vezels die zich bijzonder goed lenen voor het vervaardigen van gevlochten of geweven producten en deze eigenschap is al in de prehistorie door de mens benut. Opgravingen tonen aan dat voorwerpen van espartogras al tenminste sinds het zesde millennium v. Chr., het Laat-Neolithicum, gemaakt werden. De belangrijkste voorbeelden komen uit graven en betreffen manden en kledingstukken. Als grondstof is de vezel nooit in onbruik geraakt. Diverse Griekse en Romeinse schrijvers vermelden de uitgestrekte vlakten met esparto van Zuidoost Spanje. Espartogras was in die periode een gewaardeerd materiaal voor scheepstuigage.

Introduction

Esparto grass (*Stipa tenacissima* L.) is a commonly found species in the prehistoric archaeological sites of the southeastern Iberian Peninsula. In quantitative terms, it is found in abundance due to the amount of rhizomes the plant produces, but it also played a fundamental role in the economy of prehistoric peoples, as it was used to make numerous artefacts associated with daily life, including receptacles, baskets, curtains, mats, sandals and rope. The fibre of this plant was also used by the Roman troops during the Punic Wars of the third century BC. Several Greek and Roman writers mention vast expanses in the southeast of the peninsula occupied by fields of esparto, which they called "Spartarion Pedion" and "Campus Spartarius".

The grass

The remains of esparto grass (*Stipa tenacissima* L.) found at archaeological sites are mainly in the form of fragments of charred rhizomes that vary in length and thickness. The identified rhizomes end in a brief, strongly pronounced gnarliness followed by thinner internodes (Fig. 1). In some cases we also find charred remains of leaves that we associate with esparto grass as well.

Esparto grass is a type of grass with rhizomes and numerous superficial roots. The rhizome produces abundant branches from which numerous, short, sterile stems grow very close to each other, forming highly compact clumps. It is a perennial, mat-forming grass with filiform leaves, hermaphrodite flowers joined together in loose ears, and with caryopses as fruit. The stalk has a height of between 60-70 and 250 centimetres that produces a terminal inflorescence (Fig. 2). Two bundles of fibres develop along the edges of the leaves. Plaited or woven, these fibres are the basis of articles made out of esparto grass. The average longevity of the leaves is two years and once dry they will remain for several years in the clumps before falling off. The fertile stems develop in spring; they are thin stalks of up to 6 millimetres in diameter that can grow up to 2.5 metres in height. Esparto grass is harvested between June and August, just after the cereal harvest (Puche 2006; Candela 2006).

Esparto grass requires little water, as befits a plant from a steppe environment, and tends to be indicative of warm, thermoclimatic conditions and sparse vegetation that evolves towards open spaces. It prefers soil consisting of red or yellow marls and stony, rocky terrains rich in bases, and characterised by thyme, kermes oaks on slopes and Aleppo pine groves.

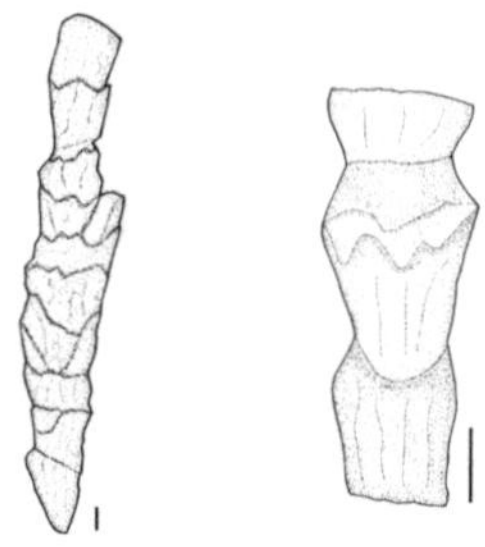

Fig. 1
Rhizomes of esparto grass from the site of Castellón Alto

Rhizomen van espartogras afkomstig van de vindplaats Castellón Alto

Fig. 2
Esparto grass growing in the south-east of the Iberian peninsula

Vegetatie met Espartogras in het zuidoosten van het Iberisch schiereiland

Esparto grass has a series of morphostructural and physiological characteristics that have allowed it to successfully colonise the harsh, semi-arid Mediterranean environments. Among the former is the persistence of the dead leaves on the plant and, above all, the natural characteristics of the leaves; among the latter are the loss of chlorophyll from the leaves during the summer drought, which considerably reduces the amount of light absorbed by the plant, thus reducing the risk of damage due to an excess of radiation from photosystem II (one of the groups of chlorophyll in plants).

Today it grows in the arid, dry regions of Spain (such as Alicante, Almería, Murcia and La Mancha) up to an altitude of 800 m, at which point it becomes increasingly rare until it disappears completely above 1,800 m. The steppes dominated by esparto grass constitute one of the most representative ecosystems of the semi-arid areas of the Mediterranean basin.

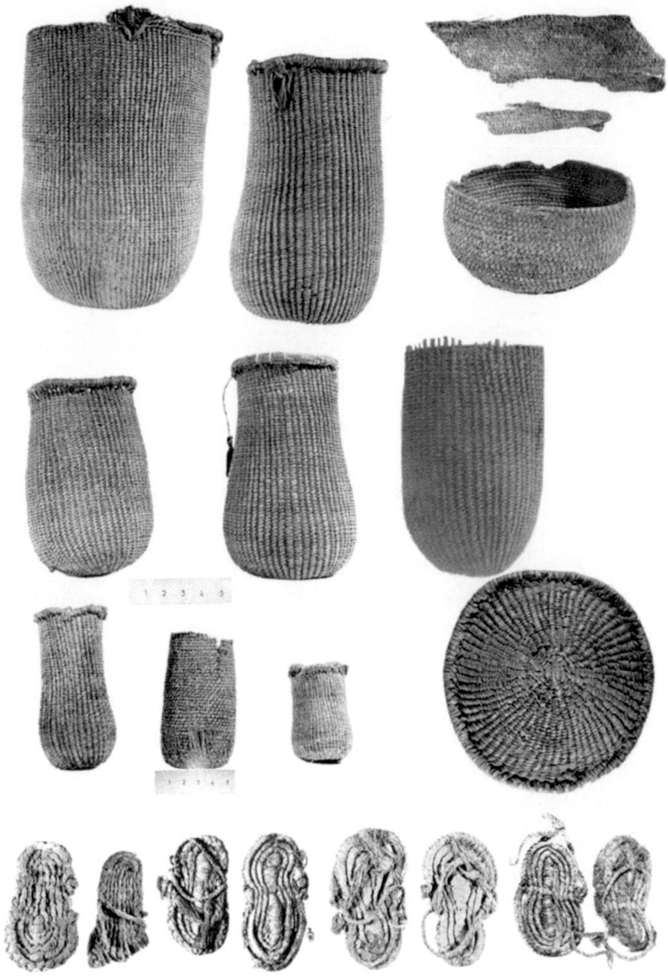

Fig. 3

Examples of baskets, and sandals made of Stipa tenacissima from the Neolithic site of La Cueva de los Murciélagos in Albuñol (Alfaro 1980)

Voorbeelden van manden en sandalen gemaakt van Stipa tenacissima, afkomstig van de neolithische vindplaats La Cueva de los Murciélagos in Albuñol (Alfaro 1980)

Fig. 4
Examples of mats made of Stipa tenacissima from the Neolithic site of La Cueva de los Murciélagos in Albuñol (Alfaro 1980)

Voorbeelden van matten, gemaakt van Stipa tenacissima, afkomstig van de neolithische vindplaats La Cueva de los Murciélagos in Albuñol (Alfaro 1980)

Results

Baskets, mats and sandals made of this fibre have been documented at the Neolithic site of La Cueva de los Murciélagos in Albuñol (Alfaro 1980) and fragments of mats at La Cueva de El Toro (Martín Socas et al. 2004) (Figs. 3 and 4).

Esparto grass rhizomes have also been documented in La Cueva de los Murciélagos in Zuheros (Netolitzky 1935). Later, in the Copper Age, remains are quoted at Almizaraque (Arribas 1968; Rivera et al. 1988), Angosturas (Rivera et al. 1988) and have been documented in Los Millares, Campos, El Cerro de la Virgen (Buxó 1997) and Las Pilas/Huerta Seca (Rovira 2007). However, it is above all during the Bronze Age that the frequency of esparto grass increases appreciably in the archaeological record, when it is documented in Fuente Amarga (Buxó 1997), Castellón Alto (Rodríguez-Ariza et al. 1996; Buxó 1997; Rovira 2007), El Acequión (Llorach et al. 2000), El Argar (Hopf 1991; Stika and Jurich 1998), El Cerro de los Conejos, Gorgociles del Escabezado (Rivera et al. 1988), El Cerro de la Virgen (Hopf 1991; Buxó 1997), Fuente Álamo (Stika 1988, 2004), Lugarico Viejo (Hopf 1991), El Rincón de Almendricos (Rivera 1987; Rivera et al. 1988) and Terlinques (Precioso 2004). It is also noted in Almoloya, Ifre, El Oficio (Rivera et al. 1988), Blanquizares, Fuente Vermeja (Netolitzky 1935; Rivera et al. 1988) and Zapata (Rivera et al. 1988; Hopf 1991). In some of these archaeological sites, such as Fuente Álamo (Stika 1988) and Castellón Alto (Contreras et al. 2000), the remains of ropes, basketware, mats and other artefacts made with this material have been documented. During the Late Bronze Age, the species is documented in Guadix (Rovira 2007) (Fig. 5; Table 1).

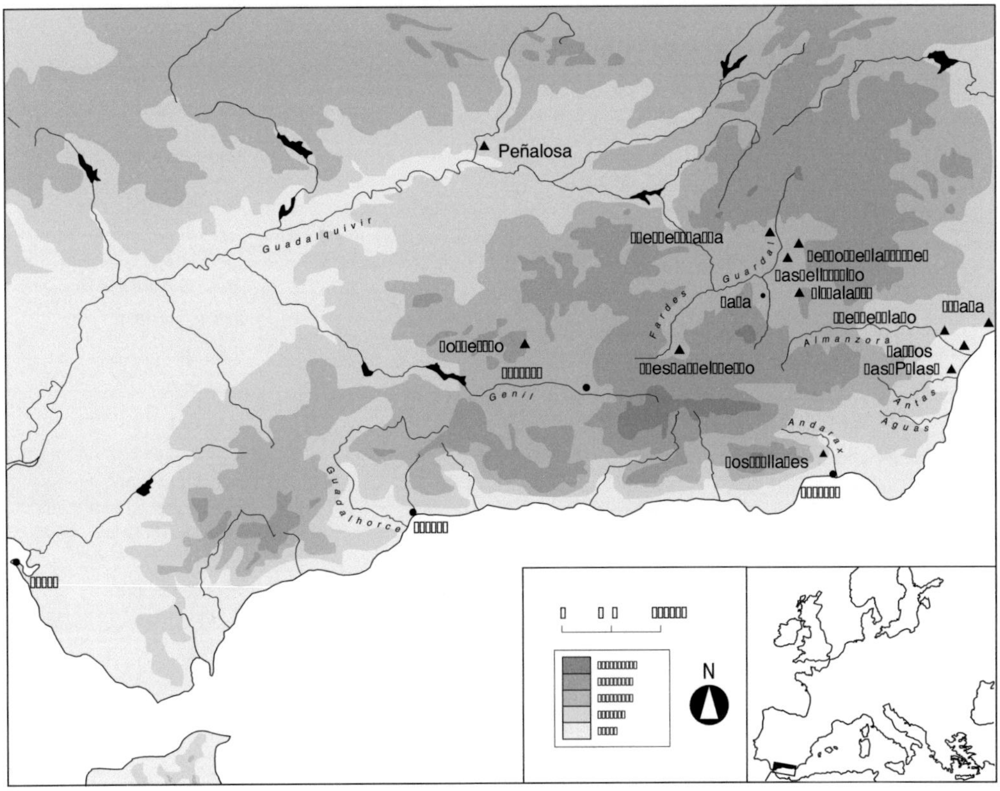

Fig. 5
Map of the southeastern Iberian Peninsula showing the locations of the main archaeological sites mentioned in the text

Kaart van het zuidoostelijk deel van het Iberisch schiereiland met de locatie van de belangrijkste in de tekst genoemde archeologische vindplaatsen

Discussion

Esparto grass and broom (*Retama sphaerocarpa*) are two of the most common species found in samples taken at Neolithic and Bronze Age archaeological sites. Its presence in the natural context of the area can be attributed to alterations in the vegetation, which may be linked to the human exploitation of the environment. The anthracological data show the presence of open spaces in the Bronze Age vegetation, a phenomenon that can be explained as a result of the development of agriculture. Thus, esparto grass may have installed itself in graminoid-type plant groups with low humidity, in which it would have predominated (Rodríguez 1992). The development of esparto grass, apparent for the Copper Age in El Cerro de la Virgen and Los Millares, although to a greater extent in the Bronze Age in Castellón Alto, Fuente Amarga and the majority of the Argaric archaeological sites, can confirm the presence of open spaces in the kermes oak scrubland. Likewise, edaphological analyses, as well as the presence of halophyte plant species that appear with greater frequency (e.g. Mediterranean saltbush *Atriplex halimus*, ephedra *Ephedra* sp. or esparto grass itself), show that from the Copper Age there was a process of soil salinisation, a sign of increased aridification of the

ARCHAEOLOGICAL SITES	Baskets	Ropes	Mats	Sandals	Rhizomes	References
Neolithic						
Cueva de los Murciélagos, Albuñol	*	*	*	*		Alfaro 1980
Cueva del Toro		*	*			Martín Socas et al. 2004
Cueva de los Murciélagos, Zuheros					*	Netolitzky 1935
Copper Age						
Almizaraque					*	Arribas 1968; Rivera et al. 1988
Angosturas					*	Rivera et al. 1988
Los Millares					*	Buxó 1997
Campos					*	Buxó 1997
El Cerro de la Virgen					*	Buxó 1997
Las Pilas/Huerta Seca					*	Rovira 2007
Bronze Age						
Castellón Alto	*	*	*		*	Rodríguez-Ariza et al. 1996; Buxó 1997; Rovira 2007
El Acequión					*	Llorach et al. 2000
El Argar					*	Hopf 1991; Stika and Jurich 1998
El Cerro de los Conejos					*	Rivera et al. 1988
Gorgociles del Escabezado					*	Rivera et al. 1988
El Cerro de la Virgen					*	Hopf 1991; Buxó 1997
Fuente Álamo	*	*	*		*	Stika 1988; Stika 2004
Lugarico Viejo					*	Hopf 1991
El Rincón de Almendricos					*	Rivera 1987; Rivera et al. 1988
Terlinques					*	Precioso 2004
Almoloya					*	Rivera et al. 1988
Ifre					*	Rivera et al. 1988
El Oficio					*	Rivera et al. 1988
Blanquizares					*	Netolitzky 1935; Rivera et al. 1988
Fuente Vermeja					*	Netolitzky 1935; Rivera et al. 1988
Zapata					*	Rivera et al. 1988; Hopf 1991
Late Bronze Age						
Guadix					*	Rovira 2007

Table 1

Classification of findings of esparto grass documented in the archaeological sites of the south-east of the Iberian Peninsula.

Classificatie van de vondsten van espartogras afkomstig van de archeologische vindplaatsen in het zuidoosten van het Iberisch schiereiland

environmental conditions. Nevertheless, it is believed that this process was not yet very intensive and that the salts concentrated at depth, meaning that plants with superficial rooting (such as herbaceous plants) could grow without serious water problems.

For its part, palynology (Yll et al. 1995) confirms that from the beginning of the Holocene until 4000 BP, the maquis had established itself gradually as a climatic formation, although it also contained mesophilic taxons (alder, birch, hazelnut, etc.). From 4000 BP, the new conditions revealed the virtual disappearance of the arboreal taxa, a fact that reflects the reduction in the vegetation cover of the territory and the establishment of others that were more steppic.

We have already referred to the use of esparto grass in the making of numerous artefacts associated with multiple aspects of daily life during prehistory. It is even possible that some of these manufactured products could have been used for trade with the inhabitants of other regions where this plant was less common or even non-existent. In any case, its economic importance is quite clear in the archaeobotanical record, as we have mainly been able to observe in the southeastern Iberian Peninsula, with the presence of receptacles and baskets, curtains and mats or rope. The use of esparto grass rope to tie roof posts and beams together and the manufacture of curtains to separate rooms are documented in Castellón Alto (Contreras et al. 2000), as well as in Campos, Fuente Vermeja, Lugarico Viejo and El Argar (Siret and Siret 1890).

As far as the use of the containers is concerned, these were usually reserved for small volumes. There was a wide variety of baskets, sacks and other artefacts manufactured with fibre from different plants: esparto grass, reeds, plaited straw, wool, flax or wood, to name just the most outstanding materials. At the majority of archaeological sites they are usually documented next to milling structures, receptacles or storage containers, which sometimes contain carbonised cereal seeds. This is the case, for example, of Lugarico Viejo (Siret and Siret 1890, illustration 15), Ifre or Cabezo Redondo (Menasanch et al. 2002). In the case of Lugarico Viejo, the Siret brothers (Siret and Siret 1890) give us a detailed description of the artefacts, the plant remains and the associated structures found in the houses of the settlement (House A): "(...) *b.* urn broken into pieces, containing the vessel *o* of the following illustration; *c.* urn with carbonised grain, crushed; *d.* urn with wheat, a small part of which appears to have been ground; *e.* urn with coarse flour or crushed grain; *f.* urn inside another containing barley covered with a portion of worked esparto grass; *g.* vessel (*p* following illustration); *h.* large broken vessel; *i.* id.; (...) *k.* a box adjoining the wall and made up of 40-centimetre-high slate fragments, inside: two millstones, one of which was leaning on the other, a large amount of ashes all round it; *l.* vessel; *m.* millstones; (...) *o.* fragment of a more or less semi-spherical vessel; broken urn; another broken urn with carbonised grain; *p.* terracotta weight (...); *q.* carbonised remains of esparto grass objects; *r.* barley scattered over the remains of a board (?), esparto grass cover; acorns".

For their part, the collection of artefacts from Los Murciélagos Cave has provided us with various items made completely of esparto grass, among them baskets and sandals, in which we have been able to analyse the plaiting technique and decoration (Alfaro 1980, Cacho Quesada et al. 1996). In some cases (sandals, fabrics and mats), the processing has been complete, resulting in soft, thin fibres. On the other hand, in other cases (hampers, baskets and small baskets), the esparto grass has not been beaten, leaving the fibres whole and with their original hardness and shape (Alfaro 1980).

The esparto grass remains have been the subject of various datings between 5200 and 4600 cal BCE. Alfaro's study found five different techniques of basket manufacture: woven basketry, tied basketry, spiral-stitched basketry, pseudo-plaited basketry, and plaited basketry. On the other hand, the study undertaken by Cacho and his collaborators had more bearing on the decoration of seven of the baskets. By using infrared reflectography they were able to see the decorative motifs, among which they documented geometric motifs, including lines, bands, zigzags, rhomboids, and arrowheads. They were also able to establish that the decorations had been made with pigments, although it was not possible to determine their origin.

In La Cueva Sagrada (Lorca, Murcia), on a woven esparto grass mat (170 x 60 cm), the remains of an child's cranium were found along with its grave goods, which included the remains of folded linen clothing (Cardito 1996) dated to 2216 BC (Ayala 1987; Rivera and Obón 1987). Esparto grass remains have also been found in many other Murcian archaeological sites, such as Cave II in La Sierra de Tercia (Lorca), in which rolls of plaited esparto grass were found in a burial (Ayala 1987). Maria Luisa Precioso (Precioso 2004) noted the presence of fibres in La Cueva de la Salud in Lorca (Rivera et al. 1988) and at the Chalcolithic archaeological site at Cava Street nos. 16-17.

Unlike the previous case, in Castellón Alto the basketry and ropework artefacts had been carbonised when the village was burnt. Baskets and mats made with different plaiting techniques were found, as well as cords and fragments of sandals. In the mid and late Neolithic occupational phases of the Cueva de El Toro the remains of a mat and the centre of a mud wall made with vegetable fibre, probably esparto grass, were also documented (Martín Socas et al. 2004).

Conclusion

From prehistoric times, the inhabitants of the Iberian Peninsula benefited from the availability of large quantities of wild esparto grass. The finds from different archaeological sites in the southeast of the Iberian Peninsula show the use of esparto grass fibre for the manufacture of a wide range of utensils beginning in the 6th millennium BCE. This shows, therefore, that it was firmly established in the late Neolithic settlements in the region. The most important artefacts come from funerary contexts and this has determined the type of objects found, which are mostly receptacles and items of clothing.

The plant continued to be heavily exploited with the arrival of the Carthaginians and the Romans, who took full advantage of the large expanses that grew wild in the southeast of Spain and harvested it to make fibre. Strabo himself tells us of the healthy state of the export of esparto grass from the peninsula to Italy and other parts of the Roman Empire as a much sought-after raw material for making rigging. The results prove that esparto grass is a versatile raw material that can be used to make a wide variety of goods.

References

Alfaro C (1980) Estudio de los materiales de cestería procedentes de la Cueva de los Murciélagos (Albuñol, Granada). Trabajos de Prehistoria 37: 109-162

Arribas A (1968) Las bases económicas del Neolítico al Bronce. Estudios de Economía Antigua de la Península Ibérica. Vicens Vives, Barcelona, pp 33-60

Ayala MM (ed.) (1987) El yacimiento argárico de El Rincón de Almendritos (Lorca). Campaña de Excavaciones 1984. Excavaciones y Prospecciones Arqueológicas, Servicio Regional Patrimonio Histórico, Murcia

Buxó R (1997) Arqueología de las plantas. Crítica, Barcelona

Cacho Quesada C, Papi Rodes C, Sánchez-Barriga Fernández A, Alonso Mathias F (1996) La cestería decorada de la Cueva de los Murciélagos (Albuñol, Granada). Complutum Extra 6 (I): 105-122

Candela P (2006) El Esparto: Trabajo e Industria en Villarejo de Salvanés, Grupo de Investigación en Ciencias Sociales del Trabajo "Charles Babbage". Universidad Complutense Madrid, Madrid

Cardito LM (1996) Las manufacturas textiles en la Prehistoria: las placas de telar en el Calcolítico peninsular. Zephyrus 49: 125-145

Contreras P, Rodríguez Ariza MO, Cámara JA, Moreno A (2000) Hace 4000 años... Vida y muerte en dos poblados de la Alta Andalucía. Catálogo de Exposición. Junta de Andalucía, Granada

Hopf M (1991) Kulturpflanzenreste aus der Sammlung Siret in Brüssel. In: Schubart H, Ulreich H (eds) Die Funde der Sudöstspanischen Bronzezeit aus der Sammlung Siret. Madrider Beitrage 17, Berlin, pp 397-413

Llorach R, Rivera D, Obón C, Martín Morales C, Fernández-Posse MD (2000) Estudio de los restos vegetales arqueológicos del yacimiento "El Acequión", Albacete (edad del Bronce). Instituto de Estudios Albacetenses "Don Juan Manuel" Serie I 120, Albacete

Martín Socas D, Cámalich Massieu MD, González Quintero P (2004) La cueva de El Toro (Sierra de El Torcal-Antequera-Málaga). Un modelo de Ocupación Ganadera en el Territorio Andaluz entre el VI y II Milenios A.N.E. Monografías de Arqueología 21, Junta de Andalucía, Sevilla

Menasanch M, Risch R, Soldevilla JA (2002) Las tecnologías del procesado de cereal en el sudeste de la península ibérica durante el III y el II milenio A.N.E. In: Procopiou H, Treuil R (dir.) Moudre et broyer. L'interprétation fonctionelle de l'outillage de mouture et de broyage dans la Préhistoire et l'Antiquité, I. Méthodes. Éd. du CTHS, Paris, pp 81-110

Netolitzky F (1935) Kulturpflanzen und Holzreste aus dem prähistorischen Spanien und Portugal. Buletinul Facultăţii de Ştiinţe din Cernăuţi 9 (1): 4-8

Precioso ML (2004) Estudio de los restos paleobotánicos en Murcia. 2.- Las plantas recolectadas y sinantrópicas. ArqueoMurcia 2, julio 2004 (http://www.arqueomurcia.com/revista/n2/articulo.php?id=1)

Puche J (2006) La recogida del esparto (I). El Faro (Yecla), 12-Octubre-2006 (http://www.elfaroyecla.com/noticia.asp?ref=2268)

Rivera D (1987) Informe paleoetnobotánico preliminar. In: Ayala MM (ed.), El yacimiento argárico de El Rincón de Almendricos (Lorca). Campaña de Excavaciones 1984 Excavaciones y Prospecciones Arqueológicas, Servicio Regional Patrimonio Histórico, Murcia, pp 112

Rivera D, Obón C (1987) Apéndice II. Informe sobre los restos vegetales procedentes del enterramiento calcolítico de la Cueva Sagrada (Lorca, Murcia). Anales de Prehistoria y Arqueología 3: 31-38

Rivera D, Obón C, Asensio A (1988) Arqueobotánica y Paleoetnobotánica en el Sureste de España, datos preliminares. Trabajos de Prehistoria 45: 317-334

Rodríguez MO (2000) El paisaje vegetal de la Depresión de Vera durante la Prehistoria reciente. Una aproximación desde la antracología. Trabajos de Prehistoria 57 (1): 145-156

Rodríguez-Ariza MO, Ruiz Sánchez V, Buxó R, Ros MT (1996) Paleobotany of a Bronze Age community, Castellon Alto (Galera, Granada, Spain). Actes du colloque de Périgueux 1995, Supplément à la Revue d'Archéometrie, pp 191-196

Rovira N (2007) Agricultura y gestión de los recursos vegetales en el Sureste de la Península Ibérica durante la Prehistoria Reciente. Universitat Pompeu Fabra, Barcelona, PhD

Siret E, Siret L (1890) Las primeras Edades del Metal en el Sudeste de España, Barcelona

Stika HP (1988) Botanische Untersuchungen in der Bronzezeitlichen Höhensiedlung Fuente Álamo. Madrider Mitteilungen 29: 21-76

Stika HP (2004) Resultados arqueobotánicos de la campaña de 1988 en Fuente Álamo. In: Schubart H, Pingel V, Arteaga O (eds) Fuente Álamo. Las excavaciones arqueológicas 1977-1991 en el poblado de la edad del Bronce. Monografías de Arqueología, Junta de Andalucía, Sevilla, pp 183-222

Stika HP, Jurich B (1998) Kupferzeitliche Pflanzenreste aus Almizaraque und Las Pilas, Prov. Almería, Südostspanien. Madrider Mitteilungen 40: 72-79

Yll EI, Pérez-Obiol R, Pantaleón-Cano J, Roure JM (1995) Dinámica del paisaje vegetal en la vertiente mediterránea de la Península Ibérica e Islas Baleares desde el Tardiglaciar hasta el presente. In: Aleixandre T, Pérez González A (eds) Reconstrucción de paleoambientes y cambios climáticos durante el Cuaternario. Centro de Ciencias Ambientales, CSIC, Madrid, pp 319-328

Enkele opmerkelijke archeobotanische vondsten uit Vlaanderen: zaden van de pimpernoot, ook bekend als paternosterbollekesboom (*Staphylea pinnata* L.)

Some remarkable archaeobotanical finds from Flanders: seeds of the bladdernut (*Staphylea pinnata* L.), also known as the rosary bead tree

Brigitte Cooremans

Vlaams Instituut voor Onroerend Erfgoed
Koning Albert II-laan 19 bus 5
B-1210 Brussel
brigitte.cooremans@rwo.vlaanderen.be

Samenvatting

In dit artikel komen de eerste en tot op heden enige vondsten van pimpernootzaden in Vlaanderen aan bod.

Abstract

Archaeobotanical research revealed some rare finds of bladdernut (*Staphylea pinnata*) in Flanders, Belgium from the post medieval period. They come from a 16th century cesspit in Mechelen and a 17th century cultural layer in Kortrijk. The last find was used in a rosary, while the use or meaning of the find from Mechelen is hard to assess as the seed has been found in intact condition. These finds appear to be the first and only records of bladdernut in Flanders to date.

Inleiding

Archaeobotanische vondsten van resten van de pimpernoot zijn schaars in Noordwest-Europa en al helemaal in Vlaanderen (België). Toch werden op twee verschillende locaties zaden van deze boom gevonden. De eerste vondst is afkomstig uit een 16de eeuwse laag van een beerput uit Mechelen, de andere werd aangetroffen tijdens de opgravingen aan het Kortrijkse begijnhof en stamt uit de 17de of 18de eeuw (Fig. 1).

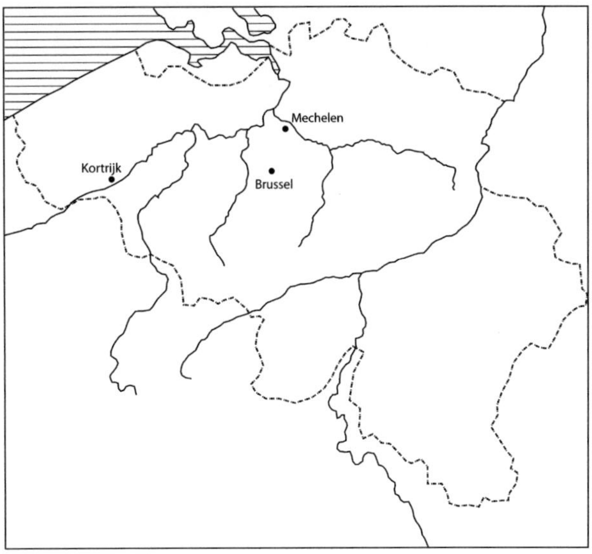

Fig. 1
Locatie Mechelen en Kortrijk in België
Location of Mechelen and Kortrijk in Belgium

Fig. 2
Pimpernoot uit Mechelen *Bladdernut from Mechelen*

Fig. 3
Medaille met pimpernoot uit Kortrijk *Medaillon with bladdernut from Kortrijk*

De beerput uit Mechelen waarin een intact zaad (Fig. 2) werd aangetroffen is gelegen aan de Zwartzustersvest, in de buurt van de 13de eeuwse Blokpoort en bevindt zich in de nabijheid van de plaats waar in de 15de en 16de eeuw het paleis van Margaretha van York oprees. De latrine in kwestie werd vermoedelijk in de 15de eeuw gebouwd en bleef waarschijnlijk tot op het einde van de 18de eeuw in gebruik. De monsters die aan macrobotanisch onderzoek werden onderworpen, zijn afkomstig uit lagen onderaan in de hoeken van de latrine en worden in het eerste kwart van de 16de eeuw gedateerd. Hoewel het nog niet helemaal zeker is door wie deze latrine precies werd gebruikt, is bij een eerste evaluatie van het materiaal duidelijk gebleken dat, zowel de archeologische, dierlijke als plantaardige inhoud getuigen van grote welstand (van Bellingen et al. 1997).

Tijdens de opgravingen aan de moestuin van het begijnhof in Kortrijk, werd de afvallaag die zich tussen de 13de eeuw tot nu opgehoopt heeft, helaas niet bemonsterd ten behoeve van het natuurwetenschappelijk onderzoek. Het fragment van de pimpernoot kwam aan het licht bij de studie van de munten, rekenpenningen, muntgewichten en religieuze devotionalia en maakt deel uit van een paternoster met aangehechte medaille uit de $17^{de}/18^{de}$ eeuw (Fig. 3) (Beeckmans et al. 2007).

De pimpernoot dankt zijn naam aan het Duitse 'Pimpernuss', waarbij 'pimpern' staat voor het geluid dat voortkomt uit het bewegen van het zaad binnen in de vrucht. De volksnaam paternosterbollekesboom komt van het gebruik van de zaden bij de vervaardiging van paternosters. Het is een struik of kleine boom die ongeveer 1,5 tot 5 m hoog kan worden. De bladeren zijn oneven geveerd, bestaande uit 5 of 7 blaadjes. De vrucht bestaat uit ronde tot peer- of omgekeerd hartvormig, opgeblazen 2 of 3 hokkig kapsel (Fig. 4). Vanwege deze vorm van de vruchten wordt de pimpernoot in de volksmond ook wel klootzakkenboom genoemd. In elk hokje zitten 1 of enkele glanzend bruine, ronde tot verkeerd eivormige zaden (Fig. 5). Ze hebben een ronde, vlakke enigszins verdiepte, scherp omrande navel (Fig. 6).

Fig. 4
Pimpernoot: tak met vruchten — *Bladdernut: branch with fruits*

Fig. 5
Pimpernoot: vrucht met zaad — *Bladdernut: fruit with seed*

Fig. 6
Pimpernootzaden — *Bladdernut seeds*

Voorkomen en gebruik

Omdat de huidige geografische verspreiding van de pimpernoot in grote mate afhankelijk zou zijn geweest van antropogene factoren (Latałowa 1994), is zijn geschiedenis moeilijk te reconstrueren. Thans komt de pimpernoot vooral voor in midden en Zuidoost Europa en Zuidwest Azië (Hegi 1975). Daar groeit deze warmte- en kalkminnende struik voornamelijk op berghellingen, langs bosranden en in hagen. Ons land zou dus niet tot het natuurlijke verspreidingsgebied horen. Dit is in tegenstelling tot wat we kunnen lezen in de Belgische Flora (Lambinon et al. 1998) die deze struik op enigszins verwarrende wijze als 'wellicht inheems' bestempelt, zeer zelden in het zuiden van ons land voorkomend, en tegelijkertijd als onbekend in natuurlijke toestand en als adventief. In ieder geval werd hij vroeger vooral aangeplant in tuinen van in het bijzonder kastelen en kloosters en in pastorietuinen. In hoofdzaak is hij daar ook nu nog te vinden

Thans is de pimpernoot veel minder goed bekend en vormt een eerder zeldzame verschijning. Zoals blijkt uit beschrijvingen in historische bronnen zal dat vroeger anders zijn geweest. Er worden verschillende gebruiken, rituelen en magische krachten aan toegeschreven.

Zo zouden de Kelten een struik op het graf van de overledenen geplant hebben (Hegi 1975). Plinius vermeldt het voorkomen van de pimpernoot noordelijk van de Alpen zonder echter iets te zeggen over het gebruik speciale gebruiken of eigenschappen.

Dodoens (Dodoens 1554) zegt dat de 'ongheachte' vruchten van de pimpernoot, of de 'Sint-Antuenis nootkens' zoals hij ze noemt, 'hole ronde blaeskens' zijn waarin gewoonlijk twee 'nootkens' zitten waarvan 'de kern redelick suet is'. Verder kan hij er echter niet al te veel over vertellen omdat ze nergens gebruikt voor zouden worden: 'van die natuere cracht ende werkinghe van desen nootkens en kunnen wy niet ghescrijven aenghesien dat sy nergherincx toe ghebruyckt en worden'.

Lobelius (Lobelius 1581) schrijft dat de struik in sommige kloosters zo groot als een pruimenboom is en dat er van de noten paternosters gemaakt worden. Tevens zegt hij dat het zaad op deze van krieken gelijkt en 'etelijk' is hoewel Th. Zwinger dan weer in zijn kruidboek van 1696 waarschuwt dat de zoete zaden slecht zijn voor de maag (Hegi 1975). Geen van beiden schrijven er medicinaal gebruik aan toe.

De Gentsche hovenier (Delathauwer 1849) schrijft dat de pimpernoot veel in België in lusthoven en Engelse tuinen wordt geplant en dat de jonge scheutjes en bladen 'eene schoone roode verw' bevatten die door kunstschilders wordt gebruikt en ook veel wordt aangewend om stoffen rood te verven.

Ook duikt de pimpernoot regelmatig in allerhande legenden op. Volgens een Romeinse legende zou de struik vanwege zijn potentiebevorderende eigenschappen zelfs bijna uitgeroeid zijn geweest. Een andere legende vertelt het verhaal over een pelgrim die op zijn bedevaart naar Santiago de Compostella een tak van een pimpernoot afsneed en in de grond stak, waarna deze tot bloei kwam en vruchten produceerde die buikproblemen konden genezen.

Geloof in de magische krachten zijn ondermeer bekend uit 16de eeuwse historische bronnen. Zaden zouden bescherming bieden tegen verschillende ziektes, terwijl de zaden zowel als stukken hout gebruikt werden tegen bijvoorbeeld hekserij, blikseminslag en duivels. Ook als geluksbrengers speelden ze een rol, en ook nu nog zouden pimpernootzaden hiervoor worden gebruikt. Een ander gebruik dat vandaag de dag nog bekend is, is in een recept voor de bereiding van schnaps.

Van de zaden kon men ook snoeren rijgen, niet alleen voor decoratieve doeleinden maar ook voor gebruik als paternoster of rozenkrans. Het is trouwens als 'paternosterbollekes' dat de pimpernootzaden bij ons het best bekend waren. De hardheid van de zaden stond garant voor langdurig gebruik en dus voor het bidden van talloze Weesgegroetjes, ze waren zo goed als onverslijtbaar. Naar verluidt werden ze voornamelijk gebruikt door de minder gegoeden die zich geen 'echte' paternoster konden veroorloven (G. van der Linden, pers. comm.). Het gebruik van dergelijke paternosters door pelgrims en monniken in de middeleeuwen zou bijgedragen kunnen hebben aan de antropogene verspreiding van deze struik.

Discussie

De archeobotanische vondst van *Staphylea pinnata* is, voor zover ons bekend, de eerste die ons bekend is in Vlaanderen en naburige streken. Vondsten buiten het natuurlijke verspreidingsgebied zijn schaars en de belangrijkste zijn afkomstig uit Romeinse graven (Latałowa 1994; Rösch en Fischer 2004). De overige vondsten werden opgetekend binnen het natuurlijk areaal van de pimpernoot en situeren zich in de Romeinse en middeleeuwse periode. Meestal wordt er een rituele of decoratieve verklaring gegeven aan het voorkomen van de pimpernoot (Rösch en Fischer 2004; Hopf 1983). De zeldzaamheid van de archaeobotanische vondsten zou dan ook in verband kunnen staan met dit ritueel of decoratief gebruik dat niet algemeen verspreid was. De relatief geringe omvang van archaebotanisch onderzoek van begravingen tot nu toe, zou hier echter ook toe kunnen hebben bijdragen (Rösch en Fischer 2004).

Het gebruik van de zaden bij de vervaardiging van een paternoster is duidelijk bij de vondst in Kortrijk. Enigszins tegenstrijdig is hier misschien het feit dat de vondst afkomstig is uit een rijke context, terwijl het volgens de overlevering in hoofdzaak de minder gegoede mensen waren die de zaden als paternosterbollekes gebruikten. Misschien werden pimpernootzaden dan toch meer algemeen gebruikt dan de volksoverlevering doet geloven en dit door alle lagen van de bevolking. In dit opzicht zou de huidige aanwezigheid van een pimpernootboom in Ninove die oorspronkelijk meer dan waarschijnlijk in de tuin van de abdij moet hebben gegroeid (Peter Van den Hove pers. comm.) te maken kunnen hebben met het gebruik bij de vervaardiging van paternosters door de vroegere abdijbewoners. Het archeobotanisch onderzoek van de abdijsite bracht evenwel geen resten van pimpernoten aan het licht (nog niet gepubliceerde persoonlijke data).

Waarvoor de pimpernoot in Mechelen werd gebruikt, is een moeilijker te beantwoorden vraag. Het zaad werd immers intact gevonden zonder enige sporen van bewerking. Bijgevolg is het moeilijk zo niet onmogelijk uit te maken waarvoor het zaad gebruikt is, ritueel, decoratief of anders, zo het al een bestemming had.

In tegenstelling tot verschillende vondsten in Duitsland en Polen staan deze vondsten niet in verband met begravingen.

Dankwoord

Eerst en vooral gaat mijn dank natuurlijk uit naar Wim die de harde, bruine, raadselachtige bolletjes onmiddellijk op naam kon brengen dank zij de onuitputtelijke databank die zich klaarblijkelijk in de loop der jaren in zijn hoofd heeft opgebouwd. Als bonus kreeg ik bovendien extra informatie mee over voorkomen en gebruik van deze plant, kwestie van het opzoekwerk voor een toekomstig artikel gemakkelijker te maken: hartstikke bedankt Wim ! Daarnaast ben ik dank verschuldigd aan Paul van den Bremt voor de zeer nuttige informatie die hij voor mij uit alle hoekjes en gaatjes opsnorde. Geert van der Linden bezorgde mij delen van de boom uit zijn tuin. Ook Luc Muylaert mag ik niet vergeten voor inlichtingen over de beerput uit Mechelen. Tenslotte ook hartelijk dank aan Hans Denis voor de foto's en Daisy van Cotthem voor het kaartje.

Literatuur

Beeckmans L, Buyser F de, Bulck G van (2007) Munten, rekenpenningen, muntgewichten en religieuze devotionalia uit het Begijnhof van Kortrijk. Archeologische en Historische Monografieën van Zuid-West-Vlaanderen 65, Kortrijk

Bellingen S van, Buyser F de, Muylaert L, Wouters W (1997) De Blokpoort en haar omgeving te Mechelen (Antwerpen). Archaeologica Mediaevalis 20: 68-69

Delathauwer LA (1849) Het Belgische kruidboek, of de Gentsche hovenier. Gent

Dodoens R (1554) Cruijdeboeck. Antwerpen

Hegi (1975) Illustrierte Flora von Mittel-Europa, Band 5, Teil 1. Paul Parey, Berlin Hamburg

Hopf M (1983) In: Neuffer-Müller C (ed.) Der alamannische Adelsbestattungsplatz und die Reihengräberfriedhöfe von Kirchheim am Ries (Obstalbkreis). Forschungen und Berichte zur vor- und frühgeschichte in Baden-Württemberg 15: 78

Lambinon J, Langhe JE de, Delvosalle L, Duvigneaud J (1998) Flora van België, het Groothertogdom Luxemburg, Noord-Frankrijk en de aangrenzende gebieden. Nationale Plantentuin van België, Meise

Latałowa M (1994) The archaeobotanical record of *Staphylea pinnata* L. from the 3rd/4th century A.D. in northern Poland. Vegetation History and Archaeobotany 3: 121-125

Lobelius M (1581) Kruydtboeck oft beschrijvinghe van allerleye ghewassen, kruyderen, heesteren, ende gheboomten. Antwerpen

Rösch M, Fischer E (2004) Aussergewönliche pflanzliche Funde aus Alamannengräbern des sechsten Jahrhunderts von Trossingen (Kreis Tuttlingen, Baden-Württemberg) Archäologisches Korrespondenzblatt 34: 271-276

Identificatieprobleem in een Aziatische groep uit de Commelinafamilie (Commelinaceae)

Identification problems in an Asian group of the Commelina family

Leni (H.) Duistermaat

Netherlands Centre for Biodiversity Naturalis (section NHN)
PO Box 9514, 2300 RA Leiden, Nederland
duistermaat@nhn.leidenuniv.nl

Samenvatting

Herbariummateriaal is niet altijd afdoende om planten van elkaar te kunnen onderscheiden. Naast het bestuderen van gedroogde exemplaren kan het bekijken van de levende plant onmisbaar blijken te zijn. Dit is aangetoond bij de studie van het geslacht *Amischotolype* uit de familie van de Commelinaceae.

Abstract

Identification of the species of *Amischotolype* (Commelinaceae) has been problematic for many years. Only after having seen several species in the field was it possible to make a taxonomic revision of the Asian species. This revision reveals 22 species, of which eight are new to science. The importance of fieldwork is emphasised.

Tijdens mijn studie Biologie aan de Universiteit Leiden heb ik een pollenonderwerp bij het Instituut voor Prehistorie gedaan (Brinkkemper et al. 1993) en na mijn afstuderen een onderzoek aan fossiele mollusken (Duistermaat 1993). Tijdens beide onderzoeken heeft Wim Kuijper mij ingewerkt in de identificatie van het materiaal. Als ik materiaal tegenkwam waar ik moeite mee had, was Wim altijd bereid om mee te kijken en vooral te denken en hij kwam altijd met goede suggesties. Zijn niet aflatend enthousiasme om door te zoeken tot de juiste naam gevonden was werkte erg stimulerend. Zijn nuchtere manier van eerst alle voor de hand liggende opties na te lopen, alvorens in meer wilde ideeën mee te gaan, heeft me behoed voor het maken van een aantal fouten. Zijn veldkennis is daarbij van onschatbare waarde. Voor zijn feestbundel doe ik daarom graag verslag over mijn zoektocht naar de juiste identificatie van een groep soorten die hij in zijn werk voor archeologen waarschijnlijk nog nooit bij de hand heeft gehad, maar waarbij veldwerk onontbeerlijk bleek.

De plantenfamilie Commelinaceae (Commelinafamilie) heeft een wereldwijde verspreiding in de tropen en de warm-gematigde streken, terwijl geen enkele soort inheems is in Europa. Naar schatting omvat ze ongeveer 650 soorten, verdeeld over 41 geslachten (Faden 1998). Mexico en noordelijk Centraal Amerika, tropisch Afrika en India tot Thailand en zuidwest China zijn de meest soortenrijke gebieden. Hoewel in het Flora Malesiana gebied (ruwweg van zuid Thailand tot en met Nieuw Guinea) slechts vijftien geslachten verwacht worden, is een bewerking van de Commelinaceae voor deze Flora nog niet geschreven. Eén van de problemen in dit gebied is het geslacht *Amischotolype* Hassk. De laatste revisie accepteert zes soorten (Clarke 1881; onder de oude geslachtsnaam *Forrestia* A.Rich.), maar nadien zijn nog ettelijke soorten beschreven. Momenteel zijn in *Amischotolype* op soortniveau 26 namen beschikbaar en de schattingen van het aantal soorten lopen uiteen van zes (Walker,1976) tot vijftien (Faden 1998) of twintig (Hong 1974). Het merendeel van de soorten heeft een Aziatische verspreiding (van India tot Taiwan en Nieuw Guinea), slechts een of twee soorten zijn te vinden in centraal Afrika (pers. comm. Faden, Sosef).

Het geslacht *Amischotolype* wordt gekenmerkt door een dichte, kluwenvormige bloeiwijze die door de bladschede heen breekt. Daarnaast zijn de kelkbladen en de stengel van de plant vlezig. Dit maakt het bestuderen van herbariummateriaal lastig. Door opkoken van het materiaal krijgt het iets van de oorspronkelijke vorm terug, maar niet alles. Het is daarom belangrijk dat de bewerker van de groep tenminste een deel van de soorten *in situ* kon bestuderen. Tijdens mijn verblijf in Singapore werd me de suggestie gedaan te proberen dit geslacht voor Peninsular Malaysia te reviseren. In de Botanic Gardens van Singapore waar ik

Fig. 1

Amischotolype gracilis (Ridley) I.M. Turner bloeit op de rechtopstaande stengel waar de bladeren nog aanwezig zijn

Amischotolype gracilis (Ridley) I.M. Turner flowers on the upright stem where the leaves are still present

Fig. 2
Amischotolype marginata (Blume) Hassk. bloeit op de kruipende stengel waar de bladeren al vergaan zijn

Amischotolype marginata (Blume) Hassk. flowers on the creeping stem where the leaves have already withered

mijn onderzoek startte, kon ik al drie soorten in leven bestuderen. Tijdens veldwerk in aangrenzend Maleisië kon ik nog eens materiaal van drie soorten verzamelen. Door er ook delen van te drogen kon ik zien welke veranderingen daarbij optreden. Deze ervaringen hebben mij enorm geholpen grip te krijgen op de groep.

Eén van de kenmerken die in het veld direct opvalt, maar in de revisie van Clarke (1881) en voorgangers niet genoemd wordt, is de positie van de bloeiwijze. Bij de meeste soorten is die geplaatst op het rechtopgaande en bebladerde deel van de stengel (Fig. 1), bij een aantal is deze te vinden op het over de grond kruipende deel van de stengel, waar de bladeren reeds afgevallen zijn (Fig. 2). Ridley (1924), die voor zijn flora van Malaya veel veldwerk heeft gedaan, heeft dit kenmerk wel opgemerkt, maar niet gebruikt in zijn sleutel naar de soorten. Eenmaal geattendeerd op dit verschil is het ook goed aan herbariummateriaal te zien. Door

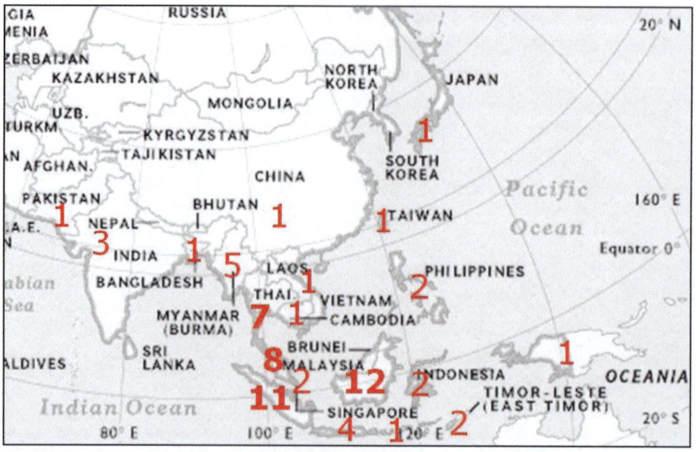

Fig. 3
Het aantal soorten van het geslacht Amischotolype per land of eiland in Azië. In totaal komen er 22 soorten in het gebied voor

The number of species of the genus Amischotolype by country or island in Asia. A total of 22 species occur in the region

het materiaal op dit kenmerk te sorteren werd al snel een aantal soorten duidelijk. Na een jaar lagen er acht stapeltjes materiaal van even zoveel soorten voor Malaya, de zeven die ook door Ridley (1924) herkend waren, plus een nieuwe soort. Had deze soort al een naam elders, in aangrenzend Indonesië of Thailand, of was het een nog onbeschreven soort? Deze vraag, plus de merkwaardige disjunctie van *A. hispida* (A.Richard) D.Y. Hong, voorkomend in Indonesië en continentaal Azië maar niet in Malaya, vroegen om uitbreiding van de revisie. Allereerst ben ik eiland voor eiland het materiaal van Indonesië, de Filippijnen en Nieuw Guinea op stapeltjes gaan leggen. Tenslotte is daar het materiaal van continentaal Azië aan toegevoegd. Dit resulteerde uiteindelijk in 22 soorten (zie Fig. 3), waarvan er acht, inclusief dat ene stapeltje uit Peninsular Malaysia, nieuw te beschrijven soorten zijn. Bovendien is de verspreiding van *A. hispida* niet disjunct. Wat op het vaste land van Azië tot die soort gerekend werd blijkt te horen tot *A. glabrata* Hassk. terwijl *A. hispida* is te vinden van de Filippijnen tot Borneo, Sulawesi, de Molukken en Nieuw Guinea en niet op het vasteland van Azië. De resultaten zullen binnenkort gepubliceerd worden.

Het belang van veldkennis moet niet onderschat worden. Wim heeft dat in zijn werk voor archeologen al vele malen ervaren. En ook tijdens deze taxonomische studie is dat weer bevestigd. Wim, heel erg bedankt voor alles wat je me geleerd hebt. Ik heb mede door jouw aanwezigheid een geweldige tijd op het 'pollenlab' gehad. Ik wens je nog veel plezier in het veld en in het lab.

Literatuur

Brinkkemper O, Duistermaat H, Hallewas DP, Kooistra LI (1993) A Roman settlement near Rockanje (South Holland); archeology, environmental reconstruction and economy. Berichten van de Rijksdienst voor het Oudheidkundig Bodemonderzoek 41: 123-171

Clarke CB (1881) Forrestia. In: De Candolle ALPP de, Candolle ACP de (eds) Monographiae phanerogamarum 3. Masson, Paris, 235-238

Duistermaat H (1993) The interglacial molluscfauna from Maastricht-Belvédère Site G. Mededelingen Rijks Geologische Dienst 47: 61-67

Faden RB (1998) Commelinaceae. In: Kubitzki K (ed.) The Families and genera of vascular plants 4. Springer, Berlin,pp.109-128

Hong DY (1974) Revisio Commelinacearum Sinicarum. Acta phytotaxonomica Sinica 12 (4): 462-463

Ridley HN (ed.) (1924) Forrestia. The flora of the Malay Peninsula 4. Reeve, Londen, 359-361

Walker EH (1976) Flora of Okinawa and the Southern Ryukyu Islands. Smithsonian Institute Press, Washington, U.S.A., pp. 298-299

Changes in shell shape

Veranderingen in schelpvorm

Edmund Gittenberger

National Museum of Natural History *Naturalis*
P.O. Box 9517, NL-2300 RA Leiden, The Netherlands
edi.gittenberger@ncbnaturalis.nl

Met bijzonder veel genoegen opgedragen aan Wim Kuijper

Abstract

Discussed is the bewildering variety in the shape of snails' shells, a fact that in general cannot be explained by differences in habitat.

Samenvatting

De bijzonder grote variatie aan schelpvormen die bij de huisjesslakken wordt aangetroffen, wordt gewoonlijk in evolutionaire context beschouwd als adaptief. Toch is hierover nog maar weinig met zekerheid bekend. Een heel nauwe relatie tussen schelpvorm en levenswijze is niet aannemelijk, gezien het grote verschil dat er soms bestaat tussen juveniele en volgroeide huisjes van dezelfde soort. Ondanks die verschillen worden de diverse levensstadia dan gewoonlijk toch op dezelfde plaats in het milieu aangetroffen. Bij soorten met hooggewonden, slanke huisjes is in de loop van de evolutie tientallen keren decollatie ontstaan, het verschijnsel waarbij als soortkenmerk de bovenste omgangen verzwakt worden en dan meestal afbreken. Kennelijk werkt decollatie 'fitness' verhogend. Ook bij de lengte/breedte verhouding van slakkenhuisjes speelt een element van adaptatie mee. De meeste huisjes zijn breder dan hoog of juist hoger dan breed, terwijl een meer de bolvorm benaderend uiterlijk minder vaak voorkomt. In veel subfamilies van slakkensoorten vinden we (vrijwel) uitsluitend dieren met relatief brede huisjes, of we zien als alternatief dat (bijna) alle huisjes in zo'n groep hoog en slank zijn. Enkele opmerkelijk uitzonderingen worden genoemd en met afbeeldingen verduidelijkt. Tenslotte wordt op een recente publicatie gewezen waarin het voorkomen van ogenschijnlijk zeer verschillende huisjesvormen binnen één soort wordt beschreven.

Introduction

There is a bewildering variety in shell shapes in snails' shells. Although it is generally accepted that these forms are to a certain extent at least adaptive, we know very little about their real significance (Goodfriend 1986). This is mainly because an experimental approach is difficult, if possible at all. While looking for correlations between particular shell shapes on the one hand and elements in the habitat and habits of the species on the other hand, it becomes

Fig. 1

Helicigona lapicida (Linnaeus 1758), a species of the subfamily Ariantinae, characterised by a sharp peripheral keel, a character that is not clearly linked to a particular type of habitat (Germany, North Rhine-Westphalia, Eifel, Nideggen). Shell width 14 mm. Collection Naturalis, Leiden

Helicigona lapicida (Linnaeus 1758), een soort uit de subfamilie Ariantinae, gekenmerkt door een scherpe perifere kiel, een kenmerk dat niet duidelijk verbonden is met een specifieke habitat (Duitsland, Noordrijn-Westfalen, Eifel en Nideggen). Schelpbreedte 14 mm. Collectie Naturalis, Leiden

evident that quite different shell shapes may be functional, if not neutral, in the same environment. Depressed shells with a sharp peripheral keel may be found in species that occur in a variety of habitats, as is exemplified by for example *Helicigona lapicida* (L., 1758) (Fig. 1) and *Theba* spec. (Gittenberger and Ripken 1987). However, in the same habitats species with shells without a peripheral keel occur as well. Slender fusiform to cylindrical shells may be found in snails from nearly all kinds of habitats. Snail species occurring exclusively in caves (as may be concluded from the fact that they have never been found elsewhere and have lost all pigmentation) have shells that vary from discoid to slender fusiform (Gittenberger 2007). Only the possession of a globular shell, in which height and width are about the same, seems to exclude certain preferential habitats, since snails with those shells are usually bottom dwelling. Most probably as a consequence of this, there is usually a bimodality in the height/width ratios when all the gastropod species of a particular regional molluscan fauna are examined for that character. Obviously, most species have shells that are either clearly broader than high or higher than broad (Cain 1977, 1980), a fact that has often been used without second thoughts in identification keys.

Individual changes: 1 Juvenile versus fully grown shells

It has often been neglected that the height/width ratio of a snail's shell may differ considerably during its individual life. In species with high-spired shells when fully grown, the initial juvenile stages may be much broader than high, as for example in the pulmonate family Orculidae (Fig. 2). As far as known, such snails do not show a shift in lifestyle or habitat, correlated with their conspicuously changing shell shape. Juveniles and adult animals are usually found together. Maybe shell shapes are optimally adapted to the various ecological niches only in fully grown animals. This reminds of many well-known cases in which juvenile snails have shells that are much more vulnerable than fully grown ones, which may have different kinds of protective structures in the aperture, as for example in the family Clausiliidae (Gittenberger 2000).

Individual changes: 2 Decollation

Not all species with shells that are slender when fully grown, have juveniles with discoid shells. The earliest stages, i.e. the combined protoconch and initial teleoconch whorls, may already be slightly higher than broad. This may result in very slender, fully grown shells. In this category so-called decollation may be observed, i.e. programmed 'removal' of the up-

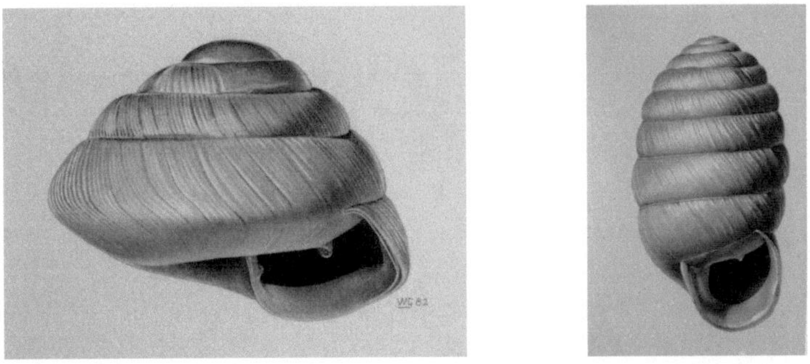

Fig. 2
Orculella bulgarica (Hesse 1915), left: a juvenile, 2.45 mm broad shell; right: a fully grown, 6.2 mm high specimen, exemplifying different shell shapes (Spain, Granada, Cerro de la Virgen, Quaternary deposits). Collection G. Falkner, München

Orculella bulgarica (Hesse 1915), links: een juveniele, 2,45 mm brede schelp; rechts: een volwassen, 6,2 mm hoog exemplaar, als voorbeeld van verschillende schelpvorm (Spanje, Granada, Cerro de la Virgen, Kwartaire afzettingen). Collectie G. Falkner, München

permost part of the shell (Hochpöchler and Kothbauer 1975; Gittenberger and Povel 1995). Maybe those early whorls, which are no longer filled with soft parts of the snail anyway, and relatively thin-walled, are of no real use anymore and somewhat of a hindrance for easy manoeuvring. They may even form a risk for the animal, since their incidental breaking off might result in death by desiccation. During evolutionary history of the pulmonate snails, decollation originated many times independently, as may be concluded already by simply checking in which genera it occurs according to Zilch (1959-1960). In 46 genera, most of which belong to either the Clausiliidae (Fig. 3) or the Urocoptidae (Figs. 8-9), one or more species are characterised by decollate shells. The number of evolutionary origins of the phenomenon will be fewer however, since some genera in which all species have decollate shells may have common ancestors. Clausiliids and urocoptids have slender shells, often with many whorls, so that losing the initial whorls might be mechanically advantageous here, i.e. fitness enhancing, and selected for as soon as the genetic environment allows it.

Gittenberger and Povel (1995) demonstrated that decollation may be achieved in at least two different ways, viz. (1) by weakening the shell wall and forming a septum below the weakened point, or (2) by forming a septum and secondarily strengthening the inside of the entire shell below that structure. For nearly all decollating species it is still unknown which of these alternatives (or an additional mechanism) exists. From an evolutionary perspective, decollation is interesting since the supposedly increased fitness by a 'better' shape is reached only after a period of increased vulnerability.

Maybe decollation should be considered a case of programmed shell repair. Shell damage or evaporation through the relatively thin uppermost shell walls, may have triggered shell repair by supplementary calcification as a first step towards fixation of regular septum formation and decollation. Many species with decollate shells occur in relatively dry conditions with sometimes high temperatures.

Evolutionary changes: Crossing the adaptive valley

In many gastropod families or subfamilies all the species have shells that belong to only one of the two height/width categories mentioned before. There are some striking exceptions however, suggesting that in a few cases a major change in shell shape has occurred, which enabled a species to cross the adaptive valley that seems to exist between those two ratio categories. Among the many species of the Ariantinae (Figs. 1, 4-5), all with globular, more or less depressed shells, only *Cylindrus obtusus* (Draparnaud 1805) (Fig. 4) is characterised by a cylindrical shell. *Helixena sanctaemariae* (Morelet and Drouët 1857) (Fig. 6) may be cited as a similar case from among the Leptaxinae (Helicidae) (Figs. 6-7), whereas *Hendersoniella palmeri* Dall, 1905 (Fig. 8) exemplifies the opposite case. The latter is a urocoptid species with a discoid shell, in striking contrast to the other species of Urocoptidae (Figs. 8-9), which are characterised by slender to very slender shells (Fig. 9). It is possible in principle that the species, that are ancestral to these three species groups, had shells with equal heights and widths. If so, then the question arises why in each case only a single species is aberrant.

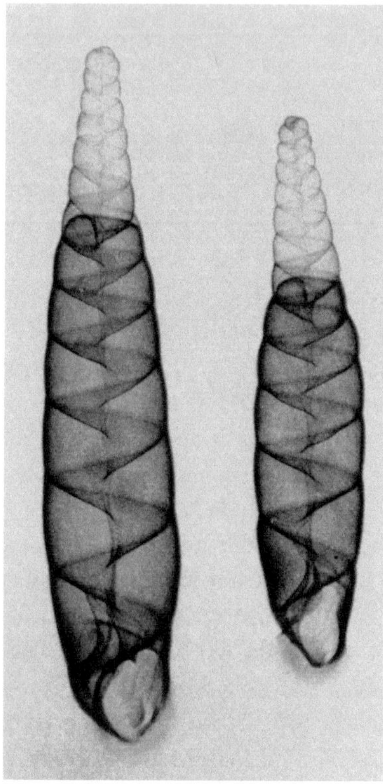

Fig. 3
Decollation in Albinaria rebeli (Wagner 1924), shown by X-ray radiographs of rare specimens that have not lost the apical whorls despite the fact that these whorls are much thinner than the following ones, which have been secondarily thickened at the inside (Greece, Crete, north of Kavousi). Shell height 20 mm. Collection Naturalis, Leiden

Decollatie in Albinaria rebeli (Wagner 1924), zichtbaar gemaakt door röntgenfoto's van zeldzame exemplaren die niet de bovenste windingen verloren hebben, ondanks het feit dat deze windingen veel dunner zijn dan de daaropvolgende die secundair verdikt zijn aan de binnenzijde (Griekenland, Kreta, ten noorden van Kavousi). Schelphoogte 20 mm. Collectie Naturalis, Leiden

Figs. 4-5
Shape differences among Ariantinae (see also Fig. 1)

Left (Fig. 4): Cylindrus obtusus (Draparnaud 1805), characterised by a cylindrical shell, which is unique in this subfamily (Austria, Kärnten, west of the 'Franz-Joseph Haus' in the Grossglockner region, at 2400 metres altitude). Shell height 13 mm. Collection Naturalis, Leiden.

Right (Fig. 5): Arianta chamaeleon (Pfeiffer 1842) as an example of the commonest shell shape in the subfamily (Slovenia, Julijske Alpe, ESE slope of Mangart at 2600-2725 metres altitude). Shell width 17 mm. Collection Naturalis, Leiden

Vormverschillen in Ariantinae (zie ook Fig. 1)

Links: Cylindrus obtusus (Draparnaud 1805), gekenmerkt door een cylindrische schelp, wat uniek is in deze subfamilie (Oostenrijk, Kärnten, ten westen van het 'Franz-Joseph Haus' in het Grossglockner gebied, op 2400 meter hoogte). Schelphoogte 13 mm. Collectie Naturalis, Leiden

Rechts: Arianta chamaeleon (Pfeiffer 1842) als voorbeeld van de meest voorkomende schelpvorm in de subfamilie (Slovenië, Julijske Alpe, OZO-helling van de Mangart op 2600-2725 meter hoogte). Schelpbreedte 17 mm. Collectie Naturalis, Leiden

Figs. 6-7
Shape differences among Leptaxinae.

Left (Fig. 6): Helixena sanctaemariae (Morelet and Drouët 1857), an aberrant representative of this subfamily, in which the shells are usually broader than high (Azores, Santa Maria, Lagoinhas). Shell height 12.5 mm. Collection Naturalis, Leiden.

Right (Fig. 7): Leptaxis azorica (Albers 1852) that has the usual shell shape (Azores, São Miguel, NW side of Lagoa de Furnas). Shell width 12 mm. Collection Naturalis, Leiden
Leiden

Vormverschillen in Leptaxinae

Links: Helixena sanctaemariae (Morelet en Drouët 1857), een afwijkende vertegenwoordiger van deze subfamilie, waarbij de schelpen meestal breder zijn dan hoog (Azoren, Santa Maria, Lagoinhas). Schelphoogte 12,5 mm. Collectie Naturalis

Rechts: Leptaxis azorica (Albers 1852) die de gewone schelpvorm heeft (Azoren, São Miguel, NW-zijde van Lagoa de Furnas). Schelpbreedte 12 mm. Collectie Naturalis, Leiden

Figs. 8-9

Shape differences among Urocoptidae

Left (Fig. 8): Hendersoniella palmeri (Dall 1905) (Mexico, Alvarez Mountains) with an aberrant discoid shell. Shell width 12 mm. Collection Naturalis, Leiden

Right (Fig. 9): Epirobia polygyrella (von Martens 1863) (Guatemala, Coban) that shows the high-spired, very slender, other extreme in the subfamily. Shell height 15 mm. Collection Naturalis, Leiden

Vormverschillen in Urocoptidae

Links: Hendersoniella palmeri (Dall 1905) (Mexico, Alvarezgebergte) met een afwijkende discoide schelp. Schelpbreedte 12 mm. Collectie Naturalis, Leiden

Rechts: Epirobia polygyrella (von Martens 1863) (Guatemala, Coban) die het hooggewonden, heel slanke andere uiterste in de subfamilie laat zien. Schelphoogte 15 mm. Collectie Naturalis, Leiden

In an intriguing article, Breure (2008) recently described and illustrated an amazing transition in shell shape, from higher than broad to broader than high, within a single species of Bulimulidae. The successive forms occur in populations which are both geographically and morphologically coherent in a meaningful way. In this case we seem to witness a modern, ongoing crossing of the adaptive shape-valley. This species deserves to be studied in more detail, to learn more about the genetic basis of extreme changes in shell shape and their ecological significance.

References

Breure ASH (2008) Carination strikes the eye: extreme shell shapes and sibling species in three Andean genera of the Orthalicidae (Gastropoda, Stylommatophora). Zoologische Mededelingen 82: 499-514

Cain AJ (1977) Variation in the spire index of some coiled gastropod shells, and its evolutionary significance. Philosophical Transactions of the Royal Society of London B 277: 377-428

Cain AJ (1980) Whorl number, shape, and size of shell in some pulmonate faunas. Journal of Conchology 30: 209-221

Gittenberger E (2000) Alternative pathways in the development of the clausilial apparatus in shells of *Albinaria* and *Isabellaria* (Gastropoda Pulmonata: Clausiliidae). Basteria 64: 29-32

Gittenberger E (2007) Islands from a snail's perspective. In: Renema W (ed.) Biogeography, time and place. Distributions, barriers and islands. Topics in Geobiology 29: 347-363. Springer Netherlands, Dordrecht

Gittenberger E, Povel GDE (1995) Shell growth and decollation in terrestrial gastropods. The Nautilus 109: 38-40

Gittenberger E, Ripken TEJ (1987) The genus *Theba* (Mollusca: Gastropoda: Helicidae), systematics and distribution. Zoologische Verhandelingen 241: 1-59

Goodfriend GA (1986) Variation in land-snail shell form and size and its causes: a review. Systematic Zoology 35: 204-223

Hochpöchler F, Kothbauer H (1975) Der Mechanismus der Dekollation bei *Rumina decollata* (L.) (Gastropoda: Stylommatophora). Archiv für Molluskenkunde 106: 119-121

Zilch A (1959, 1960) Euthyneura. In: Wenz W (ed.) Gastropoda. Handbuch der Paläozoologie 6 (2): 1-400 [1959], 401-835, I-XII [1960]. Gebrüder Bornträger, Berlin-Nikolassee

Fossiele eikengallen uit het Eemien van Nederland

Fossil oak galls from the Eemian of the Netherlands

Raymond van der Ham

Nederlands Centrum voor Biodiversiteit Naturalis (sectie NHN)
Postbus 9514, 2300 RA Leiden, Nederland
Ham@nhn.leidenuniv.nl

Samenvatting

In deze bijdrage staat het achterhalen van de identiteit en herkomst van een aantal oorspronkelijk als paardenkastanjes gedetermineerde objecten centraal. Zij komen uit een zand- en grindgroeve bij Raalte en zijn daar samen met andere plantenresten en met zoogdierbotten uit het Eemien en Weichselien aangetroffen. Uiteindelijk bleek het niet te gaan om paardenkastanjes maar om eikengallen veroorzaakt door de galwesp *Andricus hungaricus*. De begeleidende plantenresten en pollenanalyse toonden aan dat ze uit het Eemien afkomstig zijn. Fossiele gallen zijn zeldzaam en gallen van Eemien ouderdom waren tot op heden onbekend.

Abstract

This paper describes the search for the identity and provenance of a number of objects that were initially considered to be fossil horse chestnuts. They were found together with other plant remains, and with Eemian and Weichselian mammal bones in waste material from the sand/gravel pit Hooge Broek near Raalte, in the eastern part of the Netherlands. Eventually, these objects appeared to represent galls induced by the currently Southeast European oak gall wasp *Andricus hungaricus* (van der Ham et al. 2008; Stone et al. 2008). A total of 47 well-preserved specimens, some with larval chamber, could be described. Associated plant remains include seeds, fruits, conifer cones, wood, spines, leaf fragments, buds, bud scales, stem fragments, bryophytes, sporangia, palynomorphs, another gall species, and jet. Palynomorph samples indicate the Late Eemian (*Carpinus* phase) clay-peat bed or *Salvinia* bed (Zutphen Member, Kreftenheye Formation) as the origin of the galls. The list of plant remains contains about 150 species and is dominated by fresh water plants, riparian elements and woodland species, which reflects the ecological range of the former Rhine valley and adjacent ice-pushed ridges very well. Thermophilous elements include *Brasenia schreberi, Buxus sempervirens, Cornus mas, Najas minor, Salvinia natans, Trapa natans* and also *Andricus hungaricus*. Well-preserved fossil galls are rare and Eemian galls were hitherto completely unknown.

Inleiding

Onlangs verschenen twee publicaties over opmerkelijke plantenresten uit het Eemien van oostelijk Nederland: 'Plants remains from the Kreftenheye Formation (Eemian) of Raalte, The Netherlands' (van der Ham et al. 2008) en 'Fossil oak galls preserve ancient multitrophic interactions' (Stone et al. 2008). Letterlijk en figuurlijk 'pièces de résistance' waren een aantal goed bewaarde eikengallen. Wim Kuijper heeft substantieel bijgedragen aan eerstgenoemde publicatie, reden waarom ik hier wat wil uitweiden over de aanloop van het project waar hij zoveel uren uitpikwerk en determineren in heeft gestoken, met name over hoe paardenkastanjes uiteindelijk eikengallen bleken te zijn.

Paardenkastanjes(?)

Op 19 april 2004 was ik op bezoek bij Johan van der Burgh in het Laboratorium van Palaeobotanie & Palynologie in het gebouw Aardwetenschappen van Universiteit Utrecht. Later op die dag zou hij de deelnemers aan de cursus 'Introduction into Palaeobotany' (Nationaal Herbarium Nederland, Leiden) rondleiden door de nieuwe opstelling van het Palaeobotanisch Museum. In zijn werkkamer werd mijn nieuwsgierigheid geprikkeld door een plastic zakje met enkele tientallen donkere bolvormige objecten (Fig. 1). Bij mijn vraag wat die 'verkoolde appeltjes' voorstelden, keek hij wat bedenkelijk. Ze bleken uit een ontgronding bij Raalte te komen en in een artikel over Pleistocene zoogdierbotten van die vindplaats te zijn aangeduid als 'horse chestnuts' (paardenkastanjes). Op een bijgaand rapport over de datering van fossiel hout van dezelfde plek had Johan al genoteerd: "Wat zijn de 'paardekastanje'-vruchten?". Inderdaad, paardenkastanjes waren het zeker niet en ook over het antwoord op de 'wat-dan-wel-vraag' waren we het roerend eens: géén idee. Ik mocht

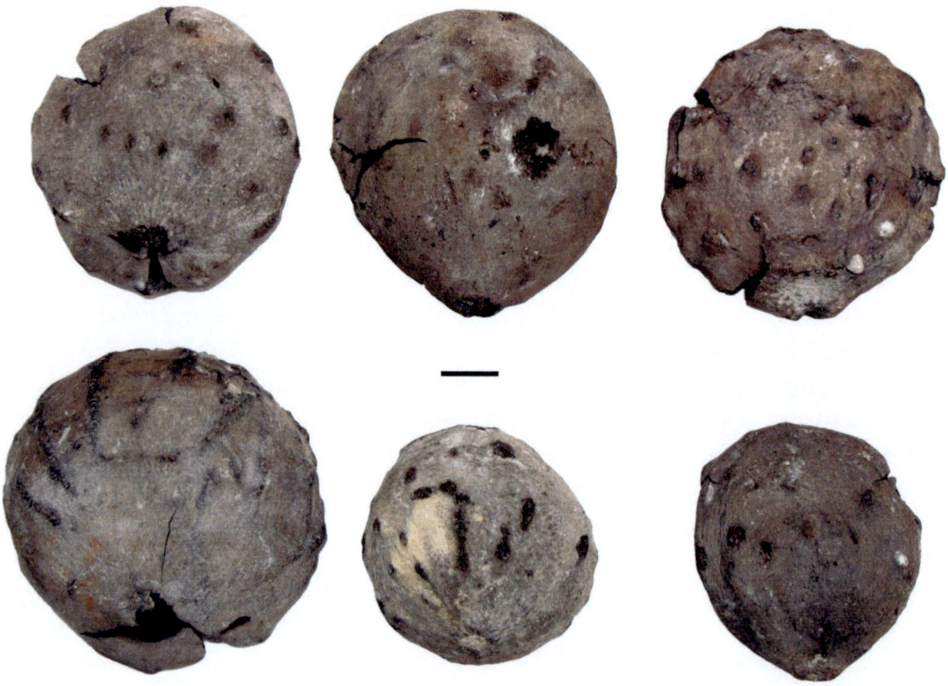

Fig. 1

Zes van de 47 'donkere bolvormige objecten' die geen paardenkastanjes maar gallen van de eikengalwesp Andricus hungaricus bleken te zijn. Maatstreepje: 1 cm

Six of the 47 'dark spherical objects' that turned out to be not horse chestnuts but galls of the oak gall wasp Andricus hungaricus. Bar: 1 cm

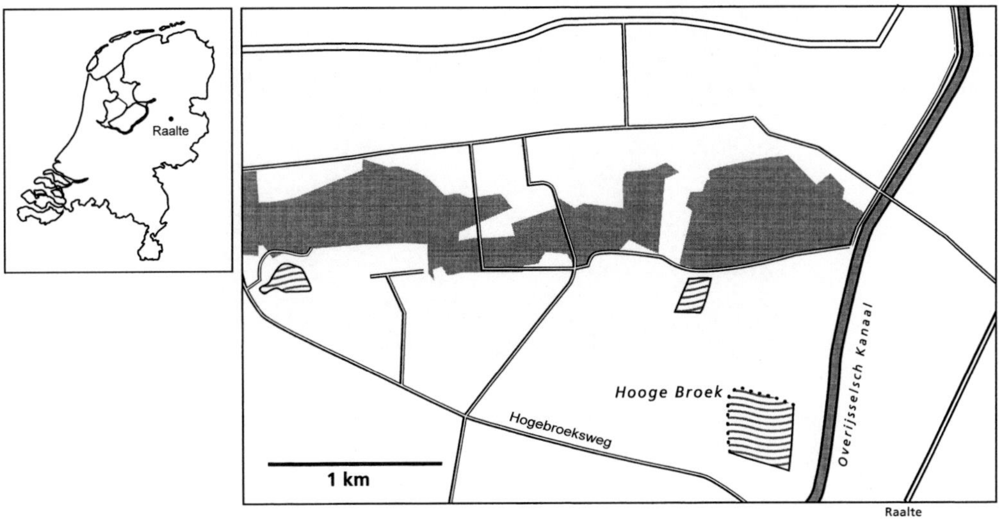

Fig. 2
Kaartje met de ligging van Raalte en de zuigput Hooge Broek

Map showing the location of Raalte and the gravel pit Hooge Broek

ze meenemen, voor nader onderzoek, want dergelijk materiaal gaat aan je paleobotanisch geweten knagen. Eerst heb ik wat gegevens over de vindplaats verzameld. Dat was de zuigput Hooge Broek in het IJsseldal, enkele kilometers ten noordoosten van Raalte (Fig. 2). Sinds 1997 wordt daar door REKO Grondverzet en Wegenbouw bedrijf Raalte B.V. grind en zand gewonnen. Het betreft vooral afzettingen uit het Eemien en Weichselien (Formatie van Kreftenheye; de Mulder et al. 2003). Behalve de gewaardeerde bodemschatten kwamen er destijds al direct talrijke botresten van zoogdieren naar boven, welke door Jan Brewer (Raalte) systematisch werden verzameld en bestudeerd. Na enkele jaren telde de lijst al zo'n 20 soorten, waaronder de Bosolifant, Wolharige mammoet, het Reuzenhert en een nijlpaard (Bosscha Erdbrink et al. 2001; Bosscha Erdbrink 2002, 2003). In de publicatie uit 2001, over enkele olifantsresten, kwam ik de passage over de 'paardenkastanjes' tegen: "many pieces of different kinds of wood and fructifications (such as horse chestnuts, pine and fir-cones), …".

Gallen?, abnormaal plantenweefsel!, insectennesten?, vijgen?, eikengallen!

Na ruim vijf jaar is de verdere gang van zaken niet meer in z'n geheel te reconstrueren, maar met de emails uit die tijd kom ik nog een heel eind. Aanvankelijk was ik vooral bezig met het achterhalen van de ouderdom van het materiaal. De conclusie was dat het waarschijnlijk niet recent of subfossiel was. Getuige een email met een vraag over Pleistocene (eiken?)gallen aan ene A. Scott (gevonden via internet), speelde ik eind mei / begin juni al met de gedachte dat de paardenkastanjes gallen waren. Ik ben daar om nu onduidelijke redenen weer vanaf gestapt, want toen eind juni Lucy Kubiak (BIAX *Consult*) mij na inspectie van enkele breukvlakken vertelde dat het 'abnormaal plantenweefsel' betrof, ging er geen lichtje branden. Begin juli, op de terugreis van het International Palynological Congress in Granada heb ik het probleem voorgelegd aan Bas van Geel (altijd 'in' voor een raadsel). Zijn suggestie: insectennesten? Zonder het materiaal gezien te hebben was hij er niet eens zo heel ver

Fig. 3
Recent exemplaar van de gal van de eikengalwesp Andricus hungaricus. Maatstreepje: 1 cm (Foto G. Csóka)

Recent specimen of the gall of the oak gall wasp Andricus hungaricus. Bar: 1 cm

Fig. 4
Centrale deel van een doorgesneden gal van Andricus hungaricus uit Raalte, waarin duidelijk de larvekamer te zien is. Maatstreepje: 5 mm

Central part of a bisected gall of Andricus hungaricus from Raalte, in which the larval chamber is clearly visible. Bar: 5 mm

naast. Thuisgekomen heb ik foto's gemaakt en opgestuurd naar Bas. Bijna per ommegaande antwoordde hij: "De enige associatie die ik krijg is: afgeplatte vijgen. Mogelijk kan ik meer zeggen als ik de objecten echt voor ogen krijg". In mijn archief zitten foto's van 19 juli van enkele min of meer overlangs gebroken exemplaren. In die dagen moet ik de clue gevonden hebben: op 24 juli schreef ik Bas: "... ik weet nu vrijwel zeker dat het om gallen gaat: ik heb in enkele exx. een larvekamer gevonden!". Na wat zoeken in de Europese literatuur werd duidelijk dat de gallen sterk leken op die van de Zuidoosteuropese eikengalwesp *Andricus hungaricus* (Mayr 1907; Buhr 1965; Melika et al. 2000). Deze behoren tot de grootste in het Palaearctische gebied (diameter tot 5 cm; Fig. 3), bevatten tot wel 20% drooggewicht tannine en zijn zeer resistent; tot zes jaar na afvallen kan de volwassen galwesp nog naar buiten komen. Zulke gallen zijn voorbestemd om te fossiliseren! De Raaltense exemplaren zijn iets tot matig verdrukt, 37 tot 57 mm in doorsnede en hebben net als de recente exemplaren een verspreid-bobbelig oppervlak. Centraal in de gal van *A. hungaricus* bevindt zich één larvekamer. De harde wand van de larvekamer is in het materiaal uit Raalte goed bewaard gebleven

(Fig. 4) en een mooi rond gat laat zien dat een volwassen galwesp zich destijds een weg naar buiten geknaagd heeft. De waardplant van de gal(wesp) is de Zomereik (*Quercus robur*) of de Wintereik (*Q. petraea*). Bij verwante soorten is een tweede waardplant, de Moseik (*Q. cerris*), nodig om de levenscyclus rond te krijgen, maar dit is voor *A. hungaricus* nog niet aangetoond. Enkele hiervan, zoals *A. kollari* (Knikkergalwesp) en *A. quercuscalicis* (Knoppergalwesp), hebben sinds de introductie van de Moseik hun areaal vanuit het zuiden/oosten naar Noordwest-Europa kunnen uitbreiden.

Veldwerk

Het feit dat *Andricus hungaricus* tegenwoordig niet in Noordwest-Europa voorkomt, versterkte mijn vermoeden dat het om fossiel materiaal ging. Afronding van het project met een vondstmelding was in zicht (dacht ik). Begin augustus ging Johan accoord met een gezamenlijk stukje over de gal, het hout en eventuele andere botanische resten. Drie zaken moesten nog geregeld worden: 1. bevestiging van de determinatie van de gal door een specialist, 2. vaststellen van de ouderdom, en 3. inventarisatie van geassocieërde flora (die de datering zou kunnen ondersteunen). Op grond van een foto kon George Melika (Systematic Parasitoid Laboratory, Köszeg, Hongarije) de determinatie van de gal als *Andricus hungaricus* van harte onderschrijven. Voor mijn gemoedsrust stuurde hij een pakje met een paar recente exemplaren: inderdaad, de gelijkenis was onmiskenbaar. Voor verdere bijzonderheden verwees hij naar de eikengallenspecialist Graham Stone (Institute of Evolutionary Biology, University

Fig. 5
De plek op het bedrijfsterrein van REKO Grondverzet en Wegenbouw bedrijf Raalte B.V. waar de middelste fractie van het organische materiaal (tot ca. 5 mm) uit het grind en zand wordt gesorteerd (10 oktober 2006)

The spot in the company grounds of REKO Grondverzet en Wegenbouw bedrijf Raalte B.V. where the middle fraction of the organic material (up to c. 5 mm) is sorted from the gravel and sand (10th October 2006)

of Edinburgh). Met een bezoek aan Jan Brewer hoopte ik iets over de ouderdom en andere plantenresten te vernemen. Op 10 augustus ben ik afgereisd naar Raalte, daar vorstelijk ontvangen door Jan en zijn vrouw Janneke en heb ik zijn enorme bottencollectie aanschouwd. Op een tafeltje had hij al wat botanisch materiaal uitgestald: nog meer gallen, dennen- en sparrenkegels, een duidelijk fossiele walnootsoort, een *Trapa*-vrucht, enkele eikels en houtresten. Bijna alle gallen (inclusief de exemplaren die ik al kende) bleken in 2000 verzameld te zijn; af en toe kwam er nog wel eens een bij (uiteindelijk werden het er 47). Veel meer plantenmateriaal lag volgens Jan in bergjes van grof tot fijn op het terrein, netjes door de REKO uit hun grind en zand gesorteerd (Fig. 5). Helaas konden we daar in de vakantieperiode niet bij komen. Op 11 oktober stuurde hij het resultaat van het uitzoeken van een monster: zaden/vruchten van Hoornblad (*Ceratophyllum*), Rode kornoelje (*Cornus sanguinea*), Gele plomp (*Nuphar lutea*), Krabbenscheer (*Stratiotes aloides*), asjes van elzenproppen (*Alnus*), stukjes git, etc., kortom: een veelbelovende zending. Op 21 oktober toog ik opnieuw naar Raalte, nu met een grote lege rugzak. Met weinig moeite kon ik drie fracties afzonderlijk monsteren en 'en passant' een brokje barnsteen en wat stukjes Reuzenhert oprapen. Vanaf dat moment was er een nauwe samenwerking met Wim Kuijper (Faculteit der Archeologie, Universiteit Leiden): hij controleerde determinaties, benoemde probleemgevallen en zocht het hele fijne (natte) materiaal uit. Een alsmaar groeiende soortenlijst was het gevolg. In februari 2005 heb ik nieuwe monsters onder de sneeuw weggegraven. De derde keer ging Wim zelf mee (Fig. 6), nieuwsgierig geworden naar dat macroresten-eldorado. In totaal heb ik vier verzameltochtjes naar Hooge Broek gemaakt, waarbij ik naar schatting zo'n 75 kilo materiaal naar huis heb gezeuld.

Fig. 6
Jan Brewer en Wim Kuijper op het bedrijfsterrein van REKO Grondverzet en Wegenbouw bedrijf Raalte B.V. bij de plek waar de grofste afvalfractie (stenen, klei, botten en hout, maar ook de gallen) gestort wordt (27 april 2006)

Jan Brewer and Wim Kuijper in the company grounds of REKO Grondverzet en Wegenbouw bedrijf Raalte B.V. at the spot where the coarsest waste fraction (stones, clay, bones and wood, but also the galls) is dumped (27th April 2006)

Hout en nog veel meer

De bulk van het materiaal bestond uit houtfragmenten, maar daarbij vonden we (Fig. 7): zaden, vruchten, coniferenkegels, doorns/stekels, stengel- en bladfragmenten, knoppen, knopschubben, git, tenminste één andere gallensoort en, niet te vergeten, heel veel prachtig bewaard mos, waarover Joop Kortselius (Nationaal Herbarium Nederland, Leiden) zich ontfermde. In totaal konden ongeveer 150 plantensoorten worden genoteerd (van der Ham et al. 2008). Opvallend waren de grote hoeveelheden Esdoorn (*Acer*), Els (*Alnus*), Haagbeuk (*Carpinus betulus*), Gele plomp (*Nuphar lutea*), gras (Poaceae), Goudzuring (*Rumex maritimus*), Mattenbies (*Scirpus lacustris*) en Waternoot (*Trapa natans*). De lijst werd gedomineerd

Fig. 7
Materiaal uit de middelste fractie van het organische materiaal (zie ook Fig. 5), met onder meer asjes van elzenproppen (Alnus), vruchtjes van de Haagbeuk (Carpinus betulus) en stukjes git. Maatstreepje: 1 cm

Material from the middle fraction of the organic material (see also Fig. 5), with amongst others axes of alder cones (Alnus), fruits of hornbeam (Carpinus betulus), and bits of jet. Bar: 1 cm

door zoetwater-, oever- en broekbossoorten enerzijds en soorten uit drogere bossen anderzijds, een mooie weerspiegeling van de flora van het door stuwwallen begrensde oer-IJssel(= Rijn)dal. De blauwe klei waar de gallen en het meeste andere plantenmateriaal uit afkomstig bleken te zijn, bevatte grote aantallen megasporen en microsporangia van de Vlotvaren (*Salvinia natans*). Monsters van de klei leverde ook een flinke sortering goed geconserveerd stuifmeel op (geprepareerd en geteld door Wim). De spectra wezen op een Laat-Eemien-ouderdom (*Carpinus*-fase) van het materiaal, wat goed overeenkwam met de aanwezigheid van macroresten van thermofiele soorten als Rode waterlelie (*Brasenia schreberi*), Palmboompje (*Buxus sempervirens*), Gele kornoelje (*Cornus mas*), Klein nimfkruid (*Najas minor*), Vlotvaren (*Salvinia natans*) en natuurlijk de gal van de Zuidoosteuropese *Andricus hungaricus*. Het nijlpaard en de Bosolifant zijn hier moeiteloos in te passen. Waarschijnlijk is het overgrote deel van het materiaal afkomstig uit de Zutphen Member van de Formatie van Kreftenheye (de Mulder et al. 2003), een laag die al eerder bekend was als continentaal Eemien, *Salvinia*-laag en klei-veenlaag (Burck 1949). Een van de gallen is opgeofferd voor een ^{14}C-datering, met als uitkomst: ouder dan 38.500 BP, hetgeen betekende dat een Holocene herkomst kon worden uitgesloten. Goed bewaarde fossiele gallen zijn zeldzaam en gallen uit het Eemien (130.000-115.000 jaar geleden) waren nog geheel onbekend (Larew 1992). Spectaculair was ook de ontdekking dat een aantal gallen sporen bleken te vertonen van de activiteiten van ‘inquilinen’: galwespsoorten die niet de gal induceren maar er wel hun eieren in leggen (Stone et al. 2008).

Fig. 8

Jan Brewer toont stukken uit zijn bottencollectie aan Martijn Guliker en Reanne van Kleef (10 oktober 2006)

Jan Brewer showing specimens from his bone collection to Martijn Guliker and Reanne van Kleef (10th October 2006)

Tot slot

Enthousiast geworden over dit verhaal en de vele botvondsten (Fig. 8), hebben Martijn Guliker en Reanne van Kleef (Universiteit Leiden) in het kader van een duo-stage bij Naturalis het zoogdiermateriaal van Hooge Broek beschreven en geïnterpreteerd (Guliker en van Kleef 2007), waarmee het project een nog bredere basis kreeg. Het bleek een mengeling van soorten uit het Eemien en Weichselien te zijn. Behalve Bosolifant en een nijlpaard werden ook nog twee neushoornsoorten uit het Eemien aangetroffen. Terugkeer van dit soort thermofiele grootgrazers/browsers in ons opwarmende landje is onwaarschijnlijk, maar de (her)kolonisatie door de eikengalwesp *A. hungaricus* behoort zeker tot de mogelijkheden (zie ook Docters van Leeuwen 2009).

Literatuur

Bosscha Erdbrink DP (2002) Fossiele resten van haas en bever uit Salland [Fossils of hare and beaver from Salland]. Cranium 19: 156-159

Bosscha Erdbrink DP (2003) De vondst van een stuk hoektand van een nijlpaard [The find of a piece of a canine of a hippopotamus]. Cranium 20: 3-5

Bosscha Erdbrink DP, Brewer JG, Mol D (2001) Some remarkable Weichselian elephant remains. Deinsea 8: 21-26

Buhr H (1965) Bestimmungstabellen der Gallen (Zoo- und Phytocecidien) an Pflanzen Mittel- und Nordeuropas. Gustav Fischer Verlag, Jena

Burck HDM (1949) Continentale Eemlagen in het dal van den Gelderschen IJssel, benevens opmerkingen betreffende het IJssellaagterras [Continental Eemian deposits in the valley of the River Gelderse IJssel]. Verhandelingen Koninklijk Nederlandsch Geologisch-Mijnbouwkundig Genootschap, Geologische Serie 15: 32-43

Docters van Leeuwen WM (2009) Gallenboek. 4e druk, herzien en bewerkt door JC Roskam. KNNV Uitgeverij, Zeist

Guliker M, Kleef R van (2007) Dear deer (What are you all doing here?). A morphological and biometrical description of a suction-dredged Pleistocene collection of fossil mammals from Raalte, The Netherlands, dominated by large deer. Internal report Naturalis/Universiteit Leiden

Ham RWJM van der, Kuijper WJ, Kortselius MJH, Burgh J van der, Stone GN, Brewer JG (2008) Plant remains from the Kreftenheye Formation (Eemian) at Raalte, The Netherlands. Vegetation History and Archaeobotany 17: 127-144

Larew HG (1992) Fossil galls. In: Shorthouse JD, Rohfritsch O (eds) Biology of insect-induced galls. University Press, Oxford, pp 50-59

Mayr GL (1907) Die mittel-europäischen Eichen-Gallen in Wort und Bild. Junk, Berlin

Melika G, Csóka G, Pujade-Villar J (2000) Check-list of oak gall wasps of Hungary, with some taxonomic notes (Hymenoptera: Cynipidae, Cynipinae, Cynipini). Annale historico-naturales Musei nationalis hungarici 92: 265-296

Mulder FJ de, Geluk MC, Ritsema IL, Westerhoff WE, Wong TE (2003) De ondergrond van Nederland [The subsoil of The Netherlands]. Wolters-Noordhoff, Groningen

Stone GN, Ham RWJM van der, Brewer JG (2008) Fossil oak galls preserve ancient multitrophic interactions. Proceedings of the Royal Society B 275: 2213-2219

Praten over Tomaten: Introductie van Tomaat (*Solanum lycopersicum* L.) in de Lage Landen

Talking about Tomatoes: The introduction of Tomato (*Solanum lycopersicum* L.) in the Low Countries

Robine Houchin

Archeobotanisch Laboratorium, Faculteit der Archeologie
Universiteit Leiden , Postbus 9515, NL-2300 RA Leiden

houchin@nhn.leidenuniv.nl

Samenvatting

Deze bijdrage aan de feestelijke bundel publicaties ter ere van Wim Kuijper geeft een overzicht van de introductie van Tomaat (*Solanum lycopersicum* L. [*Lycopersicon esculentum* Miller]), een van de meest recente toevoegingen aan het archeobotanisch bestand van de Lage Landen.

Abstract

In 2006 Wim Kuijper recognized a Tomato (*Solanum lycopersicum* L. [*Lycopersicon esculentum* Miller]) seed within a soil sample from a Maastricht cesspit analysed by the author. His determination provided the starting point of this article on the origin, domestication, introduction in the Low Countries and seed morphology of Tomato.

Ten species of wild tomatoes (*Solanum* L. section *Lycopersicon* (Mill.) Wettst.) are native to an area stretching from central Ecuador to northern Chile, and two species are endemic on the Galápagos Islands. Of these wild species, wild *S. lycopersicum* L. (including ex. var. *cerasiforme*) is considered to be the direct ancestor of cultivated Tomato. The domestication of Tomato occurred in an area around Peru or Mexico.

Introduction in Europe followed the Spanish conquest of Tenochtitlan. Tomatoes were quickly passed on from Spain to Italy, where Matthiolus provided a first written description of Tomato in 1544. He named Tomato ′pomi d′oro′, ′mala aurea′ (golden or Moors′ apple) and ′poma amoris′ (love apple), referring to its colour, its Spanish heritage and name (′pome dei Moro′) or its aphrodisiac characteristics. Dodoens (1553) was the first to annotate the (ethno)botanical knowledge on Tomato in the Low Countries, succeeded by Lobelius (1581); Nieremberg (1635); Munting (1671, 1672, 1682, 1696); Cause (1676); Nylandt (1682, 1687); Blankaart (1698); Liger (1706); Boerhaave (1727); Weinmann (1748); Houttuyn (1777); Chomel (1778); anonymous in *L'Horticulteur Belge* (1833/1834) and Spruyt (1872). Several depictions of Tomato were printed in the second half of the 16th and in the 17th century, of which Dodoens (1553), Hoefnagel (1592) and Sweert (1612) were among the first. A dried Tomato specimen, dated approximately 1542-1544, can still be found in the Italian herbarium *En Tibi Perpetuis Ridentum Floribus Hortum* of the National Herbarium of the Netherlands in Leiden. Here, also other dried Tomato specimens can be found in the herbarium collection of Van Royen and Meerburg, dating c. 1750.

The historical sources mention that Tomato in the Low Countries was at first planted in gardens for its decorative berries. Tomato plants are said to shoot from seeds sown after winter, producing ripe fruits in autumn. Most authors describe its medicinal properties in relation to humoralism, stating the plant to be of 'cold nature'. Dodoens initiated the idea that tomatoes are inedible and low in nutrition, comparing the plant's morphology and scent to poisonous relatives in the Nightshade family. Boerhaave added that ingestion of the plant caused sickness of the stomach or strokes. Tomato was furthermore often avoided because of associations with lycanthropy (a practice in witchcraft to evoke werewolves). Hence the name 'lycopersicum' which means 'wolfs peach'. Nevertheless, according to several authors tomatoes were eaten by some people. In 1754 Miller proposed Tomato's former name, *Lycopersicon esculentum* Miller, meaning 'edible wolfs peach'. The 19th century saw growth of the Tomato under glass and an emerging market regarding the consumption of tomatoes in southern parts of the Low Countries (Belgium). Tomatoes are mentioned in cookbooks in the middle of the 19th century. In the northern parts of the Low Countries (the Netherlands), the production and everyday consumption of tomatoes started in the early 20th century, as a result of (governmental) commercial campaigns.

Tomato seeds recovered from ten archaeological sites appear to agree with the historically known pattern regarding the ornamental use and consumption of Tomato in the Low Countries. Older remains of Tomato, found in moats, most likely represent decorative garden plants. Younger seeds, found in cesspits, most likely represent consumed tomatoes. The only exception being the Tomato seeds discovered in a 17th century cesspit at Alkmaar.

The analysis of 58 intact seeds (*S. lycopersicum* L.) retrieved from the archaeological site of Maastricht-Marktmaas showed that these seeds were different from recent seeds of other *Solanum* species in respect to shape and development of (hair-like) cells protruding from the seed wall. Of all wild Tomato species (*Solanum* L. section *Lycopersicon* (Mill.) Wettst.), seeds of *S. lycopersicum* L. are known to be the largest in size. Measurements of the 58 seeds (including 'hairs') retrieved at Maastricht-Marktmaas ranged from 3.4-5.0 mm in length, 2.5-3.9 mm in width and 0.9-2.4 mm in diameter, with an average size of 4.2 mm in length, 3.1 mm in width and 1.6 mm in diameter.

Inleiding

Tijdens het onderzoek aan de archeobotanische resten van de site Marktmaas in Maastricht (Houchin 2007), werden verscheidene zaden aangetroffen met 'haarachtige' uitgroeisels. De zaden van Tomaat werden meteen met groot enthousiasme herkend door Wim Kuijper, maar wel met de nodige achterdocht. Dit omdat de grootschalige archeologische opgraving weliswaar bewoningssporen had opgeleverd van de Romeinse tot Moderne tijd, maar de beerputten die de context van de zaden vormden, waren voorlopig als Laatmiddeleeuws gedateerd. In het licht van deze ontdekking uit de Nieuwe Wereld werd de datering later bijgesteld naar de late 19^{e} eeuw.

Oorsprong

Systematiek en Herkomst

Tomaat is afkomstig uit de Nachtschadefamilie (Solanaceae), welke de mensheid een groot aantal gebruiksplanten heeft geleverd zoals Aardappel (*Solanum tuberosum* L.), Aubergine (*Solanum melongena* L.), Pepino (*Solanum muricatum* Aiton), Spaanse peper en Paprika (*Capsicum* L. spp.) en Tabak (*Nicotiana* L. spp.). Tomaat werd in eerste instantie alom betiteld als *Solanum pomiferum* (Sabine 1819). Tegenwoordig draagt de plant de wetenschappelijke naam *Solanum lycopersicum* L., zoals deze in 1753 door Linnaeus werd ingevoerd. In de tussentijd meenden andere botanici voldoende aanwijzingen te zien om de tomaten een eigen geslacht toe te kennen, onder andere gezien de veelhokkigheid van de vruchten (Anguillara 1561; de Tournefort 1694). Dit werd door Miller in 1754 officieel erkend, en *Lycopersicon esculentum* Miller werd tot vrij recentelijk algemeen toegepast. Onlangs is echter aan de hand van genetisch onderzoek vastgesteld dat Tomaat een zustergroep is van Aardappel, en moderne taxonomie plaatst de plant weer in het geslacht *Solanum* (Olmstead en Palmer 1997; Peralta en Spooner 2001; Spooner et al. 2005, Peralta et al. 2006).

De verwante wilde soorten (*Solanum* L. sectie *Lycopersicon* (Mill.) Wettst.) vertegenwoordigen een grote genetische diversiteit vanaf de droge kustgebieden van de Stille Oceaan tot op meer dan 3000 meter hoogte in valleien in de Westelijke Andes (Rick 1973; Taylor 1986). Van deze wilde soorten zijn tien[1] inheems in het gebied dat vanaf centraal Ecuador, via Peru, tot noord Chili reikt (Spooner et al. 2005), en er zijn ook twee[2] soorten endemisch op de Galápagos Eilanden (Darwin et al. 2003)[3].

De gecultiveerde vorm van de bij ons bekende Tomaat is afkomstig van deze soorten. Er is een tijd gedacht dat de wilde voorouder mogelijk *S. pimpinellifolium* B. Juss. zou kunnen zijn, aangezien deze in sommige gebieden een belangrijke plant is (Hunziker 2001). Maar diversiteit en moleculair fylogenetische onderzoeken ondersteunen deze theorie niet (Peralta en Spooner 2007). Het ziet er meer naar uit dat Tomaat afkomstig is van wilde *S. lycopersicum* L. (Spooner 2005), waaronder ook het zogenaamde cherrytomaatje (ex. *S. lycopersicum* var. *cerasiforme*[4]) valt, dat vaak als bron is aangewezen (Jenkins 1948; Rick 1976, 1991, 1995; Rick en Holle 1990).

Domesticatie

De vraag waar en wanneer de overgang plaatsvond van de wilde naar de gedomesticeerde tomaat, houdt vele botanici al lang bezig. Het is mogelijk dat de Tomaat gedomesticeerd is in het gebied rond Peru[5], of in noordelijkere regionen als Mexico (Sturtevant 1919; Jenkins 1948)[6]. Op het moment dat Tomaat in Europa geïntroduceerd werd, was de plant in ieder geval al een goed ontwikkeld cultigen (Kiple en Ornelas 2000)[7]. Er zijn helaas geen archeobotanische bronnen bekend die dit zouden kunnen ophelderen (Brücher 1989), en genetisch bewijs is (nog) niet substantieel genoeg (Peralta en Spooner 2007).

Linguïstisch bewijs is vaak aangevoerd om Mexico aan te wijzen, maar dit is nog voor velerlei uitleg vatbaar. Uit Centraal-Amerikaanse gebieden zijn meer woorden voor tomaten bekend dan uit Zuid-Amerikaanse. De algemene Nederlandse naam lijkt afgeleid van Centraal-Amerikaanse woorden voor 'ronde waterige bessen' of 'gezwellen' zoals het woord 'tomati', het Mexicaanse Nahualtl woord 'tomatl', en het Azteekse woord 'xitomatl'. Azteken kenden ook 'miltomatle', dat door de Spanjaarden werd overgenomen voor het geslacht *Physalis*

L.[8] met o.a. Goudbes (*P. peruviana* L.). Daarentegen zouden de vroegere Zuid-Amerikaanse culturen, waaronder de Peruaanse, in het geheel geen woord voor Tomaat kennen, en geen enkele omschrijving geven van tomaatachtige planten die belangrijk waren voor hun dieet (Brücher 1989; Montes Hernández en Aguirre Rivera 1994). Peralta en Spooner (2007) betwijfelen dit, aangezien er wel Quechua woorden voor tomaten schijnen te bestaan. Andere aanwijzingen komen van Anguillara en Guilandinus, beiden uit het 16e eeuwse Italië. De eerste gebruikte voor tomaten de term 'pomi de Peru' (appel van Peru), maar verwarde de plant mogelijk met de gelijknamige Doornappel (*Datura stramonium* L.). De laatstgenoemde gebruikte de terminologie 'Americanorm tumatle pai tumatle' en 'Themistitan', wat volgens Jenkins (1948) een verbastering is van Tenochtitlan, later Mexico-stad genoemd (Smith 1994).

Ook archeologische bronnen geven geen duidelijkheid. Pre-Columbiaanse culturen waren geneigd textiel en aardewerk te decoreren met afbeeldingen van gewassen en figuren, die belangrijk waren voor hun gesteldheid. Als tomaten hier gedomesticeerd werden, zou men hiervan afbeeldingen verwachten (National Research Council 1989; Rick 1995). De enige archeologische vondst die hiermee in verband kan staan, is een spinsteen uit de Quimbaya cultuur (500-1000 AD) uit Colombia (Daunay et al. 2007). De bloem die hierop staat afgebeeld zou echter evenzogoed een afbeelding kunnen zijn van andere *Solanum* soorten.

Ontvangst in Europa

Invoer in de Mediterrane landen

De Spaanse ontdekker Cortés veroverde de Azteekse stad Tenochtitlan in 1521 (Smith 1994). Er wordt verondersteld dat tomaten kort daarna de weg over de Atlantische oceaan vonden[9]. Ongetwijfeld zijn ze als eerste in Spanje ontvangen, en de naam 'pome dei Moro' (Moorse appel) is waarschijnlijk één van de eerste. Deze naam vindt wellicht zijn oorsprong in de vergelijking die men trok met Aubergine, welke dezelfde naam (of 'pomme des Mours') had gekregen omdat het een bekende Arabische groente was (Encyclopædia Britannica 2010)[10].

Gedacht wordt, dat de tomaten gauw doorgevoerd werden naar Italië (National Research Council 1989), waarschijnlijk door het Koninkrijk Napels dat in 1522 onder Spaans gezag viel[11]. Tomaat werd voor het eerst beschreven door de Italiaan Matthiolus in 1544[12]. Dit is overigens wat later dan omschrijvingen van andere introducties uit de Nieuwe wereld, zoals Sierpompoen (*Cucurbita pepo* L.) en Maïs (*Zea mays* L.) (Janick en Caneva 2005; Paris et al. 2006). Deze eerste omschrijving was nog zonder afbeelding. Dat het inderdaad om Tomaat ging, blijkt uit de illustratie in de latere Duitse uitgave uit 1590 (Fig. 1).

Matthiolus omschreef een vrij grote gele vorm genaamd 'pomi d'oro' of 'mala aurea' (gouden appel), alsmede een rode vorm genaamd 'poma amoris' (liefdesappel). Deze namen zijn een verbastering van de vroege Spaanse naam, verwijzen naar de kleur of wijzen op de toebedeelde zinnenprikkelende eigenschappen. De bron voor dit laatste is misschien de gelijkklinkende naam die Ghini[13] aan tomaten gaf, namelijk 'amatula' wat Latijn is voor 'afrodisiacum' (Baily 1886; Smith 1994)[14]. Een andere naam die wel eens aan tomaten wordt toegeschreven, 'mala insana' (ongezonde appel), sloeg waarschijnlijk niet op de tomaten maar op Alruin (*Mandragora officinarium* L.), aangezien Matthiolus zijn omschrijvingen van Tomaat in een hoofdstuk over Alruin deed[15].

Fig. 1

Houtprint van Tomaat uit het "Kreuterbuch gemehret und verfertiget durch Joachimum Camerarium van Matthiolus" (1590, p. 378; Université de Strasbourg, Service Commun de la Documentation, France)

Woodcut of Tomato from the "Kreuterbuch gemehret und verfertiget durch Joachimum Camerarium from Matthiolus" (1590, p. 378; Université de Strasbourg, Service Commun de la Documentation, France)

In de decennia die volgden werd in Spanje, Italië en Frankrijk de cultivatie van een aantal variëteiten uitgebreid. Op de oudste afbeeldingen is al een keur aan verschillende vormen en kleuren te zien, waaronder gele, oranje, rode of gevlekte, soms kleine ronde, maar vaak ook grote, gladde en geribbelde tomaten (McCue 1953; Daunay et al. 2007)[16]. De volgorde van deze afbeeldingen bestaat globaal uit Dodoens (of Dodonaeus) (1553, 1574); Oelinger (1553); Gesner (1553); Fuchs (1549-1556); Durante (1585); Matthiolus (1590); Hoefnagel (1592); Sweert (1612); Besler (1613); Bauhin (1651); Morrison (1680); Zuingeri et al. (1696); Weinmann (1748).

Naast de bovengenoemde afbeeldingen zijn er ook gedroogde tomatenplanten opgenomen in bepaalde herbaria. De oudste is te vinden in het Nationaal Herbarium Nederland (NHN) te Leiden, in het van oorsprong Italiaanse herbarium genaamd *En Tibi Perpetuis Ridentum Floribus Hortum*[17] (Fig. 2). Dit herbarium is bijzonder vroeg gedateerd, namelijk ca. 1542-1544 (G. Thijsse, pers. comm. februari 2010). Hiermee is het mogelijk zelfs de oudste bron, dus vóór of ten tijde van Matthiolus' eerste omschrijving uit 1544 (Toresella 1992)[18]. Het bevat bloemen en een gedroogde vrucht[19], met daaronder '*Salunca*' en '*Pume Amoris*' geschreven.

Noordelijk Europa

Het verhaal van de oorsprong van Tomaat en diens intrede in de Noord-Europese samenleving is gebaseerd op omschrijvingen van de haat-liefde verhouding die men met dit gewas had. Vele tijdgenoten uit Noord-Europa[20] en ook zeker uit de Lage Landen nemen de omschrijvingen van Matthiolus over. Ze vullen deze omschrijving niet alleen aan met de eerder genoemde afbeeldingen (Dodoens; Hoefnagel en Sweert), maar ook met kennis over botanie, teelt en het nut - of liever de afwezigheid daarvan - als gebruiksplant.

De allereerste[21] dergelijke omschrijving is afkomstig van Dodoens in 1553, 1554, 1557, 1563, 1574, 1583 en 1644. In diens eerste tot en met postume uitgave werden daarvoor de volkse namen '*Golt opffel*' en '*Gulden appelen*' (gouden appel) gebruikt. In 1554 hanteert hij verder de Latijnse (en Franse) namen '*Pomme dorée*', '*Pomum aureum*', alsmede '*Poma amoris*', '*Pomme d'amour*', '*Pomum amoris*'[22] en in 1616 '*Aurea mala*'. In de Italiaanse versie uit 1644 voegt hij daar voor het eerst '*Pomum Indium*' (Appel van Indiën, Appel van Indianen of Appel van Amerika) aan toe[23].

Vele andere personen brachten daarna in de Lage Landen onder dezelfde volkse en Latijnse namen omschrijvingen van Tomaat uit, te weten Lobelius (1581); Nieremberg (1635); Munting (1671, 1672, 1682, 1696); Cause (1676); Nylandt (1682, 1687); Blankaart (1698); Liger (1706); Boerhaave (1727); Weinmann (1748); Houttuyn (1777); Chomel (1778)[24]; anoniem in *L'Horticulteur Belge* (1833/1834); Spruyt (1872).

In de werken van Clusius lijken tomaten vooralsnog te ontbreken[25 26]. Dit is merkwaardig, aangezien hij bekend stond om het invoeren van vele nieuwe planten in de Lage Landen, waaronder de zo aan Tomaat verwante Aardappel. Wel heeft hij in 1557 het werk van Dodoens vertaald naar het Frans. Hij was het die hierin een Griekse mythe over gouden appelen citeerde. De mythe verhaalt over de gouden appelen van Hera, die in de tuinen van de dochters van de Hesperiden bewaakt werden door een - later door Heracles gedode - draak. De gouden appelen waren een teken van eeuwig leven en goddelijke vruchtbaarheid. In 1644 vermeldt Dodoens echter dat deze gouden appelen niet diegene zijn die door poëten worden beschreven, oftewel dat het niet de gouden appelen uit de Griekse mythologie betreft[27].

Fig. 2
Foto van Tomaat uit het herbarium "En Tibi Perpetuis Ridentum Floribus Hortum".
Foto Nationaal Herbarium Nederland, Leiden

Photo of Tomato from the herbarium "En Tibi Perpetuis Ridentum Floribus Hortum"

Er zijn verder twee vroege Nederlandse[28] collecties bekend van herbaria met gedroogde tomatenplanten, weliswaar zonder gedroogde vruchten. Het betreft de collectie van Van Royen uit ca. 1750, waarbij het aannemelijk is dat deze planten uit de Leidse hortus botanicus komen, alsmede de collectie van Meerburg uit dezelfde periode, waarbij verwezen wordt naar Linnaeus en naar Van Royen (G. Thijsse, pers. comm. februari 2010).

Kennis(making) in de Lage Landen

Kennis van groeiwijze en teelt

In tegenstelling tot de situatie die Matthiolus in 1586 omschrijft over Zuid-Europa, namelijk dat tomaten algemeen zijn geworden in alle tuinen, werden ze in de Lage Landen vermoedelijk alleen door liefhebbers als sierplant gekweekt. Dodoens schrijft dat het een uitheems gewas is, dat soms tot frequent in de tuinen van *'cruytliefhebbers'* wordt gezaaid. Dodoens verteld ook dat het zaad ieder jaar gewonnen moet worden *'ghelijck die Concommeren'*. Via Gesner uit 1561 is bekend dat in die tijd verschillende 'Duitse' tuinders tomaten kweekten, en volgens hem bevond zich hieronder ook ene Petrus Condenbergius uit Antwerpen. Gesner vervolgt dat de vrucht gemakkelijk (in Duitsland) groeit, en goed rijp wordt. Lobelius schrijft in 1581 dat hier ter plekke in tuinen gezaaide tomaatjes groeien, die zijn opgekomen uit zaaigoed uit Spanje. Nylandt herhaalt dit in 1687, nadat hij in 1682 schrijft dat de plant hier in hoven wordt gevonden, en in potten. Munting (1671, 1672, 1682, 1696) omschrijft dat de planten houden van goede luchtige, met paardenmest doormengde vochtige grond op een open zonnige plaats. Hij vertelt ook dat de planten zo weelderig groeien dat ze terug gesnoeid dienen te worden, om te bevorderen dat ze tegen de winter zo rijp en zo vroeg mogelijk vruchten geven. Nylandt (1687) en Cause (1676) schrijven dat de tomaten in de herfst rijp worden, Blankaart vermeldt in 1698 dat de plant hier in de zomer vruchten draagt. In 1657 wordt Tomaat vermeld als siergewas in de tuin van apotheker Jacobus Mylius in Harderwijk (Cohen 1927), en ook Cause (1676), Liger (1706), Houttuyn (1777) en Chomel (1778) stellen dat het alleen als sierplant voorkomt.

Van Hoof heeft de verschijning op de Belgische markt uitgezocht, en vermeldt dat tomaten naar Brussel werden vervoerd nadat ze in 1830 in Parijs op de markt komen. Vervolgens zouden lokale tuinders de teelt verder voeren, zoals iemand uit Vilvoorden die het in 1848 lukte om tomaten te kweken volgens het Parijse procédé. In *L'Horticulteur Belge* worden in 1833/1834 overigens twee manieren uit de doeken gedaan om tomaten thuis te conserveren. In 1865 werden ze in België als vrij algemeen bestempeld en in 1880 waren er in zaadcatalogi ruim twintig variëteiten te vinden. Er waren in en rond Mechelen meerdere telers, waaronder Johannes Goovaerts die daar in 1885 met zijn kraam soms 4 tot 5 kilo 'serre' tomaten in de groentehal verkocht (van Hoof 2007; W. van Hoof, pers. comm, januari 2010).

Het produceren van goede vruchten is waarschijnlijk lang onsuccesvol gebleven. Een eerste probleem was daglichtlengte. Tegenwoordig zijn tomaten ongevoelig voor daglichtlengte, maar dat is het gevolg van lange selectie. Bovendien zijn de pollenkorrels op de hogere breedtegraden als de Lage Landen soms steriel, wat de fruitproductie belemmert (Berrie 1977). Dat Tomaat niet vorstbestendig is, werd ondervangen door na de winter te zaaien. Maar een groter probleem was dat er een warme zonnige zomer noodzakelijk is om goede vruchten te zetten. Er wordt lange tijd nergens vermeldt dat men dit wist te ondervangen door teelt onder glas, Chomel is de eerste die het noemt. Hij omschrijft dit overigens bij de teelt van bepaalde Afrikaanse soorten die volgens hem moeilijker te telen zijn dan tomaten, doordat ze in de *'trekkas door vermeerderde warmte gekoestert worden'*. Verder is het bekend dat de eerste tomaten in Mechelen ook onder glas stonden (van Hoof 2007). Spruyt 1872 zegt dat de teelt gemakkelijk is, hoewel tomatencultuur soms half geforceerd wordt om zeker te zijn van een goed resultaat. Hij heeft het over groei in bakken die, zodra de planten drie bladeren hebben, bedekt moeten worden met ramen.

Aan het eind van de 19e eeuw is er sprake van toenemend gebruik van glas in de tomatenteelt in Nederland (Sneller 1943). In Nederland is bekend dat in 1891 Hilgert Camfferman met de kennis en zaadjes van zijn broer vanuit Engeland de tomatenteelt in het Westland is gestart (Van der Zande 1978). Eerst vond het 'plat glas' algemene toepassing, sedert 1903 werd in Loosduinen gebruikt gemaakt van 'staand glas'. Het Landbouwverslag over 1907 meldt dat de buitentomaten grotendeels mislukten, terwijl die onder glas echter zeer goede financiële resultaten gaven (Sangers 1952)[29]. In de eerste decennia van de 20e eeuw werd Tomaat overal zowel in kassen als in de koude grond steeds meer verbouwd, mede doordat diverse voorlichtingsinstanties daartoe stimuleerden (Sneller 1943; Jobse-van Putten 1995). In de eerste jaren exporteert men bijna de volledige oogst naar Engeland (Sneller 1943)[30].

Ondanks de langdurige teelt van verschillende cultivars zijn de gecultiveerde soorten door de tijd heen eigenlijk nog vrij pure lijnen gebleven. Het komt op hogere breedtegraden namelijk ook vaak voor dat de stampers korter zijn, wat als gevolg heeft gehad dat vooral in de noordelijke delen van Europa (met koelere dagen) voornamelijk zelfbestuiving voorkomt (Berrie 1977; Cobley 1997).

Kennis van consumptie

In Noord-Europa en dus ook in de Lage Landen werden tomaten lange tijd als oneetbaar beschouwd. Dodoens begint zelf in 1554 met de raad de vruchten[31] niet te eten wegens de overeenkomst met een ander giftig gewas[32]. Hij trekt in 1574 vergelijkingen met Alruin, maar noteert ook verschillen. Hij houdt vast aan zijn standpunt dat tomaten ongezond zijn, door bijvoorbeeld in 1664 het volgende te schrijven: *'den stercken stinckenden reuck van dese Gulden-Appelen geeft ghenoegh te kennen ... hoe onghesondt ende quade datse gheten zijn', 'dit gerecht 'in tlichaem veel quade vochticheden doet groeyen'* en *'ende tot de ghesondtheyd gheensins streckende'*. Ook Matthiolus schrijft in 1586 dat het een slecht en ongezond voedingsmiddel is, dat weinig voedzaam is[33]. Dit wordt door vele auteurs herhaald, zoals door Lobelius, Houttuyn[34] en Chomel[35]. Boerhaave vult dit aan met zijn eigen opinie en stelt in 1727 dat de eigenschappen van de plant ter discussie liggen. Zijn mening is dat Tomaat inderdaad onder de giftige planten geschaard moet worden, maar dan omdat de zaden bij inname de maag van streek kunnen brengen en flauwte of beroerte veroorzaken.

Dat de tomaten als oneetbaar beschouwd werden, had dus voornamelijk[36] te maken met de gelijkenis met andere planten uit de Nachtschadefamilie, gezien de overeenkomsten in uiterlijk en geur. De angst voor intoxicatie is niet vreemd, omdat de meeste groene delen giftig zijn doordat ze glycolalkaloïden bevatten[37]. Bovendien hebben sommige *Solanum* soorten eetbare en andere giftige vruchten, zelfs binnen dezelfde soort (Berrie 1977)[38]. Zoals omschreven staat in onder andere Dodoens en Erhart uit 1754, associeerden de noordelijke culturen Tomaat sterk met Alruin, Bilzekruid (*Hyoscyamus niger* L.) en vooral met Wolfskers (*Atropa bella-donna* L.). Deze giftige plant werd gebruikt als schoonheidsmiddel en als drug. De effecten van de hallucinaties, namelijk het zien van visioenen en het gevoel te vliegen, hebben ervoor gezorgd dat Wolfskers in verband werd gebracht met hekserij. Oude Germaanse folklore verhaalt over delen van de plant die gebruikt worden door heksen om weerwolven op te roepen, praktijken die bekend staan als lycantropie. 'Lycopersicum', vertaald als 'wolfsperzik', werd ook gebruikt als naam voor Tomaat[39]. Dit haakt in op een veronderstelde gelijkenis van Anguillara in 1651 met een omschrijving van de Griek Galenus. Galenus gebruikte 'lycopersicon' (of 'λυκοζ Περολκου') voor een sterk stinkende, gelige vloeistof van een Noord Afrikaanse plant (Quilley en Beynon 2006).

Uiteindelijk werd Tomaat wel geaccepteerd als eetbaar gewas, iets waaraan Millers benaming *Lycopersicon esculentum* Miller misschien heeft bijgedragen, aangezien het letterlijk kan worden vertaald als 'eetbare wolfsperzik'. Maar ook vóór die tijd waren er toch mensen die consumptie niet uitsloten. Dodoens vermeldt dat sommigen tomaten klaarmaken. Maar als de plant algemeen gegeten zou worden, zou het volgens van Hoof (van Hoof 2007) in Dodoens niet over tuinen maar over hoven gaan. Blankaart stelt later in 1698 *'men vind het alleen in de hoven der kruid-beminnaars'*, en *'dit gewas is in geen gebruik, maar de vrugten werden wel in azyn gelegt en gegeten'*[40 41]. Nieremberg vertelt in 1635 dat tomaten ingemaakt worden, en dat ze dienen om andere smaken naar voren te brengen[42] en om de eetlust op te wekken. Houttuyn schrijft in 1777 dat hij van Rumphius weet dat de plant in Oostindië geteeld wordt *'om de vrugten tot versnapering by de kost te hebben'*, en in een publicatie van Wigman uit 1908 wordt eveneens tomatenteelt door Nederlanders op Java gemeld (Ochse 1931).

In kookboeken uit de Lage Landen is tot aan ca. 1850 niets vermeld over tomaten (J. Witteveen, pers.comm. februari 2010). Magirus baseerde in 1663 weliswaar zijn *Koock-boeck ofte Familieren kevken-boeck* grotendeels op het belangrijkste kookboek uit de Italiaanse renaissance, namelijk Scappi's *Opera* uit 1570 (Schildermans et al. 2007), hierin is echter geen spoor te vinden van Tomaat (M. Willebrands, pers. comm. januari 2010). Maar het vroegste werkelijk gepubliceerde recept voor tomaten verschijnt vermoedelijk ook pas in een kookboek uit Napels in 1692[43]. In dit boek schrijft Latini hoe men tomatensaus[44] in 'Spaanse stijl' kan bereiden met fijngehakte ui, peterselie, knoflook, zout, peper en azijn (Capatti en Montanari 1993)[45]. Overigens is één van de meest beroemde recepten uit Noord-Europa waarin tomaten genoemd worden, 'kip Marengo' van Napoleon rond 1800, waarschijnlijk historisch incorrect (J. Witteveen, pers. comm. februari 2010)[46].

Zelfs rond 1900 bestond er veel twijfel over de mogelijke giftigheid en nadelige gevolgen voor de gezondheid. Er werd alom verteld dat het gif slechts geneutraliseerd kon worden door de tomaten een zeer lange tijd te laten koken. Het resultaat van deze actie spreekt voor zich, door de tomaten soms wel langer dan drie uur te laten koken creëerde men tomatensaus en tomatensoep. Na reclamecampagnes rond 1924, zo verhaalt een persoonlijke herinnering van J. Witteveen (J. Witteveen, pers. comm. februari 2010), begon de groenteboer voor de oorlog wel al tomaten aan huis te verkopen, en die tomaten werden door de kinderen graag uit de hand gegeten. Pas na de tweede wereldoorlog is de echte populariteit van tomaten begonnen (Kalkman 2003).

Kennis van medicinaal gebruik

Qua kennis van medicinaal gebruik kan worden opgemaakt dat vele auteurs in de eerste plaats herhaaldelijk opvattingen uit de Griekse temperamentenleer hebben opgeschreven. Daarnaast vullen zij hun werken ieder op eigen wijze aan met andere medicinale eigenschappen van Tomaat, die in de literatuur uit de Lage Landen echter minder onderling overgenomen worden.

Lobelius stelt in 1581 dat Tomaat overvloedig vocht verdrijft en hitte tempert, en ook heel goed werkt tegen erysipelas oftewel wondroos[47]. Nieremberg brengt in 1635 andere remedies ten tonele, zoals het gegeven dat de bladeren goed zijn tegen vergiftiging met Moederkoorn[48] en voor de maag die van streek is. Verdampt of als cataplasma (met andere woorden een pap-omslag) zou het goed zijn voor hoofd- en oogziekten, met zout zou het oortumoren genezen en met eiwit zou het werken tegen oorpijn. Het sap wordt aangeraden tegen keelontsteking en tegen zich verspreidende zweren. Tenslotte zou het soms werken tegen de kinderziekte die 'syrrhasin' wordt genoemd.

Dodoens staat erom bekend vele medicinale eigenschappen te beschrijven, maar in dit geval omschrijft hij enkel in 1644 dat Tomaat op plekken met schurft gestreken kan worden, als het met peper en azijn in olie is gekookt. Nylandt meldt hetzelfde in 1687, en schrijft in 1682 dat hij van Dodoens weet dat de hele plant van verkoelende en verdovende aard is (maar niet zozeer als Alruin). Ook Munting (1671, 1672, 1682, 1696) herhaalt de remedie tegen schurft. Munting vertelt verder dat de plant niet alleen verkoelend maar ook verdrogend van aard is, en dat het sap van de bladeren gebruikt kan worden tegen lopende en branderige ogen. In 1778 vertelt Chomel weer dat de vruchten bij ons eigenlijk niet in de geneeskunst gebruikt worden, maar wel '*te verkoelende van aard*' zouden zijn.

Archeobotanische vondsten in de Lage Landen

Sites

Tot aan 2005 was er in het geografische gebied van de vroegere Lage Landen geen enkele archeologische site bekend die resten van Tomaat opleverde. Inmiddels zijn er tien sites bekend (Tabel 1), wat wel eens zou kunnen samenhangen met de toenemende interesse in de post-middeleeuwse archeologie. De resultaten van de archeobotanische onderzoeken van deze sites werpen licht op de manier waarop de introductie in de Lage Landen is verlopen.

Het algemene beeld dat de vondsten opleveren lijkt consistent met de gegevens uit historische bronnen, namelijk dat Tomaat in eerste instantie voornamelijk als curiositeit door liefhebbers werd geteeld. De contexten van de vroege vondsten bestaan niet uit simpele maar eerder uit elitaire bedoeningen, en de herkomst uit grachten wijst niet per se op consumptie. Als eerste geldt dit voor de vondst van de site Huis te Vleuten uit 1650-1750, waar vele plantaardige 'exclusieve producten' zijn gevonden (van Haaster et al. 2005). De omschrijving van het huis meldt boomgaarden en hoven, en het is denkbaar dat de tomaten daar ter plekke geteeld zijn. De 17e eeuwse vondst uit Damme betreft ook een grachtvulling, namelijk uit de buitengracht van de stadsvesten (van Roeyen et al. 2006). Hierin werden weliswaar een aantal algemene consumptiegewassen aangetroffen, maar ook tuin- en sierplanten. De vondst uit 1875-1900 van de Hortus Botanicus in Amsterdam sluit hier op aan. Hier zijn de resten van de zogenaamde Caepsche Kasse oranjerie aangetroffen, met vele honderden zaden van Tomaat in een voormalig watervoerend systeem (J.P. Pals, pers. comm. januari 2010). Het mag verwacht worden dat het hier om sierteelt en natuurwetenschappelijke interesse ging.

De latere vondsten lijken consistent met de trage acceptatie als consumptiemiddel. Het gegeven dat het hier om resten uit beerputten gaat, is een aanwijzing dat tomaten hier daadwerkelijk gegeten zijn. Deze beerputten zijn veelal tot in de 20e eeuw in gebruik geweest. De sites van Oudenaarde uit de 19e eeuw (B. Cooremans, pers. comm. januari 2010) en van Brussel uit 1825-1960 (Houchin 2009; Claes et al. in prep.) bestaan uit doorsnee stedelijke burgerwoningen, en komen uit de periode waarvan gebleken is dat in België de markt voor

Datering	Locatie	Context	Aantal zaden	Auteur
17e eeuw	Damme-Buitengracht, BE	Gracht	4	Van Roeyen et al. 2006
1610-1650	Alkmaar, NL	Beerput	>1	Van Haaster & Zeiler in prep.
1650-1750	Vleuten-Huis te Vleuten, NL	Gracht	1	Van Haaster et al. 2005
18e eeuw	Oisterwijk-Lindekwartier, NL	Beerput	>10	Hänninen 2008
18e eeuw	Amsterdam-Herengracht 7, NL	Beerput	2	Van Haaster 2010
1850-1900	Zutphen-Huis Vaaltstraat 4, NL	Beerput	4	Ettema & Pals 2007
1875-1900	Amsterdam-Caepsche Kasse, NL	Waterkelder	>100	Pals pers. comm. 2010
19e eeuw	Oudenaarde, BE	Beerput	>100	Cooremans pers. comm. 2010
1825-1960	Brussel-Arme Klaren, BE	Beerput	2	Houchin 2009
1875-1930	Maastricht-Marktmaas, NL	Beerput	>58	Houchin 2007

Tabel 1
Archeobotanische vondsten van Tomaat in het geografische gebied van de Lage Landen

Archaeobotanical finds of Tomato in the geographical area of the Low Countries

tomaten als voedingsmiddel in opkomst was. Ook de sites op Nederlands grondgebied behoorden waarschijnlijk toe aan de doorsnee stedelingen uit 18e eeuws Oisterwijk (Hänninen 2008), 18e eeuws Amsterdam (van Haaster 2010), Zutphen uit 1850-1900 (Ettema en Pals 2007) en Maastricht uit 1875-1930 (Houchin 2007). De vondst uit een 17e eeuwse beerput uit Alkmaar vormt misschien de uitzondering op de regel (Haaster en Zeiler in prep.).

Gezien het globale patroon van vroegere sierteelt en wantrouwen als voedsel, maar ook gezien de uitzonderingen hierop[49], is het niet eenduidig vast te stellen dat archeobotanische vondsten van Tomaat een indicatie zijn voor luxe zoals wel eens gesteld wordt. Het is duidelijk dat de interpretatie sterk afhankelijk is van de context, met name de datering (Houchin in prep.). En het gaat weliswaar om een exotische vrucht, echter de introductie van nieuwe voedingsmiddelen en voedingsgewoonten in de samenleving is een dynamisch sociologisch proces, dat zich niet uitsluitend 'van boven naar beneden' voltrekt, maar ook andersom (Montanari 1994; Jobse-van Putten 1995)[50].

Zaadmorfologie

Wat de zaden van Tomaat het meest duidelijk morfologisch onderscheidt van de meeste andere *Solanum* soorten, en vele andere soorten uit de Nachtschade familie, is de opbouw van de laterale celwanden van de zaadhuid (Lester 1991)[51]. Wanneer de mucilagene envelop die de zaden omringd door opdrogen of op andere wijze verdwenen is, lijken de zaden bedekt te zijn met 'haarachtige' aangedrukte uitgroeisels. Deze geven de oppervlakte een zijdeachtige of (ruig)wollige aanblik. De uitgroeisels zijn lange tijd onterecht beschouwd als unicellulaire trichomen, maar blijken in feite spitse longitudinale verdikkingen te zijn van de radiale wanden van de (prismatische cellulose-pectine) cellen van de buitenste cellaag van de testa ('myxotesta' of 'mucilagine epidermis') (Hunziker 2001). De lange 'haarachtige' uitgroeisels zijn goed zichtbaar op de zaden van Tomaat die afkomstig zijn van de site Maastricht-Marktmaas (Fig. 3).

Er bestaat een aantal uitzonderingen, de structuur van de 'haarachtige' uitgroeisels is namelijk vergelijkbaar bij Aardappel, Pepino en de wilde verwanten[52]. In de bijdrage van C. Moolhuizen elders in deze bundel wordt een andere uitzondering besproken, betreffende een op Donsnachtschade (*Solanum villosum* Mill.) gelijkende archeobotanische vondst. Deze

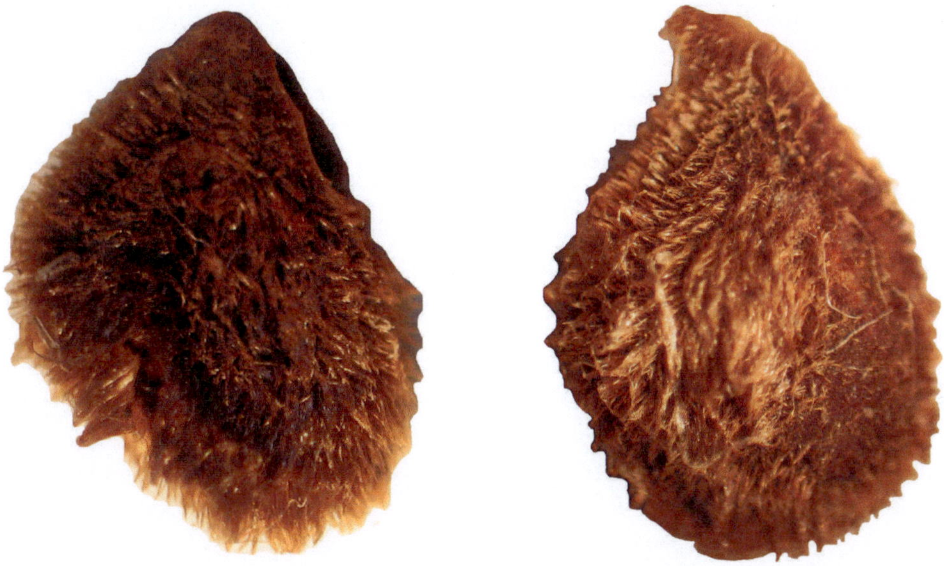

Fig. 3
Foto's van twee zaden van Tomaat afkomstig van de site Maastricht-Marktmaas (Houchin 2007). Vergroting 15x

Photos of two Tomato seeds from the site of Maastricht-Marktmaas (Houchin 2007). Enlargement 15x

Monster 1197-31												Monster 1742-28			
	L	B	D		L	B	D		L	B	D		L	B	D
1	3,4	2,8	1,9	16	4,0	2,9	1,2	31	4,2	3,2	2,3	1	3,9	3,0	1,2
2	3,7	2,5	1,6	17	4,1	3,6	2,2	32	4,2	3,0	1,3	2	3,9	3,0	1,0
3	3,7	3,1	1,4	18	4,1	3,1	2,0	33	4,3	2,6	1,2	3	3,9	3,2	1,7
4	3,8	3,2	2,0	19	4,1	3,2	1,5	34	4,3	3,1	2,0	4	4,0	3,2	1,1
5	3,8	2,5	1,7	20	4,1	3,6	1,9	35	4,3	3,1	1,6	5	4,0	3,2	1,9
6	3,8	2,9	1,2	21	4,1	3,0	1,2	36	4,3	2,8	1,0	6	4,0	3,0	1,9
7	3,8	2,9	2,0	22	4,1	3,0	1,8	37	4,4	3,3	2,3	7	4,1	3,1	1,6
8	3,9	3,1	1,0	23	4,1	3,6	2,0	38	4,7	3,3	1,2	8	4,1	3,0	1,2
9	3,9	2,5	1,1	24	4,1	2,9	1,2	39	4,7	3,1	2,2	9	4,3	3,1	1,5
10	3,9	2,9	1,4	25	4,2	2,8	2,1	40	4,7	2,9	1,9	10	4,3	3,1	1,9
11	4,0	3,5	1,6	26	4,2	3,3	2,4	41	4,9	3,9	1,2	11	4,5	3,6	1,4
12	4,0	3,1	1,0	27	4,2	2,6	2,1	42	4,9	3,0	1,4	12	4,6	3,1	1,4
13	4,0	2,8	1,0	28	4,2	3,1	1,0	43	4,9	3,3	1,9	13	4,9	3,6	1,6
14	4,0	3,0	0,9	29	4,2	2,6	1,1	44	4,9	3,4	2,2				
15	4,0	2,9	1,9	30	4,2	2,6	2,2	45	5,0	3,7	1,9	Gem.	4,2	3,1	1,6

Tabel 2
Afmetingen van 58 zaden van Tomaat afkomstig van de site Maastricht-Marktmaas, gemeten in mm (inclusief de 'haarachtige' uitgroeisels). L: lengte; B: breedte; D: dikte; Gem.: het gemiddelde

Dimensions of 58 Tomato seeds from the site of Maastricht-Marktplaats, measured in mm (including the 'hair-like' protrusions). L: length; B: width; D: thickness; Gem.: average

zaden wijken echter duidelijk af van die van Tomaat in de zin dat ze een veel korter patroon van 'beharing' hebben.

Binnen *Solanum* L. sectie *Lycopersicon* (Mill.) Wettst. zijn alle zaden omgekeerd eirond, aan de apex smal gevleugeld en spits aan de basis (Solanaceae Source 2010). Verschillen tussen de zaden van de soorten binnen deze sectie worden soms vertoond in kleur (geel tot bruin) en ontwikkeling van de cellen op de zaadhuid (Müller 1940a; Luckwill 1943a)[53], maar vooral in afmetingen. Binnen deze sectie zijn de afmetingen van de zaden van *S. lycopersicum* L. het grootst, de recente zaden zijn (exclusief de 'haarachtige' uitgroeisels) 2,5-3,3 mm in lengte, 1,5-2,3 mm in breedte en 0,5-0,8 mm in dikte (met een smal gevleugelde apex van 0,3-0,4 mm).

Het resultaat van metingen aan 58 hele zaden die afkomstig zijn van de site Maastricht-Marktmaas is weergegeven in een tabel (Tabel 2)[54]. De afmetingen van de hele zaden (inclusief de 'haarachtige' uitgroeisels) lopen uiteen tussen 3,4-5,0 mm in lengte, 2,5-3,9 mm in breedte en 0,9-2,4 mm in dikte, met een gemiddeld formaat van 4,2 x 3,1 x 1,6 mm (lengte x breedte x dikte).

Dankwoord

Allereerst gaat mijn dank uit naar prof. dr. C.C. Bakels, W.A. Out en C. Vermeeren voor de gelegenheid om met deze publicatie bij te dragen aan de feestelijke bundel ter ere van Wim Kuijper. B. Cooremans, H. van Haaster, K. Hänninen, J.P. Pals, alsmede de Provincie West-Vlaanderen en de Archeologische Dienst Waasland worden heel hartelijk bedankt voor het delen van informatie betreffende de archeobotanische vondsten. Blijk van erkentelijkheid is verschuldigd aan de Service Commun de la Documentation van de Universiteit van Straatsburg te Frankrijk, voor de permissie voor het reproduceren van de afbeelding uit Matthiolus (1590). Voor het beschikbaar stellen van de afbeelding uit het *'En tibi'* herbarium, en voor het inzien van materiaal uit verscheidene herbarium collecties gaat veel dank uit naar G. Thijsse en het Nationaal Herbarium Nederland te Leiden. Voor het aanwijzen van geschikte bronnen in de historische en de moderne literatuur wil ik graag dank betuigen aan W. van Hoof, M. Willebrands en J. Witteveen, als ook aan J. Bastiaens, O. Brinkkemper en J.D. Kruijer. Tenslotte wil ik graag mijn waardering uitspreken voor de hulp van S. Savino en I. van Tulder bij het vertalen van de Italiaanse literatuur.

Literatuur

Anguillara L (1561) Semplici... Liquali in piu Pareri à diversi nobili huomini scritti appaiono... et nuovamente da M. Giovanni Marinello mandati in luce ... . Vincenzo Valgrisi, Venice

Anoniem (1833/1834) L'Horticulteur Belge, Journal des Jardiners et amateurs, tome premier. Bruxelles

Baily LH (1886) Notes on Tomatoes. Agricultural College of Michical Bulletin 19. Thorp & Godfrey, Lansing

Bauhin G (1596) Phytopinax seu enumeration plantarum ab herbariis nostro seculo descriptarum, cum earum differentiis. Basel

Berrie MM (1977) An introduction to the Botany of the Major Crop Plants. Botanical Sciences Series, Heyden, London

Besler B (1613) Hortvs Eystettensis, Sive Diligens Et Accvrata Omnivm Plantarvm, Florvm, Stirpivm, Ex Variis Orbis Terrae Partibvs, Singvlari Stvdio Collectarvm Qvae In Celeberrimis Viridariis Arcem Episcopalem Ibidem Cingentibvs, Hoc Tempore Conspicivntvr Delineatio Et Ad Vivvm Repraesentatio. Nürnberg

Blankaart S (1698) Den Nederlandschen Herbarius ofte Kruid-Boek der Voornaamste Kruiden, tot de Medicyne, Spys-bereidingen en Konst-werken dienstig. Jan ten Hoorn, Amsterdam

Boerhaave H (1727) Historia plantarum, quae in Horto Academico Lugduni-Batavorum crescent, pars secunda. Romae

Brücher H (1989) Useful plants of Neotropical Origin, and Their Wild Relatives. Springer-Verlag, Berlin, Heidelberg, New York

Capatti A, Montanari M (1993) Italian Cuisine: A Cultural History. Columbia University Press, New York

Cause DH (1676) De Koninglycke Hovenier aanwyzende de Middelen om Boomen, Bloemen en Kruyden te Zaayen, planten, aen queeken en voort teelen. Amsterdam

Chomel MN (1778) Algemeen huishoudelijk-, natuur-, zedekundig- en konst-woordenboek, deel 2. Leiden

Claes B, Houchin R, Vannieuwenhuyze, B (eds.) (in prep.) De opgraving ter hoogte van het voormalige Arme Klarenklooster: Een interdisciplinair onderzoek. Archeologie in Brussel serie 5, Brussels Hoofdstedelijk Gewest, Monumenten en Landschappen, Brussel

Cobley LS (1997) An introduction to the botany of tropical crops, second edition. Longman, London, New York

Cohen H (1927) Bijdrage tot de geschiedenis der geneeskruidcultuur in Nederland. Brusse, Rotterdam

Darwin SC, Knapp S, Peralta IE (2003) Taxonomy of tomatoes in the Galápagos Islands: Native and introduced species of *Solanum* section *Lycopersicon* (Solanaceae). Systematics and Biodiversity 12: 29-53

Daunay M-C, Laterrot H, Janick J (2007) Iconography and History of Solanaceae: Antiquity to the 17th Century. In: Janick J (ed.). Horticultural Reviews 34: 1-119

Dodonaeus R (1553) De stirpium historia commentariorum imagines. Jan van der Loe, Antwerpen

Dodonaeus R (1554) Cruydeboeck. Antwerpen

Dodonaeus R (1557) Histoire des Plantes Nouvellement traduite en françois par Charles de l'Ecluse. Anvers

Dodonaeus R (1563) Cruydeboeck. Antwerpen

Dodonaeus R (1574) Pvrgantivm aliarvmqve eo facientivm, tvm et radicum, conuoluulorum ac deleteriairum herbarum historiae, libri III. Antverpiae

Dodonaeus R (1583) Stirpium historiae pemptades sex. sive libri XXX. Antverpiae

Dodonaeus R (1644) Crvydt-Boeck. Antwerpen

Edmonds JM (1983) Seed coat structure and development in *Solanum* L. section *Solanum* (Solanaceae). Botanical Journal of the Linnean Society 87 (3): 229-246

Encyclopædia Britannica (2010) Tomato. Encyclopædia Britannica Online. http://www.britannica.com

Erhart B (1754) Oeconomische Pflanzenhistorie nebst dem Kern der Landwirtschafft Garten- und Arzneykunst, Volume III. Ulm & Memmingen

Ettema W, Pals JP (2007) Onderzoek van botanische makroresten uit de beerput van het huis Vaalstraat 4 in Zutphen. Zutphense Archeologische Publicaties 39

Fölster E (1986) 7.8 Solanaceae (Nachtschattengewächse), 7.8.1. Tomate (*Lycopersicon lycopersicum*). In: Krug H (ed) Gemüseproduktion. Ein Lehrund Nachschlagewerk für Studium und Praxis. Berlin, Hamburg

Gesner C (1561) Horti Germaniae. Argentorati, Strasbourg

Gould WA (1983) Tomato Production, Processing and Quality Evaluation, 2ed. AVI Publishing Company Inc., Westport, CT

Haaster H van (2010) Archeobotanisch onderzoek aan enkele 18e-eeuwse beerputmonsters uit Amsterdam. BIAXiaal 457

Haaster H van, Zeiler JT (in prep.) De voedingseconomie van (post-)middeleeuws Alkmaar. BIAXiaal 453

Haaster H van, Hänninen K,Rijn P van (2005) Voedingsgewoonten en milieuomstandigheden op en rond Huis te Vleuten (12e-18e eeuw). BIAXiaal 224

Hänninen K (2008) Oisterwijk-Lindekwartier. Onderzoek aan hout- en zadenmonsters uit de Nieuwe tijd. BIAXrapport 215, Zaandam

Hoefnagel G (1592) Archetupa studiaque patris 4. Frankfurt

Hoof W van (2007) Verhalen uit de groenteteeltsector: Van gouden liefdesappel tot tomaat. http://www.houtwal.be

Houchin R (2007) Maastricht 1875-1930: Archeobotanica & Sociaal-economische status. Intern Rapport, Universiteit Leiden, Leiden

Houchin R (2009) Archeobotanisch onderzoek aan de site Arme Klaren te Brussel: Voortgang januari – juni 2009. Intern rapport volgens conventie P4/IRScNB/2007-03 tussen het Brussels hoofdstedelijk gewest en het Koninklijk Belgisch Instituut voor Natuurwetenschappen, Brussel

Houchin R (in prep.) Searching for social inequity in (post)medieval period: Qualitative and quantitative analyses of waterlogged material from cesspits in the Low Countries. In: Delhon C, Théry-Parisot I, Thiébault S (eds.) Proceedings of the XXXe Rencontres internationales d'archéologie et d'histoire d'Antibes: 'People and plants: landscape exploitation and vegetal resources management from Prehistoric times to present'. Antibes

Houttuyn F (1777) Natuurlijke historie of uitvoerige beschrijving der dieren, planten en mineralen volgens het samenstel van den Heer Linnaeus. Uitgegeven by de erven van F. Houttuyn

Hunziker AT (2001) Genera Solanacearum. The genera of Solanaceae illustrated, arranged according to a new system. A.R.G. Gantner Verlag K.-G., Ruggell

Janick J, Caneva G (2005) The first images of maize in Europe. Maydica 50: 71-80

Jenkins JA (1948) The origin of the cultivated tomato. *Economic Botany* 21: 379–392

Jobse-van Putten J (1995) Eenvoudig maar voedzaam, cultuurgeschiedenis van de dagelijkse maaltijd in Nederland. SUN, Nijmegen

Kalkman C (2003) Planten voor dagelijks gebruik, botanische achtergronden en toepassingen. KNNV Uitgeverij, Utrecht

Kiple KF, Ornelas KC (eds.) (2000) The Cambridge world history of food, volume two. Cambridge University press

Latini A (1692, 1694) Lo scalco alla moderna, vol. I & II. Napels

Lester RN (1991) Evolutionary Relationships of Tomato, Potato, Pepino, and Wild Species of *Lycopersicon* and *Solanum*. In: Hawkes LG, Lester RN, Nee M, Estrada N (eds.) Solanaceae III. Taxonomy, Chemistry, Evolution. Royal Botanic Gardens and Linnean Society of London, London

Liger L (1706) Le jardinier fleuriste et historiographe, ou la culture universelle des fleurs, arbres, arbustes et arbrissaux, servans à l'embellissement des jardins ..., volume II. Roger, Amsterdam

Linnaeus C (1753) Species Planatarium, 1st. edition. Holmiae, Stockholm

Lobelius (1581) Kruydtboeck oft beschrvuinghe van allerleye ghewassen, kruyderen, hesteren, ende gheboomten. Antwerpen

Luckwill LC (1943) The genus *Lycopersicon*: an historical, biological, and taxonomical survey of the wild and cultivated tomatoes. Aberdeen Univ. Stud. 120: 1–44

Magirus A (1663) Koock-boeck ofte Familieren kevken-boeck. Godtgaf i Verhulst, Antwerpen

Matthiolus PA (1544) Di Pedacio Dioscoride Anazerbeo libri cinque della historia,et material medicinale trodottie in lingua vulgare Italiana. Venetia

Matthiolus PA (1586) De plantis epitome utilissima ... . Franckfurt am Mayn

Matthiolus PA (1590) Kreuterbuch gemehret und verfertiget durch Joachimum Camerarium. Franckfurt am Mayn

McCue GA (1952) The History of the Use of the Tomato: An Annotated Bibliography. Annals of the Missouri Botanical Garden 39: 289-348

Meyer FG, Emmart Trueblood E, Heller JL (1999) The great herbal of Leonhart Fuchs. Stanford University Press, Stanford

Miller P (1754) The Gardeners Dictionary, 4th. John and Francis Rivington, London

Montanari M (1994) Honger en overvloed. Amsterdam

Montes-Hernández S, Aguirre Rivera JR (1994) Tomatillo, husk-tomato. In : Hernándo Bermejo JE, León J (eds). Neglected Crops: 1492 from a Different Perspective. Plant Production and Protection Series No. 26

Morrison R (1680) Plantarum historia universalis oxoniensis, 2 vols. Oxonii

Müller CH (1940) A revision of the genus *Lycopersicon*. USDA Miscellaneous Publications 382: 1-28

Munting A (1671) Waare oefening der planten. Jan Rieuwertsz, Amsterdam

Munting A (1672) Waare oefening der planten. Hendrik Rintjes, Leeuwarden

Munting A (1682) Waare oefening der planten. Jan Rieuwertsz, Amsterdam

Munting A (1696) Naauwkeurige beschrijving der Aardgewassen. Waar in de veelerley Aart en bijzondere Eigenschappen der Boomen, Heesters, Kruyden, Bloemen, met haar Vrugten, Zaden, Wortelen en Bollen, neevens derzelver Voort-teeling, gelukkige Aanwinning, en beylzaame Genees-Krachten, Na een veel-jarige Oeffening en eigen Odervinding, in drie onderscheide Boeken, naauwkeurigliik beschreven worden. Pieter van der AA, Francois Halma, Leiden, Utrecht

Murty AVSSS, Subrahmanyam NS (1989) A textbook of economic botany by AVS. Wiley Eastern Limited, New Delhi

National Research Council (1989) Lost Crops of the Incas; Little-Known Plants of the Andes with Promise for Worldwide Cultivation. Report of an Ad Hoc Panel of the Advisory Committee on Technology Innovation Board on Science and Technology for International Development National Research Council. National Academy Press, Washington, D.C.

Nieremberg JE (1635) Historia Natrae, maxime peregrinae libris XVI: distincta ... acc. de miris et miraculoisis in Europa libri II: item de iisdem in terra Hebraeis promissa liber unus. Plantinaini Balth. Moreti, Antwerpen

Nylandt P (1682) De Nederlandtse Herbarius of Kruydt-boeck. Michiel de Groot, Amsterdam

Nylandt P (1687) Den verstandigen hovenier, over de twelf Maenden van 't jaer, zynde het II. deel van het Vermakelyck Landt-leven. Peeter Vleugaert, Brussel

Ochse JJ (1931) Indische groenten (met inbegrip van aardvruchten en kruiderijen). Overzicht der in- en uitheemsche gewassen , welke insulinde tot groente en toespijs dienen. Volkslectuur, Batiavia-Centrum

Oelinger G (1553) Plaat 44, S. 541, S. 543 en S. 545. In: Lutze E, Retzlaff L (eds.) 1949 Herbarium des Georg Oelinger zu Nurnberg. Akademischer Gemeinschaftsverlag, Salzburg

Olmstead RG, Palmer JD (1997) Implications for the Phylogeny, Classification, and Biogeography of *Solanum* from cpDNA Restriction Site Variation. Systematic Botany 22: 19-29

Peralta IE, Knapp S, Spooner DM (2006) Nomenclature for wild and cultivated tomatoes. Tomato Genetics Cooperative Report 56: 6-12

Peralta, IE, Spooner DM (2001) GBBSI gene phylogeny of wild tomatoes (Solanum L. section Lycopersicon [Mill.] Wettst. subsection Lycopersicon. American Journal of Botany: 1888-1902

Peralta IE, Spooner DM (2007) History, origin and early cultivation of tomato (Solanaceae). In: Razdan MK,, Mattoo AK (eds.). Genetic improvement of Solanaceous crops 2. Science Publishers, Enfield, New Hampsire, USA, pp 1-27

Quilley S, Beynon H (2006) From Andean Weed to Culinary Staple: The Assimilation of the Tomato into Anglo-American Economy and Culture. Food & History 4(1): 169-220

Rick CM (1973) Potential genetic resources in tomato species: clues from observations in native habitats. In: Hollaender A, Srb AM (eds) Genes, Enzymes, and Populations. Plenum, New York, pp 255-269

Rick CM (1976) Natural variability in wild species of *Lycopersicon* and its bearing on tomato breeding. Genetica Agraria 30: 249-59

Rick CM (1991) Tomato paste: A concentrated review of genetic highlights from the beginning to the advent of molecular genetics. Genetics 128: 1-5

Rick CM (1995) Tomato *Lycopersicon esculentum* (Solanaceae). In: Smartt J, Simmonds NW (eds). Evolution of Crop Plants, second edition. Longman Scientific & Technical, Essex, England, pp 452-457

Rick CM, Bowman RI (1961) Galapagos tomatoes and tortoises. Evolution 15: 407-417

Rick CM, Holle M (1990) Andean *Lycopersicon esculentum* var. *cerasiforme*: Genetic variation and its evolutionary significance. Economic Botany 44: 69-78

Roeyen JP van (ed.), Wolf H de, Klinck B, Meerschaert L, Damme D van, Verbruggen C (2006) Paleoecologisch en archeobotanisch onderzoek van de buitengracht van de 17de-eeuwse stadsversterking en paleobotanisch onderzoek van enkele Laatmiddeleeuwse structuren te Damme. Zaden- en vruchtenonderzoek, houtskoolonderzoek, pollenanalyse, schelpenonderzoek en diatomeeënonderzoek. Onuitgegeven rapport, Archeologische Dienst Waasland, Sint-Niklaas

Sabine, J. 1819. On the love apple or tomato. Transactions of the Horticultural Society of London 3: 342-354.

Sangers WJ (1952) De ontwikkeling van de Nederlandse tuinbouw (tot het jaar 1930). Tjeenk Willink, Zwolle

Schildermans J, Sels H, Willebrands M (2007) Lieve schat, wat vind je lekker? Het Koocboec van Antonius Magirus (1612) en de Italiaanse keuken van de renaissance. Davidsfonds, Leuven

Smith AF (1994) The tomato in America: early history, culture, and cookery. University of South Caroline Press, Columbia, S.C.

Smith CE Jr. (1965) The archaeological record of cultivated crops of new world origins. Economic Botany 19: 323-334

Sneller ZW (ed.) (1943) Geschiedenis van den Nederlandschen landbouw 1795-1940. Wolters uitgevers-maatschappij, Groningen, Batavia

Solanaceae Source (Januari 2010). http://www.nhm.ac.uk/research-curation/research/projects/solanaceaesource

Spooner DM (2005) New species of wild tomatoes (*Solanum* section *Lycopersicon*: Solanaceae). Systematic Botany 30(2): 424-434

Spooner DM, Peralta IE, Knapp S (2005) Comparison of AFLPs with other markers for phylogenetic inference in wild tomatoes (*Solanum* L. section *Lycopersicon* (Mill.) Wettst.). Taxon 54(1): 43-61

Spruyt H (1872) De groententuin: volledige verhandeling over de teelt van groenten in den vollen grond en in broeibakken. Uitgegeven onder de bescherming er Vereeniging tot bevordering van tuin- en landbouw te Maastricht. M. Albert, Gulpen

Stark B (1981) The rise of sedentary life. In: Sabloff JA (ed.) Supplement to the Handbook of Middle American Indian: Volume 1, Archaeology. University of Texas Press, Austin

Sturtevant EL (1919) Sturtevant's notes on Edible Plants. Report of the New York Agricultural Experiment Station 2

Sweert E (1612) Florilegium Amplissumum et Selectissimum. Frankfurt-am-Main

Taylor IB (1986) Biosystematics of the tomato. In: Atherton JG, Rudich J (eds). The tomato crop: a scientific basis for improvement. Chapman and Hall, London, pp. 1-34

Toresella S (1992) Le prime piante americane negli erbari del Cinquecento. Le scienze, Edizione italiana di Scientific American 281: 46-57

Tournefort JP de (1694) Élémens de botanique, ou méthode pour connoître les plantes. l'Imprimerie royale, Paris

Tracy WW (1907) Tomato Culture. Orange Judd Company, New York

Trager J (1997) The Food Chronology. A Food Lover's Compendium of Events and Anecdotes, from Prehistory to the Present. Henry Holt, New York

Ubrizsy in Savoia A, Heniger J (1983) Carolus Clusius and American plants. Taxon 32(3): 424-435

Weinmann JW (1748) Duidelyke vertoning eeniger duizend in alle vier waerelds deelen wassende bomen, stammen, kruiden, bloemen, vrugten, en uitwassen, ..., waarin de leevendige verwen, na haar natuur, door een geheime, en voor deze nooit bekende konst/ door de beroemde konstenaars Barthol. Seuter en Joh. El. Ridinger ; nieuw uitgevonden, met veel moeite in zuivere kopere platen gebragt, vertoont worden door Johan Wilhelm Weinmann ... ; nevens een register in meest alle taalen van de naamen der kruiden, ... Zacharias Romberg, Amsterdam

Willebrands M (2010) Magirus: Koocboec oft familieren keukenboec (Leuven 1612). http://www.kookhistorie.nl

Zande H. van der (1978) Het Westland, de tuin van Europa. Het Boekencentrum, ´s-Gravenhage

Zuingeri T, Verzasca B, Matthiolus PA (1696) Theatrum botanicum: das ist, Neu vollkommenes Kräuter-Buch: worinnen allerhand Erdgewächse der Bäumen, Stauden und Kräutern, welche in allen vier Theilen der Welt, sonderlich aber in Europa herfür kommen ... . Basel

Notes

1. Het gaat om *S. corneliomuelleri* J.F. Macbr; *S. chmielewskii* (C.M. Rick, Kesicki, Fobes & Holle); *S. chilense* (Dunal) Reiche; *S. habrochaites* S. Knapp & D.M Spooner; *S. huaylasense* Peralta; *S. lycopersicum* L.; *S. neorickii* C.M. Rick, Kesicki, Fobes & M. Holle, D.M. Spooner, G.J. Anderson & R.K. Jansen; *S. pennellii* Correll; *S. peruvianum* L. en *S. pimpinellifolium* B. Juss.
2. Het gaat om de recentelijk omschreven *S. galapagense* S. Darwin & Peralta en *S. cheesmaniae* (L. Riley) Fosberg.
3. De verspreiding naar deze eilanden is mogelijk te danken aan schildpadden (Rick en Bowman 1961).
4. Deze wordt tegenwoordig niet meer als aparte variëteit erkend (Peralta en Spooner 2007).
5. Dit vormt waarschijnlijk het centrum van origine (Murty en Subrahmanyam 1989).
6. Acosta zegt in 1590 dat tomaten net als andere producten uit Mexico komen. In bepaalde literatuur staat dat het Jenkins was die voor het eerst Mexico opperde, maar in Sturtevant uit 1919 staat al te lezen dat Humbolt schrijft dat tomaten ´tomati´ genoemd werden, en door de oude Mexicanen tussen de Maïs *(Zea mays L.)* gezaaid werd. Quilley en Beynon (2006) en Peralta en Spooner (2007) geven een uitgebreide behandeling van het vraagstuk betreffende de locatie en periode van domesticatie.
7. Tegen de tijd van de Spaanse veroveringen van Cortés had voorzichtige cultivatie een aantal tomatenvariëteiten opgeleverd, die gebruikt werden voor sauzen, gemengd met Spaanse peper, en gegeten met bonen en tal van andere gerechten (Kiple en Ornelas 2000). Deze bereidingswijze zou omschreven zijn door de Franciscaner priester Sahagún, die in 1529 in Mexico arriveert. In bepaalde literatuur wordt zelfs gespeculeerd over Neolithische cultivatie, meer dan 5000 jaar geleden (Stark 1981).
8. Ook Lampionplant (*P. alkekengi* L.) valt onder dit geslacht.
9. Kalkman (2003) noteert dat het Columbus was, die op zijn tweede reis tomaten meenam naar Europa. Dit is in overeenstemming met Fölster (1986) die de datum 1498 noemt, echter de meerderheid van de wetenschappelijke literatuur gaat uit van een latere introductie, na de eerder genoemde verovering van Cortés (o.a. Jenkins 1948; McCue 1952; National Research Council 1989; Smith 1994; Rick 1995; Daunay et al. 2007; Peralta en Spooner 2007). Volgens Trager (1997) zouden de conquistadores in 1527 de eerste zijn die met tomaten terugkeren in Spanje.
10. Tot die tijd was het in het Mediterrane gebied de regel dat nieuwe gewassen geïntroduceerd werden door de Moren (Kiple en Ornelas 2000).

11. Dit kan mogelijk door Moren via Marokko gebeurd zijn. Twee Katholieke priesters zouden pas veel later rode tomaten hebben ingevoerd. De bron van deze uitspraken is onbekend.

12. Matthiolus beweert in de omschrijving dat de tomaten in Italië al gegeten werden, wat impliceert dat de tomaten aanzienlijke tijd voor 1544 geïntroduceerd zijn. Deze vroegere datum kan wijzen op een Mexicaanse oorsprong, aangezien de verovering van Peru pas in 1531 voltooid werd (Gould 1983).

13. Ghini (1490-1556) was oprichter van de eerste Europese botanische tuin in Pisa, en correspondeerde met Matthiolus en vrijwel iedere andere Europese herbarist.

14. Er zijn verschillende ideeën over de reden van het toeschrijven van zinnenprikkelende eigenschappen, zoals de anekdote dat dit afgeleid is van de gelijkenis met Alruin, waarin men in de vorm van de wortels een verstrengeld liefdespaar dacht te zien. Ook bestaat het relaas dat de bemanning van Columbus in de Orinocorivier in Venezuela de ingang van het Aards Paradijs dacht te vinden, alwaar ze in de rode appelvormige vruchten (de tomaten) de originele liefdesappel van Eva dachten te herkennen.

15. Ook hiervan afgeleide namen als 'melenzana', 'melantzan', 'dolappel' of 'dulappel', die in moderne literatuur weleens genoemd worden in relatie tot tomaten, slaan in de oude herbaria niet op Tomaat. In de meeste gevallen gaat het dan om Aubergine (zoals in de werken van Dodoens, Munting 1672, 1682, 1696 en Blankaart 1698).

16. McCue schrijft in 1952 dat Jan Brueghel de Oude in 1604 een schilderij heeft gemaakt met de naar het Engels vertaalde titel *'The Gifts of the Earth and Water'*, waarop kleine tomaatjes in peer- of cherry-vorm staan afgebeeld. Een dergelijk schilderij is door de auteur niet gevonden.

17. De elegante hexameter *'En Tibi Perpetuis Ridentum Floribus Hortum'* kan (vrij) vertaald worden als 'Ziehier een tuin waarin bloemen eeuwig toelachen'. Het lijkt een toepasselijke titel voor het mooie herbarium met gedroogde bloemen, dat waarschijnlijk nog tot in de eeuwigheid bewaard zal blijven.

18. Het is een van de oudste nog bestaande herbaria ter wereld. De datering komt van Torsella (1992), naar aanleiding van het handschrift en een verwijzing naar Fuchs uit 1542 (bij andere taxa), gecombineerd met de afwezigheid van verwijzingen naar Matthiolus. De maker kan het werk van Matthiolus nochtans gewoon niet in zijn bezit hebben gehad, of besloten hebben het niet te gebruiken.

19. Omdat het een herbariumexemplaar is gaat het hier alleen om het vel van de vrucht. De inhoud is verdwenen, en er zijn dus ook geen zaden overgebleven.

20. McCue somt in 1953 een aanzienlijke lijst met referenties uit de rest van Europa op.

21. In Fuchs' *Den nieuwen Herbarius, dat is, dboeck vanden Cruyden* uit 1549 staat op blz. 202 weliswaar een omschrijving en een afbeelding onder de naam 'Melenzana', 'Mala insana' en 'Poma amoris', maar het gaat hier waarschijnlijk om Aubergine. Dit is een vertaling van Fuchs' *Neue Kreüterbuch* uit 1943 die wel wordt toegeschreven aan Dodoens (Meyer et al. 1999).

22. In de Lage Landen wordt dit soms verbasterd tot 'pontamoers' of 'pondemoers'.

23. Volgens van Hoof (2007) is het in deze publicatie dat de naam 'Tumatle' voor de eerste maal wordt genoemd, naar de oorspronkelijke naam ervan in Zuid- of Centraal-Amerika. En die zou 'rood water' betekenen.

24. Hierin wordt in hetzelfde stuk ook een andere plantensoort omschreven, namelijk de 'kleine Goud-Appel' uit *'Africa en Egijpten'* die dezelfde is als 'Mala aethiopica' van Dodoens en 'Lijcopersicon' van Boerhaave.

25. De enige mogelijke referentie staat in Clusius' *Exemplar Dvarum Literarvm* uit 1592 op pagina 291. Volgens Ubrizsy in Savoia en Heniger (1983) wordt onder de naam 'Aurea' naast naar *Passiflora edulis* Sims ook naar *Lycopersicon lycopersicum* (L.) Karst. gerefereerd. Dit is door de auteur niet bevestigd.

26. Ook in het werk van De Laet is Tomaat niet aangetroffen. Dit terwijl hij in 1625 en 1630 een omvangrijk werk publiceert over de geschiedenis, geografie, fauna en flora van de Nieuwe Wereld.

27. Op de titelprent van Dodoens uit 1554 staat een afbeelding van *'Hesperidvm Horti'* met daarop drie Hesperiden en Heracles die de draak aanvalt. De gouden appelen groeien er aan bomen.

28. Beide collecties bevinden zich in het Nationaal Herbarium Nederland te Leiden.

29. De 'vollegronds' kweek van tomaten leverde minder op, aangezien de planten minder goed groeiden, maar ook omdat de tomaten pas later in het seizoen rijp waren. Dit terwijl er na de winter zo snel mogelijk andere etenswaren gewild waren. Zuid-Holland (Westland en Delf- en Schieland) had in 1912 de grootste oppervlakte tomatenkassen (Sangers 1952).

30. In Engeland waren het de Joodse immigranten die al gezorgd hadden voor meer bereidheid om de tomaten te eten, aangezien velen van deze immigranten van Portugese of Spaanse afkomst waren. In een editie uit 1797 van de *Encyclopædia Britannica* is aangekondigd dat de tomaten in dagelijks gebruik waren in soepen, bouillon en als garnering.

31. Botanisch gezien zijn de vruchten van Tomaat bessen. Omdat tomaten nu meestal geserveerd worden als groente, worden ze niet onder fruit geschaard. Dit gebeurt ook vaak bij andere planten uit de Nachtschadefamilie, Komkommerfamilie en Grassenfamilie (zoals Maïs).

32. Deze omschrijving en waarschuwing lijken veel op die van Fuchs uit 1549, die zoals gezegd waarschijnlijk over Aubergine gaat. Vermoedelijk is die tekst bij Dodoens bekend, omdat de vertaling aan hem wordt toegeschreven.

33. Tomaten zijn inderdaad niet bijzonder voedzaam, ze bestaan voor 90 procent uit water en bevatten erg weinig koolhydraten. Maar ze zijn wel rijk aan mineralen en vooral vitamine C. De naam van het sterke antioxidant lycopeen dat in tomaten zit, is te danken aan de naam 'lycopersicum'.

34. Houttuyn verwijst in dit schrijven naar het werk van Linnaeus, die in 1779 dan ook bijna hetzelfde schrijft. Namelijk dat tomaten in Italië en de 'Oost Indien' gegeten worden, terwijl door sommige mensen gedacht wordt dat de vruchten giftig zijn.

35. Chomel verhaalt dat tomaten hier niet gegeten worden, en hoewel *'men van de Italiaanen, Spanjaards, en Portugeesen zegd, dat ze de vrugten nuttigen met boom-olie, azijn en peper, zo als wij de Concommers'*, *'zij geeven een slegt voedsel'*.

36. Er doet ook een ander verhaal de ronde, namelijk dat rijkere mensen borden van tin hadden. Voedsel met een hogere zuurgraad, zoals tomaten, zou daardoor tot loodvergiftiging leiden en daarom werden tomaten gemeden. Lood kan dan inderdaad (met maximaal 30 procent) vrijkomen, maar loodvergiftiging is een traag proces en zou daarom niet gauw in verband gebracht worden met een bepaald soort voedsel.

37. Hoewel Bitterzoet (*Solanum dulcamara* L.) wel eens 'wild zoethout' werd genoemd, en de houtige delen ervan wel genuttigd werden in plaats van duurder zoethout.

38. Zwarte nachtschade (*Solanum nigrum* L.) bestaat uit variëteiten mèt en zonder giftige bessen.

39. Liger vertelt in 1706 overigens dat de oorsprong van de naam lag bij de gedachte dat wolven de appelen der liefde (de tomaten) aten. Ook haalt hij een legende aan van Lycopersicon, die geboren was op de berg Paphos op Cyprus, op een plek die gewijd was aan de verering van de god van de liefde.

40. De boektitel met daarin *'tot de Medicyne, Spys-bereidingen'* geeft aan dat het de bedoeling was medicinaal en voedingsadvies te geven, maar Blankaart waarschuwt niet tegen mogelijke voedselvergiftiging.

41. Ook Gesner vertelt in 1561dat het niet schadelijk is als voedsel, en dat de vrucht geurloos en niet onplezant is.

42. Door de zure eigenschappen kunnen tomaten de andere smaken inderdaad meer naar voren laten komen.

43. Schildermans (Schildermans et al. 2007) en Willebrands (2010) vermelden dat 'Magirus die recepten koos, die zijn conservatief publiek wel moesten aanspreken, een publiek dat bestond uit dames van de lagere adel en de gegoede burgerij'. Het kan zo zijn dat gerechten met tomaten hier blijkbaar niet bij hoorden.

44. Latini zegt dat het als saus hoort bij 'gekookt eten en andere gerechten'. Dergelijke sauzen was men al gewoon in de Oudheid, Middeleeuwen en Renaissance, en als saus werden tomaten waarschijnlijk gemakkelijker opgenomen in de gastronomische traditie (Capatti en Montanari 1993).

45. Panunto in Toscane, Vincenzo Corrado in Naples, en Francesco Leonardi in Rome nemen het allemaal op in hun receptenboeken (Capatti en Montanari 1993). Er staat trouwens niets over pasta.

46. Na de slag bij Marengo (1800) zou de kok van Napoleon, Durand, kip met rivierkreeften en tomaten(saus) gecreëerd hebben. Maar Durand kwam pas later in dienst, bovendien wordt het gerecht pas twee decennia later opgeschreven en is er waarschijnlijk sprake van een witte saus.

47. Lobelius stelt in eerste instantie dat de plant qua morfologie lijkt op Alruin of 'Glaucium' (vermoedelijk Gele hoornpapaver (*Glaucium flavum* Crantz)) zoals omschreven door Dioscorides. Deze laatste werd onder andere aangeraden tegen ooginfecties. Lobelius stelt vast dat deze gelijkenis toch niet klopt vanwege het ontbreken van geel sap, maar dat de tomaten toch goed gebruikt kunnen worden.

48. Moederkoorn is een giftige schimmel op graan; de aandoening die het resultaat is van de consumptie van aangetast graan staat bekend als 'ergotisme' of 'Sint Anthonisvuur'..

49. Het is niet met zekerheid te zeggen dat geen enkele tomaat uit de vroegere vondsten gegeten is, met name in Alkmaar. Ook is er later nog wel sprake van enige sierteelt, zoals in de Caepsche Kasse oranjerie in Amsterdam. En ook Spruyt schrijft in 1872 dat men van Tomaat de *'dikke roode verscheidenheid'* bij voorkeur voor de provisie gebruikt, maar hij vertelt er bij dat de andere verscheidenheden worden geweekt *'met het doel om eene verzameling te hebben'*.

50. Daarbij komt dat de tomaten vaak bij voorkeur in de vorm van soep werden genuttigd, en soep was het voornaamste product dat werd uitgedeeld aan de armen in bijvoorbeeld Maastricht (Dumoulin 1996). Het is niet bekend of er ook tomatensoep geserveerd werd.

51. De complexe morfologie van de oppervlakte structuren van zaden van *Solanum* soorten is onderzocht door Edmonds (1983) en Lester 1991). Door middel van een etsende techniek zijn de 'haarachtige' uitgroeisels van de cellen verwijderd, waardoor de onderliggende structuren bestudeerd kunnen worden. Het is gebleken dat deze methode structuren met diagnostische kenmerken oplevert, die vooral naar voren komen op SEM foto's.

52. Daarmee bevestigt de morfologie van de zaden nog eens de overeenkomst tussen Tomaat en andere soorten in het geslacht *Solanum*, met name Aardappel en Pepino.

53. De vroegere zaden waren, zoals Nylandt en Blankaart ze omschreven, respectievelijk *'plat en geelachtig'* en *'geele korlen'*.

54. Hiervan zijn 13 zaden afkomstig uit een monster (nummer 1742-28) met een datering van 1875-1930. De datering van het monster (nummer 1197-31) dat de overige 45 zaden leverde is niet zeker, maar waarschijnlijk gelijk aan het eerste monster. Aangezien ook deze zaden afkomstig zijn uit een archeologische context, en dus op een overeenkomstige wijze een periode in het bodembestand hebben moeten doorstaan, zijn ze zeker te gebruiken als vergelijkingsmateriaal.

Bulbous oat grass – a magic plant in prehistoric Jutland and Funen

Knolglanshaver – een magische plant in prehistorisch Jutland en Funen

Peter Mose Jensen, Marianne Høyem Andreasen, Peter Hambro Mikkelsen

Moesgaard Museum
Department of Environmental Archaeology and Conservation
Moesgaard Allé 20, 8270 Højbjerg, Denmark

moespmj@hum.au.dk, moesmha@hum.au.dk, farkphm@hum.au.dk

Abstract

Finds of bulbous oat grass have become more and more common on Danish archaeological sites. The root bulbs of this plant are found both on settlements and in cremation graves from various periods of the Bronze and Iron Age, which is illustrated with two examples: Kildehuse II and Elmehøjsager II.

Kildehuse II is a cremation cemetery from the end of the Bronze Age containing 42 cremation graves, all of which were sampled for macrofossil analysis. In nine graves root bulbs of bulbous oat grass were found, ranging from one bulb in three graves to 35 bulbs in one grave. Some of the graves also contained other plant material, as for example cereal grains, weed seed and/or stems. The good preservation of the root bulbs indicates that the bulbs have not been in the centre of the fire, since findings of slag indicate very high temperatures during the cremation. In other words, they were probably not located in close connection with the deceased and his/her belongings. Instead it seems that the root bulbs were part of a ritual connected to the cremation and were either placed in a marginal zone of the cremation pyre or in the dying fire towards the end of the cremation process.

Elmehøjsager II is a settlement from the Late Pre-Roman Iron Age. All the postholes of the houses were sampled and in 12 root bulbs were found among other macrofossils. The distribution of the root bulbs was very interesting: 11 of the postholes only contained one root bulb, while the last contained 2, and 10 of the root bulbs were found either in one of the postholes of a roof-bearing post in the entrance area or in one of the entrance posts. This means that in most cases the root bulbs are clearly connected with the entrance area. This clear pattern points in the direction of the root bulbs being part of a ritual in connection with the building, or alternatively with the abandonment of the house, and that one carbonised root bulb was 'planted' or deposited in one of the postholes in the entrance area. The posthole in which two root bulbs were found formed part of a fourpost-building, which is regarded as a building with an economic function. This find could perhaps indicate that the root bulbs not only had a ritual but perhaps also a more practical function.

It seems that the root bulbs of bulbous oat grass both in graves and in at least some settlement contexts have a ritual significance, as in both cases they can be part of a ritual deposit, but as we are dealing with a potential food resource, it is important to look at the context and distribution pattern of the findings of the root bulbs before trying to interpret whether the bulbs have a ritual or practical significance.

Root bulbs of bulbous oat grass is found in graves and on settlements over such a long period of time that it is clear that the plant must have had a fundamental symbolic/ritual significance since its use could remain that strong for such a long time.

Samenvatting

Op archeologische vindplaatsen in Denemarken worden steeds vaker knolletjes van knolglanshaver (*Arrhenatherum elatius* var. *bulbosum*) aangetroffen. Zij dateren uit de Brons- en IJzertijd en komen in zowel nederzettingen als crematiegraven voor. Deze bijdrage geeft twee voorbeelden van zulke vindplaatsen: Kildehuse II en Elmehøjsager II.

Wildehuse II is een grafveld met crematiegraven uit de Bronstijd. Uit de vondst van slakachtig materiaal kan geconcludeerd worden dat er tijdens de crematie hoge temperaturen werden bereikt. De knolletjes zouden onder zulke omstandigheden niet bewaard zijn gebleven en het feit dat zij er zijn duidt erop dat zij zich niet midden op de brandstapel hebben bevonden en dus niet direct naast de dode waren geplaatst. Kennelijk hoorden de knolletjes bij een ritueel dat zich aan de rand van de brandstapel of in de nagloeiende as afspeelde.

Elmehøjsager II is een nederzetting uit de Late Voorromeinse IJzertijd. De knolletjes komen uit paalgaten van gebouwen. De meeste vondsten zijn gedaan in paalgaten nabij de ingang van huizen. Dit kan er op wijzen dat knolglanshaver een rol speelde bij rituelen rondom de bouw of juist bij het verlaten van het huis. Omdat er ook knolletjes zijn gevonden in een vierpalige structuur die als opslagplaats wordt beschouwd is het overigens niet uitgesloten dat zij ook als voedsel geïnterpreteerd kunnen worden.

Hoe het ook zij, het feit dat de knolletjes van knolglanshaver gedurende zo'n lange periode in een bijzondere context geplaatst werden duidt erop dat hun symbolische/rituele functie een diepgewortelde traditie was.

Introduction

During the 14th IWGP Symposium in June 2007, a photo of an unknown plant remain found in a cremation grave was shown during a paper. It was no coincidence that it was Wim Kuijper who answered the question of the identity of this unknown plant, and identified the remains as a root bulb of bulbous oat grass (*Arrhenatherum elatius* var. *bulbosum*). To us Danes from Moesgaard Museum in Aarhus, who have had the pleasure to have been taught by Wim at Leiden University, his botanical knowledge has always been impressive, and the roots of bulbous oat grass is just one example among many of plant material that was initially introduced to us by Wim during our stay in Leiden.

Bulbous oat grass is one plant species of which we have become increasingly aware in recent years. In this article we will discuss two new sites where it occurs and give an overview of the present state of research for bulbous oat grass in Jutland and Funen.

Bulbous oat grass is tall and looks somewhat like oat, and there are two types. By far the most common type today in Denmark is tall oat grass (*Arrhenatherum elatius* var. *elatius*), which does not grow root bulbs. The bulbous oat grass (*Arrhenatherum elatius* var. *bulbo-*

sum), which, as the name indicates grows root bulbs, is very rare. Apart from the root bulbs, the two species are completely similar and both thrive on disturbed soil, like fields (Hansen 1993; Mossberg and Stenberg 2005).

The root bulbs of bulbous oat grass are edible with a high content of starch and have therefore been suggested as a prehistoric food source (Engelmark 1984; Robinson 1992; Mikkelsen and Bartholin 2009).

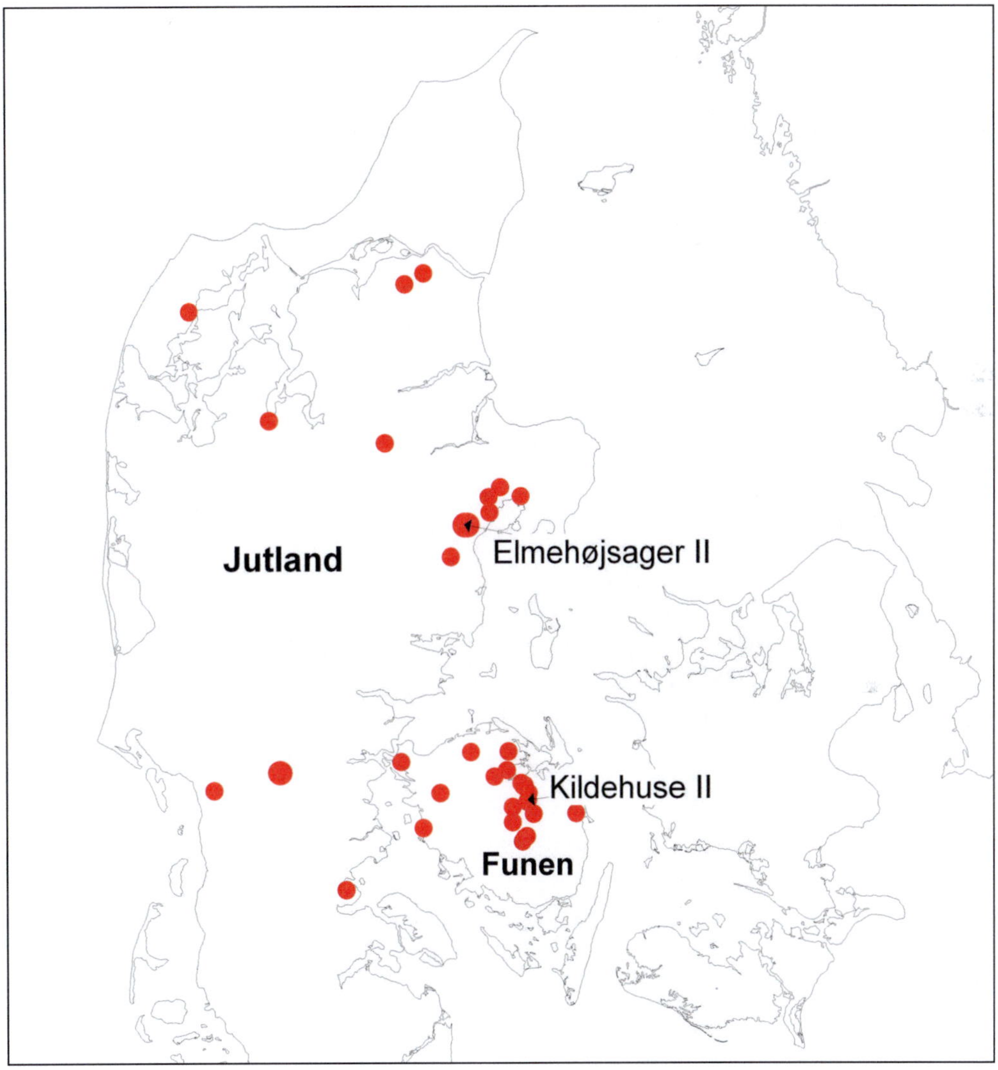

Fig. 1
Archaeological locations in Jutland and Funen which include root bulbs of bulbous oat grass in the archaeobotanical material and which have been analysed by the Department of Environmental Archaeology and Conservation (October 2009)

Archeologische plaatsen in Jutland and Funen die onderzocht zijn door het Department of Environmental Archaeology and Conservation en waar zich knolletjes van knolglanshaver in het archeobotanisch materiaal bevinden (oktober 2009)

Kildehuse II and the presence of bulbous oat grass in Bronze Age graves

During the summer of 2006, the Museum of Odense excavated the site of Kildehuse II situated in the southeastern part of the city of Odense on Funen (Fig. 1). The excavation uncovered a cemetery with a total of 42 cremation graves that could be dated to the very end of the Danish Bronze Age (about 700-500 cal BC).

During the excavation soil samples were taken from all Bronze Age graves, which were subsequently flotated and assessed under the microscope. During this assessment it turned out that samples from nine graves contained carbonised plant remains, and a thorough archaeobotanical analysis of the samples from the graves was then conducted.

The carbonised plant material from the graves

Apart from charcoal and burnt bone fragments that, for obvious reasons, dominated the samples from Kildehuse II, the most striking feature of the analysis was the discovery of carbonised root bulbs of bulbous oat grass in the nine graves (Fig. 2). The number of root bulbs in individual graves varied much, from three graves having only one specimen up to one grave having 35. The average number of bulbs was about eight specimens.

Cultivated species were present in the form of carbonised cereal grains. These were only present in two graves. One of these graves contained a single grain together with one root bulb of bulbous oat grass. The other grave contained seven grains, and was also the grave with

Fig. 2
Root bulbs of bulbous oat grass from one grave at Kildehuse II
Photo J. Kirkeby, Moesgaard Museum

Knolletjes van knolglanshaver van een graf in Kildehuse II

the highest number of bulbous oat grass root bulbs. From this grave, two of the grain kernels could be identified as barley (*Hordeum* sp.) and wheat (*Triticum* sp.) respectively.

A final example of a possible cultivated species besides wheat and barley was a single seed of gold of pleasure (*Camelina sativa*) which was identified in a grave that also contained a single root bulb of bulbous oat grass. Gold of pleasure is already well known from the end of the Bronze Age in Denmark, and was apparently cultivated at the time (Robinson 2003). The single seed present in the graves in Kildehuse II is difficult to interpret however, as its appearance could be more or less coincidental or, alternatively, the seed could represent a disturbance due to activities from later periods on the spot. It should be mentioned that it cannot be excluded that the cereal grains in the samples could also be attributed to coincidence or disturbance. However, this is unlikely at least with regard to the grave containing seven grains, because of the rather high number of grains in this grave, but also because of the co-appearance of a large number of root bulbs from bulbous oat grass (*Arrhenatherum elatius* var. *bulbosum*), which together with the grains indicate deliberate use of particular food plants.

A final group of carbonised plant remains found in the samples that should be mentioned is wild plants. These were found in the shape of carbonised seeds, but many carbonised plant stems and roots of different types were also discovered in varying quantities in the nine graves. Apart from the roots of bulbous oat grass and a few stem fragments of common heather (*Calluna vulgaris*) in one grave, the roots and stems could not be identified to species level. It is very likely however, that many of the stems are fragments of bulbous oat grass stems that were originally attached to the roots of this species. The quantities of carbonised roots and stems of wild plants correspond very well with the number of weed seeds in the samples, so that the number of stems and roots are highest in the graves that also contain the highest number of weed seeds.

The weed seeds appear in eight of the graves and vary in numbers from one to an estimated 38 seeds; the latter appeared in the grave where the largest numbers of root bulbs of bulbous oat grass and grains were also found.

The most common weed seeds in the samples were redshank or pale persicaria (*Persicaria maculosa/lapathifolia*), ribwort plantain (*Plantago lanceolata*) and goosefoot (*Chenopodium* sp.); the latter was probably white goosefoot (*Chenopodium album*). While both redshank/pale persicaria and white goosefoot are common weeds on agricultural soil, ribwort plantain has a more varied appearance (Frederiksen et al.1950; Hansen 1993). In pollen diagrams this species is often used as an indicator of grassland (see for instance Aaby 1990, p. 135), but the plant has also been noted on experimental prehistoric fields, for instance in Lejre, Denmark (Henriksen 2000: 4), which indicates that it could probably have grown on prehistoric fields as well.

Discussion of the plant finds from Kildehuse II

Prehistoric finds of prepared food remains from graves are already well known from the Danish area (Mikkelsen 2002; Henriksen 2009; Mikkelsen and Bartholin 2009), but especially in more recent years several finds of unprepared plant food, for instance in the shape of carbonised grains and root bulbs of bulbous oat grass like at Kildehuse II, have also been found in cremation graves in particular from different periods of the Iron Age (Robinson 1992; Mikkelsen 2002; Henriksen 2009; Mikkelsen and Bartholin 2009). The presence of the root bulbs in prehistoric graves is not confined to the Danish area, as it has been noted in graves from a relatively large part of Northern Europe, from England and the Netherlands to Sweden and Poland (Robinson 1992; Mikkelsen and Bartholin 2009).

With the dating of the graves from Kildehuse II to the latest part of the Bronze Age, the finds from this site show the earliest examples of bulbous oat grass in graves from Danish soil. Carbonised grain dated to the Late Bronze Age is however already known from a grave find from Addit in the centre of Jutland (Sehested 1884, p. 130). As the finds show, root bulbs of bulbous oat grass in cremation graves can be dated to many different time periods, but how far back the finds can be dated is hard to determine. As the cremation practice in Denmark begins during the Early Bronze Age, apart from a few Mesolithic examples (Kannegaard Nielsen and Brinch Petersen 1993) it will probably be very hard to find older root bulbs though, due to preservation problems related to non-carbonised plant material.

The possible reasons for the presence of the carbonised plant material in the Danish graves have already been discussed in previous publications on the subject. Especially the presence of the remains of weeds has been hard to interpret. It has been argued that the weeds in the graves could both represent plant material used to light the funeral pyre or plants that were collected together with the firewood, the grain or the bulbous oat grass. Besides, the wild plants could simply be remains of plants that grew on the spot where the funeral pyre was constructed. Finally it is possible that the weeds were deposited on the funeral pyre as part of a ritual connected to the burial (Robinson 1992; Mikkelsen 2002; Mikkelsen and Bartholin 2009).

The interpretation of most of the grain kernels and the root bulbs is fortunately more straightforward. As mentioned earlier, the appearance of grains in at least one grave indicates deliberate deposition. A deliberate deposition of the root bulbs of bulbous oat grass in the graves is also the most likely explanation, and is indicated both by the high number of graves where root bulbs appear, but also by the high number of root bulbs in at least some of the individual graves. The lack of cereal straw or awn fragments in the samples and the rather low number of possible stem fragments of bulbous oat grass does not indicate either that cereal remains, for instance in the shape of uprooted cereals or threshing remains or bulbous oat grass stems, were used as fuel.

The most likely explanation for the presence of the grains and root bulbs is therefore that they were connected to some kind of ritual related to the cremation process.

If interpreted this way, the preservation of the cereal grains and root bulbs is remarkably good.

A good preservation of carbonised grains according to Viklund (1998) happens at temperatures of about 250-500°C.

However, in particular the find of a number of slag fragments in the samples indicates that temperatures in the funeral pyre were often much higher. The slag from Kildehuse II consisted of small, distorted fragments that appeared black and glassy on the inside, and is probably the result of burning of organic material at very high temperatures (Fig. 3). Creation of slag from organic material happens at temperatures of about 1000°C, although the temperature level can vary to some extent (Henderson et al. 1987). The creation of slag probably happens in places where organic material comes into contact with sandy material, like subsoil (Henderson et al. 1987). The finding of slag in cremation graves is not a new discovery. This kind of slag has been interpreted as probably resulting from the burning of flesh or skin etc. (Robinson and Christensen 1995).

Fig. 3
Slag from Kildehuse II
Photo J. Kirkeby, Moesgaard Museum

Slakken uit Kildehuse II

It must be assumed that the highest temperatures in the funeral pyre were concentrated around the dead body, in order to ensure a proper cremation. Following this line of thought, it can also be assumed that due to their good preservation the grain kernels and the root bulbs were not likely to have been deposited together with the deceased. More probably, they were therefore deposited either in a marginal zone of the funeral pyre or alternatively in the dying fire towards the end of the cremation process. Regarding this discussion it must be emphasized that many graves excavated in Kildehuse II lacked plant remains. A possible reason for this could be that there may originally have been more centrally deposited plant material present in some graves that had either burnt to ashes or been distorted to an unrecognisable degree. Nine graves with well-preserved plant material still constitute a rather high number. This indicates that cereal grains and root bulbs of bulbous oat grass were in many cases deposited as a ritual that was separate from the dead and his or her personal belongings. Therefore they probably had their own attached symbolic meaning and did not represent food for the dead in a traditional sense, just like flowers on a present-day Danish grave have a different symbolic meaning than objects buried in the ground together with the dead. The theory that the depositions of grain and root bulbs were a separate ritual and not food for the dead is further supported by the fact that we are dealing with unprepared food plants and not ready-made dishes.

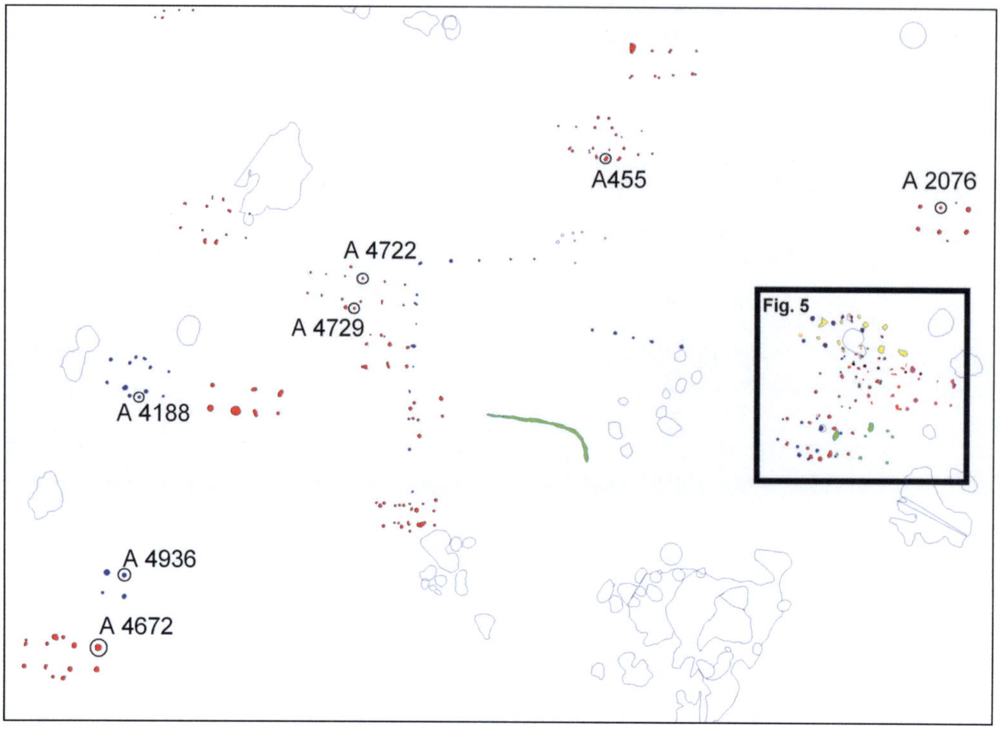

Fig. 4

Part of the excavation at Elmehøjsager II. Findings of root bulbs of bulbous oat grass have been marked with a circle and A-number

Een deel van de opgraving in Elmehøjsager II. Vondsten van knolletjes van knolglanshaver zijn aangegeven met een cirkel en een A-nummer

Elmehøjsager II – bulbous oat grass in houses from Late Pre-Roman Iron Age

In Jutland and Funen root bulbs of bulbous oat grass are not only found in cremation graves but also in settlement areas as will be exemplified below.

In 2007 Moesgaard Museum excavated a large area at Elmehøjsager II just north of Aarhus in Jutland (Fig. 1), which contained remains from a number of houses from the Late Pre-Roman Iron Age (200-0 cal BC) (Figs. 4 and 5). All that was preserved of the houses were the internal roof-bearing postholes and the postholes at the entrances. From all these postholes (and some of the other features) soil samples were taken during the excavation, which were investigated at the Department of Environmental Archaeology and Conservation, Moesgaard Museum. In general, the samples contained only very few macrofossils but some had finds so interesting that it was decided to do a more thorough analysis.

The carbonised macrofossils from the houses

It turned out that 12 postholes contained root bulbs. In 11 postholes only one root bulb was present, while the last had two root bulbs. It should be noted that in two samples the root bulb actually consisted of two bulbs, but since the bulbs were on the same stem, they will be considered here as only one root bulb.

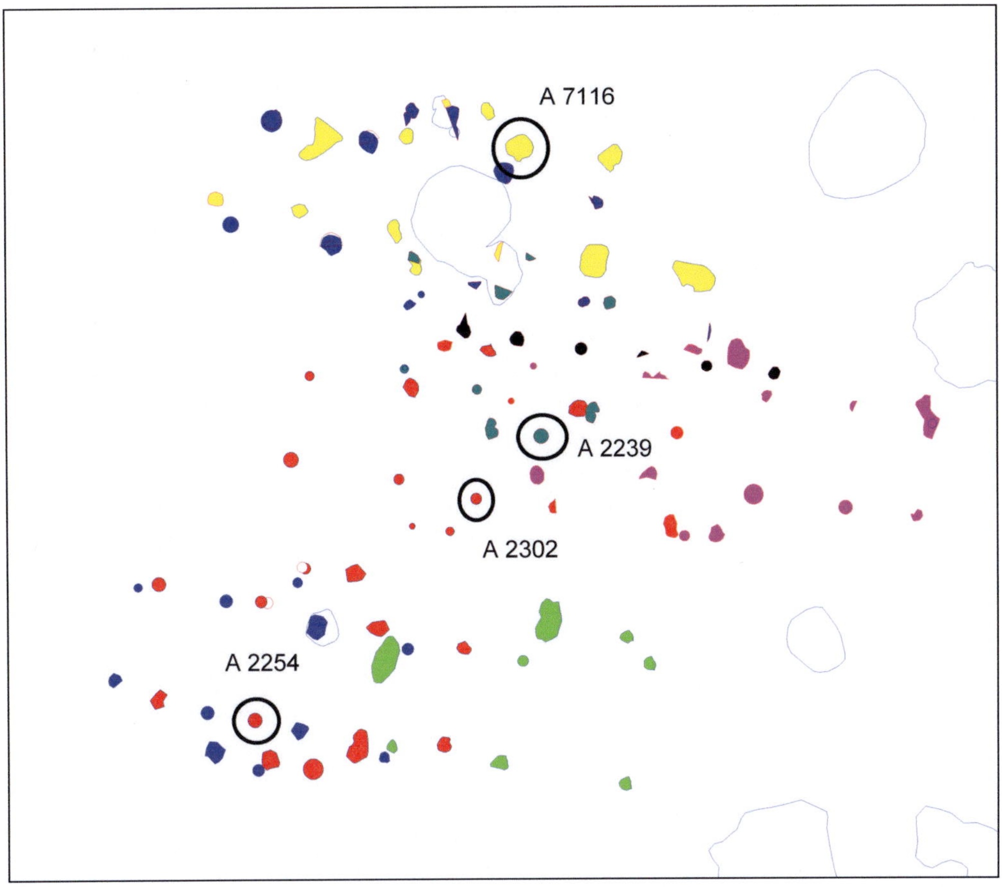

Fig. 5
Part of the excavation at Elmehøjsager II. Findings of root bulbs of bulbous oat grass have been marked with a circle and A-number

Deel van de opgraving in Elmehøjsager II. Vondsten van knolletjes van knolglanshaver zijn aangegeven met een cirkel en een A-nummer

In some of the samples containing bulbous oat grass were also found a few grains of hulled barley (*Hordeum vulgare* var. *vulgare*), breadwheat (*Triticum aestivum*), a fragment from hazelnut and/or a few weed seeds.

The finding of the root bulbs of bulbous oat grass in the postholes is interesting although recent research have shown that it is not uncommon to find them in settlement contexts from the Iron Age in Jutland and Funen, but the most interesting feature of the root bulbs from Elmehøjsager II is the distribution within the settlement (Andreasen 2009).

Discussion of the root bulbs of bulbous oat grass at Elmehøjsager II

As can be seen in figures 4 and 5, 10 of the 12 findings of root bulbs were either in one of the postholes of a roof-bearing post in the entrance area or one of the entrance posts. In most cases the root bulbs are thus clearly connected with the entrance area. As mentioned there is only one root bulb in each of the postholes which is quite remarkable. If the root bulbs are to be taken as a sign of storage or as rubbish placed in the entrance area, then there ought to be more than one root bulb in each posthole. Since the same pattern can be seen in nine houses (of which one has one root bulb in two postholes in the entrance area), it can hardly be called coincidental. Therefore it does not seem likely that the root bulbs represent a store of food or some sort of rubbish. Instead it is possible that the root bulbs were part of a ritual where the carbonised root bulb was 'planted' or deposited in one of the postholes in the entrance area. One way of trying to prove this theory could be to find out whether the root bulbs were placed in the post imprints or in the filling around the posts. If the root bulb is 'planted' as part of a ritual when the house was built, one would expect the bulb to be found in the filling around the post, as the bulb in that case should have been placed in the hole in connection with erecting the post. If the bulb on the other hand is found in the post imprint, it must have dropped into the hole after the post itself disappeared and the bulb must therefore have been placed on the surface while the house was in use or after it had been abandoned, or alternatively have been placed in the posthole when the house was abandoned. Unfortunately it was not possible to distinguish between the imprints and filling of the postholes at Elmehøjsager II, so this question is left for future investigations to answer.

The two exceptions where the root bulbs of bulbous oat grass were not found in the entrance area are A4672 and A4936. In A4672, the root bulb was found in the roof-bearing post furthest to the northeast in house 12. A4936 was from a posthole in a four-post building (presumably a building for storage) that might be connected to house 12. The sample from A4936 is the only one where there is more than one root bulb, i.e. two root bulbs, of which one has two bulbs. Could the higher number of root bulbs and the different context, compared to the findings from the entrance areas, mean that these root bulbs have a different significance than the ones from the entrance areas? Could they have a more practical function, i.e. food? Or are they part of the same type of ritual as the other root bulbs, but in these cases it has just been performed slightly differently? It is not possible to answer these questions with the findings from Elmehøjsager II alone, but hopefully it might be possible with new excavations that are as thoroughly sampled as Elmehøjsager II, and where the samples contain root bulbs. But the findings from Elmehøjsager II show us that it is very important to look at the context and the distribution of the root bulbs before beginning to interpret their meaning.

The findings also show how important it is to have a clear strategy before sampling and to every now and again sample an entire excavated settlement or at least more than just one house. If samples had been taken from only one house at Elmehøjsager II, the clear pattern in the entrance areas would never have been discovered. In other words the sampling strategy has a direct influence on the interpretation of the macrofossils.

Root bulbs of bulbous oat grass have been found in other settlement contexts than Elmehøjsager II and also from other periods. For example from postholes in the Bronze Age settlement at Kongehøj II in the southern part of Jutland (Andreasen unpublished), and in a pit in the Roman Iron Age settlement at Tokkendrup, Funen (Jensen unpublished), and many others. Often it is very hard to interpret whether the findings have a ritual significance as very few root bulbs have been found and there is no clear pattern, but then one has to look at better findings like Elmehøjsager II as such an analysis can help us to understand other findings of root bulbs of bulbous oat grass.

Discussion

As illustrated by the two examples, bulbous oat grass is found in ritual contexts in both graves and settlements in Jutland and Funen. At first glance, findings from graves and settlements appear to be very different and to have very different meanings, but in the case of root bulbs there might be a very similar ritual symbolism whether the root bulbs are from a grave or a posthole, since in both cases they appear to be part of some sort of a ritual deposit.

But why was it that this particular plant had such a ritual meaning that it can be found in a clear ritual context both in graves and on settlements over such a long period of prehistory. The issue has for instance been discussed by Tore Artelius, who suggests that bulbous oat grass was a symbol of regeneration, rebirth and fertility (Artelius 1999). He also suggests that since bulbous oat grass looks a lot like cereal it is possible that it was regarded as an ancestor to cereal and therefore was a holy plant (Artelius 1999). This connection could further be strengthened by the fact that bulbous oat grass prefers disturbed ground as for example a cultivated field (Hansen 1993).

Alternatively it is possible, that the plant was perceived as a 'lucky' plant, since only some oat grass plants (bulbous oat grass) have root bulbs while others (tall oat grass) do not. Since the two oat grass subspecies look completely alike above ground, it might have been considered a sign of good luck if the grass you found contained root bulbs, much like finding a four-leafed clover today.

We will of course never know exactly what prehistoric man actually thought about the rituals in connection with bulbous oat grass. It is however clear that the plant had a strong ritual significance, though it apparently can also be found in other contexts were it seems to have a more practical function. Root bulbs are found in graves and on settlements over such a long period of time that it is clear that the plant must have had a fundamental symbolic/ritual significance.

As we are dealing with a potential food resource, it is important to look at the context and distribution pattern of the findings of the root bulbs before trying to interpret whether the bulbs have a ritual or practical significance. In order to see these patterns on specific sites, an extensive sampling strategy is required, as can clearly be seen at Kildehuse II and Elmehøjsager II.

References

Aaby B (1990) Pollen og jordstøv fortæller om fortidens landbrug. Nationalmuseets Arbejdsmark 1990: 60-83

Andreasen MH (2009) Draphavre og vikke fra en boplads fra yngre førromersk jernalder. Arkæobotanisk analyse af FHM 4702, Elmehøjsager II (FHM 4296/326). Report from the Department of Environmental Archaeology and Conservation, Moesgaard Museum, no. 6

Andreasen MH unpublished Kongehøj II. Unpublished report of the Department of Environmental Archaeology and Conservation, Moesgaard Museum

Artelius T (1999) Arrhenaterum Elatius ssp. Bulbosum – om växtsymbolik i vikingatida begravningar. In: A. Gustafsson A, Karlsson H (eds.) Glyfer och arkeologiska rum – en vänbok till Jarl Nordbladh. Gotarc Series A vol. 3: 215-228

Engelmark R (1984) Two useful plants from Iron Age graves in central Sweden. In: Papers in Northern Archaeology. Archaeology and Environment 1984:2. Arkeologiska Institutionen. Umeå Universitet, Umeå, pp 87-92

Frederiksen H, Grøntved P, Petersen HI (1950) Ukrudt og Ukrudtsbekæmpelse. Det Kongelige Danske Landhusholdningsselskab. Copenhagen

Hansen K (1993) Dansk Feltflora. Viborg

Henderson J, Janaway RC, Richards JR (1987) Cremation slag: a substance found in funerary urns. In: Boddington A, Garland AN, Janaway RC Death, Decay and Reconstruction – Approaches to Archaeology and Forensic Science. Manchester University Press

Henriksen MB (2009) Brudager Mark – en Romertids Gravplads nær Gudme på Sydvestfyn, vol. 1

Henriksen PS (2000) Agerbrug i senneolitikum og bronzealderen på Djursland. Report from the Natural Scientific Department of the Danish National Museum. Report nr. 7

Jensen PM unpublished Tokkendrup. Unpublished report of the Department of Environmental Archaeology and Conservation, Moesgaard Museum

Kannegaard Nielsen E, Brinch Petersen E (1993) Grave, Mennesker og dyr. In: Hvass S, Storgaard B (eds.) Da Klinger I Muld...25 års arkaeologi i Denmark. Copenhagen: 76-81

Mikkelsen PH (2002) Bestemmelse af korn. In: Hornstrup KM, Overgaard KG, Andersen S, Bennike P, Mikkelsen PH, Malmros C (eds.) Hellegård – En gravplads fra omkring år 500 f.Kr. Aarbøger for Nordisk Oldkyndighed og Historie 2002, pp 83-161

Mikkelsen PH, Bartholin Th. (2009) Bestemmelser af makrofossiler fra Brudager-gravpladsen. In: Henriksen MB (ed.) Brudager Mark – en Romertids Gravplads nær Gudme på Sydvestfyn, vol. 1

Mossberg B, Stenberg L (2005) Den nye Nordiske Flora. Gyldendal. Copenhagen

Robinson DE (1992) Plantemakrofossilanalyse af indholdet af seks brandgrave fra ældre romersk jernalder ved Vinding, Silkeborg. Report from the Natural Scientific Department of the Danish National Museum. Report nr. 24

Robinson DE (2003) Neolithic and Bronze Age Agriculture in Southern Scandinavia – Recent Archaeobotanical Evidence from Denmark. Environmental Archaeology vol. 8: 145-165

Robinson DE, Christensen K (1995) Plantemakrofossil og vedanatomisk analyse af materiale fra en ligbrændingsgrube ved Damsgård, Sønderhå Sogn, Hassing Herred, Thisted Amt. Thy 2959; NNU j.nr. A7496. Report from the Natural Scientific Department of the Danish National Museum. Report nr. 2

Sehested NFB (1884) Archæologiske Undersøgelser. Copenhagen

Viklund K (1998) Cereals, Weeds and Crop Processing in Iron Age Sweden – Methodological and Interpretive Aspects of Archaeological Evidence. Umeå

Food from the gardens in Northern Europe – archaeobotanical and written records dated to the medieval period and early modern times

Voedsel uit noordeuropese tuinen – archeobotanische en geschreven bronnen uit de Middeleeuwen en Vroegmoderne tijd

Sabine Karg

The National Museum of Denmark and Copenhagen University
Ny Vestergade 11, DK-1471 Copenhagen and
Njalsgade 80, DK-2300 Copenhagen
Sabine.Karg@natmus.dk

Abstract

This article is dedicated to Wim Kuijper, a garden lover and an enthusiastic archaeobotanist. Selected garden plants, including fruits and nuts, all recorded by archaeobotanical finds in the area around the Baltic Sea, and dated to the medieval and early modern time period will be discussed. The focus is on methodological questions of the representativity of these plants within the archaeological context. The question of the origin of specific spices and medicinal plants is raised. When and how did these plants reach the northern countries; are there earlier finds, e.g. from the Viking Age? Does the archaeobotanical dataset reflect a long-term tradition in the cultivation of garden plants?

Samenvatting

Dit artikel wordt opgedragen aan Wim Kuijper, liefhebber van tuinen en enthousiast archeobotanicus. Besproken wordt een aantal tuinplanten, inclusief vrucht- en notenbomen, die tevoorschijn zijn gekomen tijdens opgravingen rond de Oostzee. Zij dateren uit de Middeleeuwen en Vroegmoderne tijd.

Introduction

Seeds and fruits from archaeological excavations tell about the introduction and cultivation of garden plants. These so-called archaeobotanical proxies are the most important source of knowledge of garden plants for the time periods before written sources existed.

In Northern Europe a network of archaeobotanists from seven different countries compiled the botanical results from more than 75 archaeological excavations dated to AD 1250-1800 (Fig. 1, tab. 1). More than 150 species of useful plants from the countries, today known as Northern Germany, Northern Poland, Denmark, Estonia, Sweden, Finland, and Norway, were documented and presented in a monograph (Karg (ed.) 2007). Whenever possible written sources were taken into account and the information compared with the archaeobotanical records.

Country Reference	site type	locality	dating to century AD
Northern Germany			
Alsleben 2007	urban	Oldenburg	13 -17
	urban	Bremen	13 -16/18
	urban	Braunschweig	13 -16
	urban	Einbeck	14
	urban	Göttingen	13 -16
	urban	Hann. Münden	16 -18
	urban	Hildesheim	17/18
	urban	Höxter	13/14
	urban	Lüneburg	14 +16/17
	urban	Northeim	16
	urban	Schleswig	13
	urban	Kiel	13 -17
	urban	Lübeck	13 -17
	urban	Mölln	16/17
	urban	Rostock	13/14 +16/17
	urban	Stralsund	13 -18
	urban	Greifswald	13 +14/15
	urban	Pasewalk	13
Northern Poland			
Latałowa et al. 2007	urban	Kolberg	13-15/16
	urban	Danzig	13-18
	urban	Elbing	13-14
Estonia			
Sillasoo & Hiie 2007	urban	Tallinn (Reval)	13-17
	urban, castle	Tartu, Uue-Kastre	13/14-17/18
	urban	Pärnu (Pernau)	13-17
	urban	Viljandi (Fellin)	13-17/18
Finland			
Lempiäinen 2007	urban	Helsinki	15-18
	urban	Hämeenlinna	11-14
	urban	Porvoo	16-17
	urban	Tammisaari	17-19
	urban	Turku	13-19
	castle	Kaarina	14-16
	castle	Turku, Castle	15-18
	castle	Käkisalmi Castle	12-14
	rural	Lahti	15-18
	rural	Lieto	13-14
	rural	Naantali, Mannerheiminkatu	15-17
	rural	Perniö	14-15
	rural	Pori	11-18
	rural	Vesilahti	15-18
	monastery	Naantali, Convent Church	13-16
	monastery	Valamo Island	11-18

Country	site type	locality	dating to
Sweden			
Viklund 2007	urban	Uppsala	13-15
	urban	Sigtuna	10-13
	urban	Stockholm	
	urban	Norrköping	12-17
	urban	Söderköping	
Denmark			
Karg 2007	urban, monastery	Odense	13-17
	urban, church	Roskilde	12-15
	urban	Copenhagen	11-19
	urban	Helsingør	16-18
	urban	Hillerød	16-18
	urban	Holbæk	13-15
	urban	Næstved	12-19
	urban	Sakskøbing	17-18
	urban	Svendborg	13-16
	urban	Ålborg	13-15
	urban	Halmsted	12-18
	urban	Landskrona	15-16
	urban	Lund	12-19
	urban	Trelleborg	14-18
	urban	Visby	12-18
	castle, urban	Horsens	12-16
	castle	Taasinge	17-18
	castle	Tønder	13-16
	ship	Gedesby	13-14
	ship	Kolding	12
	rural	Amager, Tårnby Torv	11-17
	rural	Herstedøster	13-15
	rural	Lolland, Arninge, Hollenæs	12-14
	rural	Mors, Skarreborg	12-13
	rural	Ilstorp	13-14
	rural	Malmö	17-18
	monastery	Ribe	12-15
	monastery	Sorø	13-17
	monastery	Øm	13-16
	monastery	Dalby	12-14
Norway			
Hjelle 2007	urban	Trondheim	13-18
	urban	Bergen	13-18
	urban	Oslo	13-18

Table 1
List of the archaeological sites with botanical finds from Northern Europe (compiled by the author)

Lijst met archeologische vindplaatsen in Noord-Europa

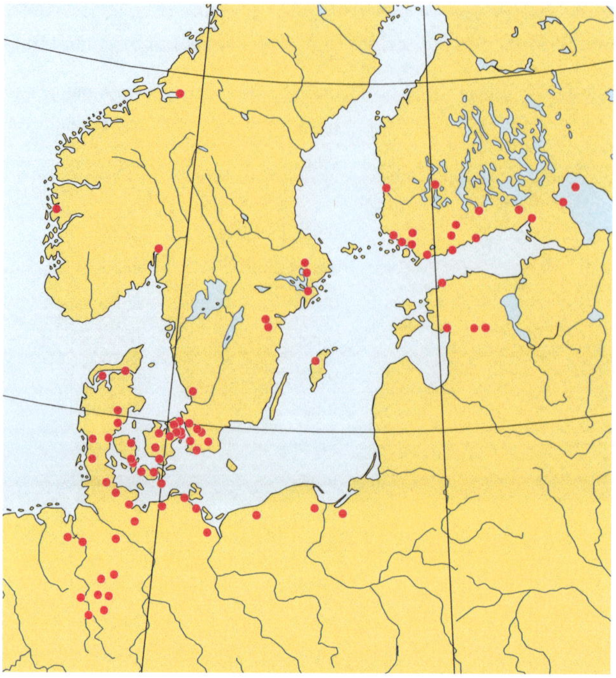

Fig. 1
Map showing the locations with archaeobotanical finds dated to the medieval period and early modern times
Design B. Helle, Bergen University, Norway

Kaart met de plaatsen met archeobotanische vondsten daterend tot de Middeleeuwen en vroegmoderne tijd

Latin name	English Name	Northern Germany	Northern Poland	Estonia	Finland	Sweden	Denmark	Norway
Fruits								
Arctostaphylos uva-ursi	Bearberry			■	■	■		■
Cerasus avium	Sweet Cherry	■	■				■	
Cerasus vulgaris	Sour Cherry	■	■	■				■
Cornus mas	Cornelian Cherry	■						
Crataegus laevigata	Common Hawthorn	■						
Cydonia oblonga	Quince	■	■					
Empetrum nigrum	Black Crowberry	■	■	■	■			■
Ficus carica	Fig	■	■	■	■	■	■	■
Fragaria vesca	Wild Strawberry	■	■	■	■	■	■	■
Malus domestica	Apple	■		■				
Malus sp.	Apple		■	■	■	■	■	■
Malus sylvestris	Wild Apple	■			■		■	
Mespilus germanica	Medlar	■						
Morus alba	White Mulberry		■					
Morus nigra	Black Mulberry	■						

Latin name	English Name	Northern Germany	Northern Poland	Estonia	Finland	Sweden	Denmark	Norway
Morus sp.	Mulberry						■	
Physalis alkekengi	Strawberry Tomato	■						
Prunus domestica	Plum	■	■	■	■		■	■
Prunus insititia	Bullace	■	■	■				
Prunus padus	European Bird Berry							■
Prunus persica	Peach	■	■				■	
Prunus spinosa	Sloe	■	■			■	■	■
Prunus sp.	Sloe/Cherry				■	■	■	
Pyrus communis	Pear	■	■	■				■
Pyrus sp.	Pear		■			■	■	
Ribes nigrum	Black Currant	■	■	■				
Ribes rubrum	Red Currant	■	■	■				
Ribes sp.	Currant			■				
Ribes uva-crispa	Gooseberry	■	■					
Rosa canina	Rose		■					
Rosa sp.	Dog Rose	■	■		■	■		■
Rubus caesius	European Dewberry	■	■	■		■	■	■
Rubus chamaemorus	Cloudberry			■	■	■		■
Rubus fruticosus	Bramble	■	■	■			■	■
Rubus idaeus	Raspberry	■	■	■	■	■	■	■
Rubus saxatilis	Stone Bramble		■	■	■	■	■	■
Rubus sp.	Bramble/Raspberry						■	
Sambucus nigra	Common Elder	■	■				■	
Sorbus aucuparia	Rowan	■	■	■	■	■		■
Sorbus domestica	Service Tree	■						
Sorbus torminalis	Wild Service Tree	■						
Vaccinium myrtillus	Bilberry	■	■	■	■	■	■	
Vaccinium oxycoccus	Cranberry		■	■	■			
Vaccinium sp.	Bilberry/Cranberry			■	■	■	■	■
Vaccinium uliginosum	Bog Bilberry	■	■	■	■			
Vaccinium vitis-idaea	Cowberry	■	■	■	■		■	
Vitis vinifera (incl. subsp. *sylvestris Vitis* sp.)	Grape Wine	■	■	■	■	■	■	■
Nuts								
Castanea sativa	Spanish Chestnut	■						
Corylus avellana	Hazel	■	■	■	■	■	■	■
Juglans regia	Walnut	■	■	■			■	■
Prunus dulcis	Almond	■	■					

Table 2
Fruit and nuts from archaeological sites dated to the medieval period and early modern times (12th -17th century AD) from seven different countries (compiled by the author). Nomenclature after Erhardt et al. 2000

Vruchten en noten van archeologische vindplaatsen gedateerd in de Middeleeuwen en vroegmoderne tijd (12e-17e eeuw AD) uit zeven verschillende landen

Project design

In order to correlate plant records from different archaeological sites with each other, it is important to define the context in which the plants were found, as well as the preservation condition of the layers, samples and plant remains. Can the site be characterised as an urban site or as a rural site? Was the context a latrine or a pit? Was the sample taken in a waterlogged deposit or in a burnt refuse layer? In the HANSA-project we defined categories that were followed by all the authors for their individual sites (Karg 2007a). In this article the selected group of garden plants will be discussed.

Fruits and nuts

A broad spectrum of fruits and nuts is extraordinary for the medieval period and the early modern times in the countries of Northern Europe (Tab. 2). The spectrum ranges from locally cultivated species to wild collected and imported plants. Up to now, no method has been applied to prove if a plant had grown locally or had been imported from abroad. Some of the imported species, such as fig and mulberry, could have been planted in the southern part of Scandinavia. Both plants today produce ripe fruits, as well as ripe seeds (Karg 2007b, p. 148). From written records we know that mulberry trees had been cultivated in Denmark in connection with silkworm experiments during the 16th and 17th century (Brøndegaard 1979). It is interesting that records of fig seeds occur in all the Nordic countries throughout all time periods of the Middle Ages (Karg et al. submitted). Fig was probably not only used as a fruit during periods of fasting (Sillasoo and Hiie 2007, p. 86) but served for other purposes too, such as an ingredient in medicines (Latałowa et al. 2007, p. 60). Other exotics, such as almond were definitely imported. The low number of records of almond nut shell indicates how exclusive those exotics must have been. Wild collected fruits and nuts played an important role in completing the daily diet in all the northern countries (Fig. 3). Berries were imported from the hinterland into the towns, as could be proven for cloudberries in Norway (Hjelle 2007, p. 170), and for bilberries in Denmark (Karg 2007b, p. 148). Other wild collected plants were used for tanning purposes, such as the leaves of bearberry (Viklund 2007, p. 124). Written records inform us about the fact that hazelnuts were treated as equivalent to currency. During the medieval period church tithes were paid in the form of hazelnuts (Karg et al. 2007, p. 188).

Fig. 2
Henbane seed from the Viking Age site of Fyrkat, Jutland, Denmark SEM-photograph M. Tauber and S. Karg, The National Museum of Denmark bar= 1 mm

Bilzenkruidzaad uit de Vikingnederzetting Fyrkat, Jutland, Denemarken maatstreepje= 1 mm

Herbs and spices

Archaeobotanical remains of herbs and spices are rarely preserved in a charred condition because they usually do not come into contact with fire during preparation methods. The best find circumstances are latrines that were excavated and sampled in only three of the countries. In Northern Germany, Northern Poland and Estonia these features could be studied for plant remains (Alsleben

2007; Latałowa et al. 2007; Sillasoo and Hiie 2007). Table 3 illustrates the diversity of herbs and spices based on the archaeobotanical finds in all seven countries. Written sources must be taken into account to supplement the spectrum. To mention only one very important book, the oldest cookbook of Europe. Originally written in French, this book was translated into Danish around AD 1300. The original manuscript is nowadays kept in the Royal Library in Copenhagen, and an excerpt was published by Veirup (1993). Original recipes prove that spices, such as pepper, nutmeg, cinnamon and ginger, were already known in these early times. The use of spices expresses identity and wealth, and only few persons could afford those luxury goods (Turner 2004). The nobility and royal families must have known about the existence of the cookbook and the existence of the valuable spices. Archaeobotanical investigations of aristocratic and royal deposits should be analysed in future.

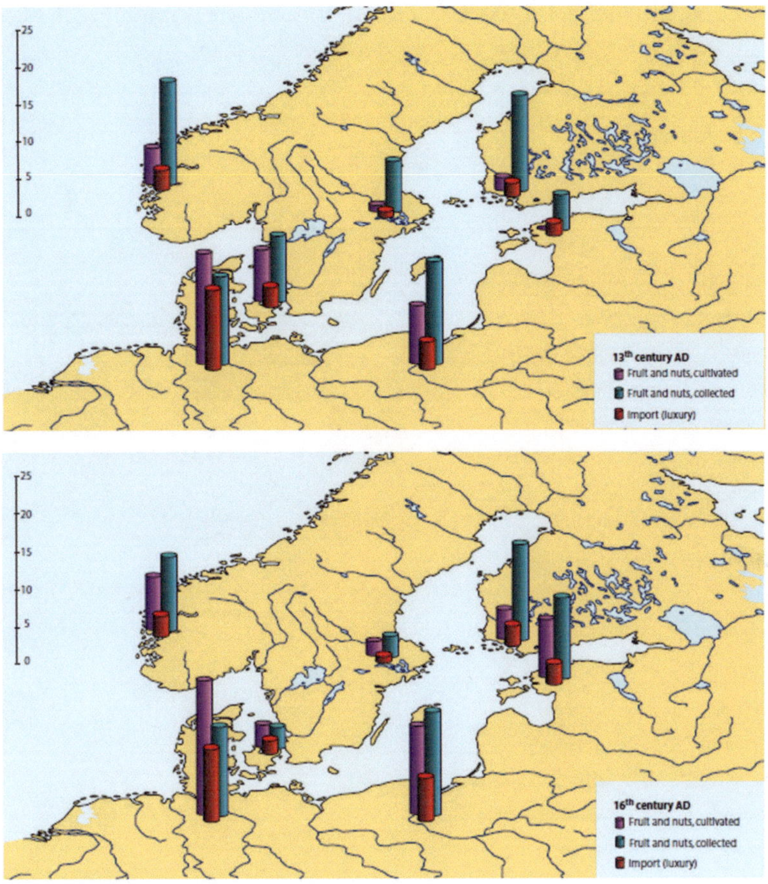

Fig. 3

Map showing the number of archaeobotanical records of cultivated and collected fruits and nuts dated to the 13th and 16th century in Northern Europe. The red column represents a summary of all the imported plant records (herbs, spices, fruits, and nuts)

Design B. Helle and K. Hjelle, Bergen University, Norway

Kaart met het aantal archeobotanische vermeldingen van gecultiveerde en verzamelde vruchten en noten met een datering in de 13e en 16e eeuw in Noord Europa. De rode kolom geeft een overzicht van alle vermeldingen van geïmporteerde planten (kruiden, specerijen, vruchten en noten)

Ordinary people had their own kitchen gardens and went into nature to collect herbs. Many of the aromatic tasting plants cannot even be cultivated because they require specific ecological conditions, such as for example Sweet Gale. This plant grows exclusively under wet conditions in bogs and along the borders of lakes. The leaves and buds are in use since the Viking Age as a beer flavouring (Karg and Günther 2002). Other herbs and spices were definitely already grown in gardens, as we assume of a wide range of vegetables (Karg 2008). Herbal gardens most probably already existed during the Viking Age, as several plant finds suggest. An accumulation of henbane seeds was detected in a woman's grave in a cemetery close to the fortification site of Fyrkat in Jutland, Denmark (Helbæk 1977). The seeds were kept in a small leather pouch that had been fixed to the woman's belt (Pentz et al. 2009). So far, this is the oldest record of henbane in Denmark (Fig. 2). During the medieval period this plant seems to belong to one of the most important medicinal plants in the North according to the frequencies in all the countries (Tab. 3). As henbane is not an indigenous plant to Northern Europe, it must have been cultivated as a garden plant.

Herbs and Spices (incl. Ergot) Latin Name	English Name	Northern Germany	Northern Poland	Estonia	Finland	Sweden	Denmark	Norway
Aethusa cynapium	Fool`s Parsley	x	x		x		x	
Aframomum melegueta	Grains of Paradise	x	x					
Anethum graveolens	Dill	x	x	x	x	x	x	
Angelica sylvestris	Wild Angelica		x					
Apium graveolens	Celery	x	x	x		x	x	
Artemisia absinthium	Absinthe	x				x		
Atropa belladonna	Deadly Nightshade	x						
Betonica officinalis	Betony		x					
Brassica nigra	Black Mustard	x	x	x			x	x
Capsicum annuum	Hot Pepper		x					
Carum carvi	Caraway	x	x	x	x	x	x	x
Chelidonium majus	Greater Celandine	x	x		x	x	x	
Claviceps purpurea	Ergot	x			x			
Coriandrum sativum	Coriander	x	x	x			x	x
Elettaria cardamomum	Cardamom	x		x				
Elettaria major	Sri Lanka Cardamom	x						
Filipendula ulmaria	Meadow Sweet					x		
Foeniculum vulgare	Fennel	x	x					x
Humulus lupulus	Hop	x	x	x	x	x	x	x
Hyoscyamus niger	Henbane	x	x		x	x	x	x
Hypericum perforatum	Perforate St John`s Wort		x				x	
Hyssopus officinalis	Hyssop	x	x					
Juniperus communis	Juniper	x	x	x	x		x	x
Laurus nobilis	Laurel						x	
Leonurus cardiaca	Motherwort						x	
Levisticum officinale	Lovage				x			
Myrica gale	Sweet Gale	x	x	x	x	x	x	x

Herbs and Spices (incl. Ergot) Latin Name	 English Name	Northern Germany	Northern Poland	Estonia	Finland	Sweden	Denmark	Norway
Myristica fragrans	Nutmeg, Mace		■					
Nepeta cataria	Catmint	■	■				■	
Nigella sativa	Black Cumin	■						
Origanum vulgare	Wild Marjoram	■	■				■	
Petroselinum crispum	Parsley	■	■	■	■	■		
Pimenta dioica	Allspice		■					
Piper nigrum	Black Pepper	■	■	■	■			
Rosmarinus officinalis	Rosemary	■					■	
Ruta graveolens	Rue	■	■				■	
Satureja hortensis	Savory	■	■					
Sinapis alba	White Mustard	■						
Thymus serpyllum	Wild Thyme		■					
Thymus sp.	Thyme	■						
Valeriana officinalis	Common Valerian		■					
Valeriana sp.	Valerian		■					
Verbena officinalis	Vervain	■	■					

Table 3
Herbs and spices from archaeological sites dated to the medieval period and early modern times (12th-17th century AD) from seven different countries (compiled by the author). Nomenclature after Erhardt et al. 2000

Kruiden en specerijen van archeologische vindplaatsen gedateerd in de Middeleeuwen en vroegmoderne tijd (12e-17e eeuw AD) uit zeven verschillende landen

Conclusions

Trade in plants is not well documented in the written sources left by the medieval northern tradesmen. The Hanseatic League played a leading role in transporting goods, such as cereals, to the North. Trading goods, such as weed seeds, can be traced in archaeobotanical records. Cornflower is such an indicator of imported corn to Norway (Hjelle 2007, p. 168).

Pepper is named in the customs registers and accounts of the Hanseatic tradesmen in Lübeck (Hammel-Kiesow 2000), but is only rarely found in archaeological contexts because of the lack of suitable findspots, such as latrines. This picture will definitely be changed with new excavations and more investigations of the fascinating archaeological plant finds.

Recipe for Wim from King Valdemar`s cookbook: the oldest cookbook of Europe

De salso ualente ad tres dies et non amplius

Take mints and parsley, cinnamon and pepper, the same amount of all, grind and mix them with salt and vinegar. This sauce can be kept for three days.

References

Alsleben A (2007) Food consumption in the Hanseatic towns of Germany. In: Karg S (ed.) Medieval Food Traditions in Northern Europe. Publications from the National Museum. Studies in Archaeology & History 12 (Kopenhagen 2007), 13-31

Brøndegaard V (1979) Folk og Flora. Dansk Etnobotanik. Rosenkilde og Bagger, Tønder

Erhardt W, Götz E, Bödeker N, Seybold S (2000) Zander. Handwörterbuch der Pflanzennamen. Ulmer, Stuttgart

Hammel-Kiesow R (2000) Die Hanse. Beck, München

Helbæk H (1977) The Fyrkat grain. A geographical and chronological study of rye. In: Olsen O, Schmidt H (eds) Fyrkat. En jysk vikingeborg. II. Borgen og bebyggelsen. Det Kongelige Nordiske Oldskriftselskab, Copenhagen

Hjelle K (2007) Foreign trade and local production – plant remains from medieval times in Norway. In: Karg S (ed.) Medieval Food Traditions in Northern Europe. Publications from the National Museum. Studies in Archaeology & History 12 (Kopenhagen 2007), 161-179

Karg S (ed.) (2007) Medieval Food Traditions in Northern Europe. Publications from the National Museum. Studies in Archaeology & History 12 (Kopenhagen 2007)

Karg S (2007a) The HANSA Network Project. Introduction chapter. In: Karg S (ed.) Medieval Food Traditions in Northern Europe. Publications from the National Museum. Studies in Archaeology & History 12 (Kopenhagen 2007), 9-12

Karg S (2007b) Long term dietary traditions: archaeobotanical records from Denmark dated to the Middle Ages and early modern times. In: Karg S (ed.) Medieval Food Traditions in Northern Europe. Publications from the National Museum. Studies in Archaeology & History 12 (Kopenhagen 2007), 137-159

Karg S (2008) Diversität der Nutzpflanzen im Mittelalter Nordeuropas. Archäologische Informationen 31, 2008, 97-102.

Karg S, Alsleben A, Badura M, Hjelle K, Hiie S, Jarosińska J, Święta-Musznicka J, Latałowa M, Lempiäinen T, Viklund K (2007) Synthesis and a mission for the future. In: Karg S (ed.) Medieval Food Traditions in Northern Europe. Publications from the National Museum. Studies in Archaeology & History 12 (Kopenhagen 2007), 181-190

Karg S, Alsleben A, Badura M, Hjelle KL, Hiie S, Jarosińska J, Święta-Musznicka J, Latałowa M, Lempiäinen T, Viklund K (submitted) A cross-disciplinary approach to understanding fruit and nut diversity during the Middle Ages and the early modern period in the Baltic - taste preferences, purchasing power or climatic limitations?

Karg S, Günther D (2002) Der Einfluss der Hanse auf mittelalterliche Ernährungsgewohnheiten. Preprinted Papers. Medieval Europe Basel 2002, 3rd International Conference of Medieval and Later Archaeology. Basel (Switzerland) 10-15 September 2002, 140-146

Latałowa M, Badura M, Jarosińska J, Święta-Musznicka J (2007) Useful plants in medieval and post-medieval archaeobotanical material from the Hanseatic towns of Northern Poland (Kołobrzeg, Gdańsk and Elbląg). In: Karg S (ed.) Medieval Food Traditions in Northern Europe. Publications from the National Museum. Studies in Archaeology & History 12 (Kopenhagen 2007), 39-72

Lempiäinen T (2007) Archaeobotanical evidence of plants from the medieval period to early modern times in Finland. In: Karg S (ed.) Medieval Food Traditions in Northern Europe. Publications from the National Museum. Studies in Archaeology & History 12 (Kopenhagen 2007), 97-118

Pentz P, Baastrup Panum M, Karg S, Mannering U (2009) Kong Haralds vølve. Nationalmuseets Arbejdsmark 2009, 215-232

Sillasoo Ü, Hiie S (2007) An archaeobotanical approach to investigating food of the Hanseatic period in Estonia. In: Karg S (ed.) Medieval Food Traditions in Northern Europe. Publications from the National Museum. Studies in Archaeology & History 12 (Kopenhagen 2007), 73-96

Turner J (2004) Spice. The history of temptation. Knopf, New York

Veirup H (1993) Til taffel hos Kong Valdemar: Europas ældste kogebog efter to middelalderhånd-skrifter fra 1300tallet. Herning

Viklund K (2007) Sweden and the Hanse – archaeobotanical aspects of changes in farming, gardening and dietary habits in medieval times in Sweden. In: Karg S (ed.) Medieval Food Traditions in Northern Europe. Publications from the National Museum. Studies in Archaeology & History 12 (Kopenhagen 2007), 119-135

Een middeleeuws boeket uit Dordrecht (Nederland)

A medieval bouquet from the city of Dordrecht (the Netherlands)

Laura I. Kooistra, Kirsti Hänninen, Henk van Haaster,

Caroline Vermeeren

BIAX *Consult*
Hogendijk 134
NL-1506 AL Zaandam
the Netherlands

kooistra@biax.nl
hanninen@biax.nl
haaster@biax.nl
vermeeren@biax.nl

Samenvatting

In de jaren 90 van de 20e eeuw zijn enkele tientallen archeobotanische monsters van Dordrecht en haar voorstedelijke voorloper onderzocht. Deze monsters hebben een schat aan voedselresten en gebruiksplanten opgeleverd. Door de resultaten van dit onderzoek te vergelijken met dat wat in de historische bronnen over de voedingseconomie en de handel is geschreven, is hierover een beter beeld verkregen voor het middeleeuwse Dordrecht.

De voedingseconomie van de stad dreef in de eerste eeuwen voor een substantieel deel op wat het platteland in de directe omgeving opbracht. Graan en waarschijnlijk veel van de tuinbouwproducten werden uit de omgeving betrokken. Vanaf 1350 leek de omgeving de graanbehoefte van de stad steeds minder goed te kunnen dekken en alle inspanningen van de opeenvolgende stadsbesturen ten spijt werd graan van elders aangevoerd.

Het gesloten systeem van tolheffing, waarvan Dordrecht tussen 1299 en ca. 1500 het administratieve centrum van Zuid-Holland was, heeft veel voor die tijd bijzondere producten uit de Oude Wereld naar de stad gebracht. Tot de vroegste producten behoren perzik, katoen, kruidnagel en rijst.

Abstract

In the 1990s, a number of archaeobotanical samples from the city of Dordrecht and the pre-urban village were analysed. These samples yielded a wealth of food remains and other useful plants. Comparing the results of this analysis with historical sources on food economy and trade has resulted in a better idea of these subjects for medieval Dordrecht.

During the first centuries of the city's existence, the food economy of the city was dependent for a major part on the produce of the surrounding countryside. Cereals and probably many of the horticultural products were supplied from the surroundings. From 1350 onwards, the countryside seems to have been increasingly unable to cover the city's demand for cereals, and despite all efforts of successive city councils, many cereals were supplied from elsewhere.

The closed system of toll levying, in which Dordrecht was the administrative centre of Zuid-Holland from 1299 till c. 1299, led to the presence in the city of special products, that came from the far corners of the Old World. Among the earliest products are peach, cotton, clove and rice. The archaeobotanical research confirms what historical sources proclaim: Dordrecht was an influential city during the Middle Ages.

Inleiding

Een goed georganiseerde voedselvoorziening is van levensbelang voor een stad. Niet in de laatste plaats omdat de stadsbevolking niet of onvoldoende kan produceren voor eigen gebruik. Als het gaat om voorraadvorming, een belangrijke taak van de stadsbesturen in de Middeleeuwen en Nieuwe Tijd, kan zelfs gesteld worden dat voeding in deze perioden een politieke zaak was. Daarnaast ontleenden mensen status aan hun voeding, ook wel demonstratieve consumptie genoemd. Het is daarom niet verwonderlijk dat mensen die een rol speelden in de voedseldistributie status en aanzien genoten.

Voor het achterhalen van de geschiedenis van de voedingseconomie van een stad kunnen diverse bronnen geraadpleegd worden. Belangrijke informatie is aanwezig in historische documenten en op schilderijen. Ook archeologische bronnen vormen een goede ingang en daarbij is een grote rol weggelegd voor onderzoek aan zoölogische en botanische resten. Een goed voorbeeld van de waarde van archeobotanisch onderzoek voor het ontrafelen van de voedingseconomie van een stad is het onlangs verschenen boek van van Haaster (2008) over 's-Hertogenbosch. Deze stad kreeg rond 1200 van de Hertog van Brabant stadsrechten en groeide in de loop van de daarop volgende eeuwen uit tot een van de grootste steden van Nederland. Dordrecht kreeg rond dezelfde tijd stadsrechten en was gedurende enige eeuwen het handelscentrum van de Graven van Holland. Over het plantaardige deel van de voedingseconomie van deze middeleeuwse handelsstad in West-Nederland gaat dit artikel.

De eerste vermelding van Dordrecht dateert uit 1047. Thuredriht, zoals Dordrecht toen genoemd werd, was een ontginningsnederzetting in het uitgestrekte Hollandse veengebied (Sarfatij 1990, p. 102-103). Het lag heel strategisch aan weerszijden van een veenstroompje vlak bij de rivier de Merwede. Niet alleen kon men over het water naar het oosten en westen reizen, maar ook naar het noorden en zuiden. Door deze gunstige ligging ontwikkelde dit ontginningsdorp zich tot een knooppunt van handel. De handelspositie werd door de Graven van Holland versterkt toen zij Dordrecht in 1200 stadsrechten verleenden en de stad in 1299 het stapelrecht gaven. Dat laatste betekende dat alle goederen die over het water werden getransporteerd eerst op de Dordtse markt moesten worden aangeboden, voordat ze naar andere plaatsen mochten worden vervoerd. Het gesloten systeem van tolheffing, waarvan Dordrecht het administratieve centrum was, genereerde veel inkomsten voor de Graven van Holland. Ook de stad en haar inwoners hadden er baat bij, want door het stapelrecht was de stad verzekerd van handelsactiviteiten. Halverwege de 14^{e} eeuw was Dordrecht uitgegroeid tot de belangrijkste stad van Holland. De Gouden Eeuw van deze stad duurde van ongeveer 1350 tot 1450. In deze periode veranderde het landschap rond Dordrecht ingrijpend als gevolg van de Sint-Elisabethsvloeden tussen 1421 en 1424 (Fig. 1). Hoewel het water van deze stormvloeden tot aan de muren van de stad reikten en er ten zuiden van Dordrecht een uitgestrekt getijdengebied ontstond, is het bruisende leven in de stad er ogenschijnlijk niet

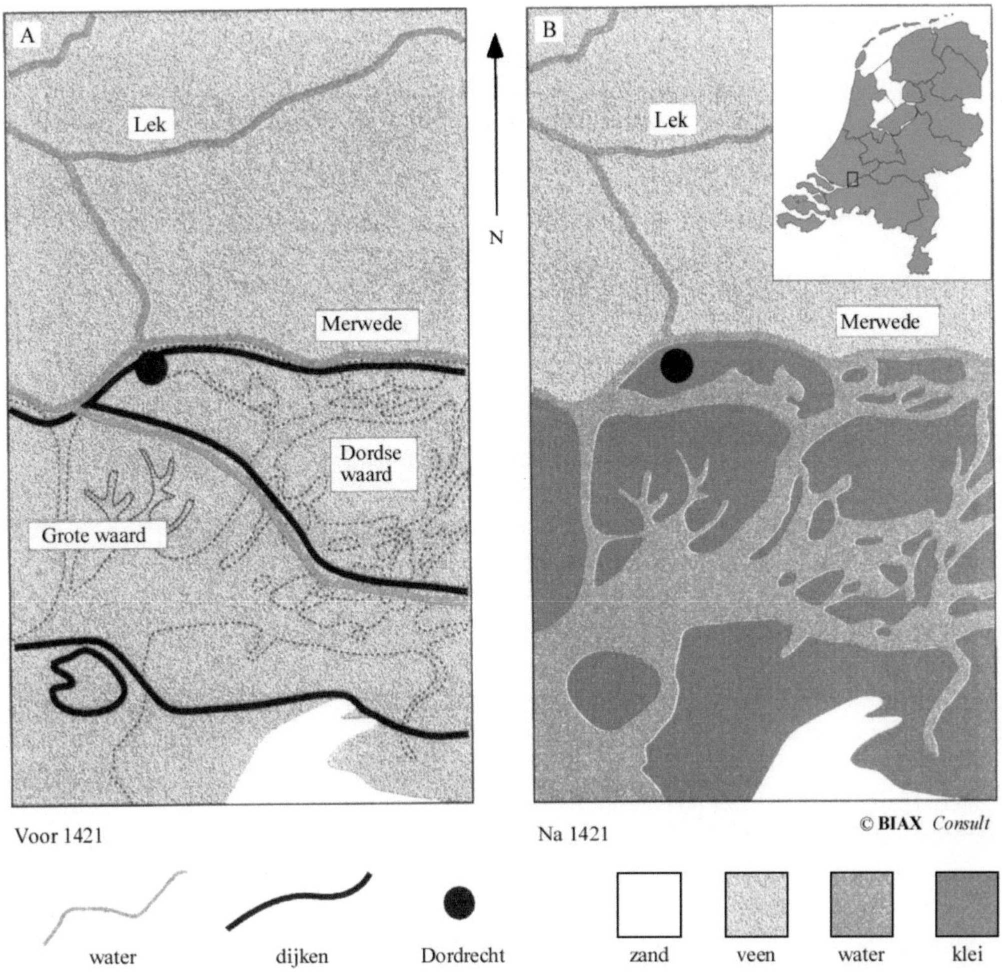

Fig. 1
Landschappelijke setting van Dordrecht voor en na 1421. Inzet: ligging van Dordrecht in Nederland

Setting in de landscape of Dordrecht before and after 1421. Inset: location of Dordrecht in the Netherlands

of nauwelijks door beïnvloed. Pas na de Middeleeuwen verloor de stad haar invloed en grote rijkdom, als gevolg van toenemende sociale spanningen in het graafschap en de opkomst van andere steden.

In de jaren zestig tot en met tachtig van de 20e eeuw heeft de toenmalige Rijksdienst voor het Oudheidkundig Bodemonderzoek onder leiding van drs. H. Sarfatij archeologisch onderzoek in de stadskern van Dordrecht uitgevoerd. Uitgangspunt was het verkrijgen van informatie over de ontwikkeling van de materiële cultuur van de ontginningsnederzetting en de latere stad. Belangrijke onderdelen hiervan zijn de voedingsgewoonten van de bewoners en de organisatie van de bevoorrading van het voorstedelijke dorp en de latere stad met voedsel. Om meer inzicht in dit aspect van de stedelijke geschiedenis te krijgen zijn in de jaren negentig van de vorige eeuw enkele tientallen grondmonsters van het voorstedelijke dorp, de vroege stad en de stad in latere tijden op botanische resten onderzocht (Kooistra et al. 1998).

Daarbij is een grote verscheidenheid aan plantenresten aangetroffen, die ons een eerste indruk geven van het plantaardige deel van de voedingseconomie van het voorstedelijke dorp/de vroege stad (1150 tot 1350) en de stad uit de Gouden Eeuw (1350 tot 1450).

Methoden

De meeste monsters bestonden uit één tot vijf liter grond. Hiervan zijn eerst deelmonsters van één tot twee cm^3 voor palynologisch onderzoek genomen. De rest van de grond is met leidingwater van de plantenresten gespoeld. Daarbij is een toren van zeven gebruikt waarvan de fijnste zeef een maaswijdte van 0,25 mm had. Aangezien deze over het algemeen snel dichtslibt, is slechts één liter met deze zeef verwerkt en is de rest op een set zeven waarvan de fijnste een maaswijdte van 0,50 mm had, gezeefd. De residuen zijn in potten met water opgeslagen. Een deel van de grondmonsters was in het verleden gezeefd. Hiervan zijn geen palynologische deelmonsters verzameld. De palynologische deelmonsters zijn volgens de standaardmethode van Erdtman (Erdtman 1960) bereid.

De preparaten die het resultaat zijn van de chemische bereiding van de palynologische deelmonsters, zijn met behulp van een doorvallend-lichtmicroscoop met vergrotingen tot 1000 maal op stuifmeel en andere microfossielen onderzocht. Bij het palynologisch onderzoek is een totaalpollensom van 500 pollen per preparaat gehanteerd. De monsterresiduen voor botanische macroresten zijn met behulp van een opvallend-lichtmicroscoop met vergrotingen tot 50 maal op herkenbare plantenresten onderzocht. Voor het bekijken van epidermisstructuren is gebruik gemaakt van een doorvallend-lichtmicroscoop met vergrotingen tot 400 maal. De meeste plantenresten konden geïdentificeerd worden met behulp van determinatieliteratuur en de vergelijkingscollecties van de archeobotanische laboratoria van de toenmalige Rijksdienst voor het Oudheidkundig Bodemonderzoek, de Universiteit van Amsterdam en de Universiteit van Leiden. Een aantal keren konden plantenresten gedetermineerd worden dankzij de formidabele kennis van dhr. W. Kuijper van het archeobotanisch laboratorium van de Universiteit van Leiden. Slechts eenmaal werden onbekende zaden aangetroffen. Deze komen in de volgende paragraaf aan de orde.

Zaden van Katoen (*Gossypium* L., familie: Malvaceae)

In een afvalkuil uit de vroege stad (1200 tot 1275) werden enkele grote, karakteristieke zaden gevonden, die ons voor een raadsel stelden (Fig. 2). De zaden zijn 8,2-8,5 bij 6,1-6,3 bij 5,9-6,2 mm groot (lengte x breedte x dikte (N = 3)). Ze zijn omgekeerd eivormig, met aan de basis een kort steeltje. Tussen het steeltje en de top bevindt zich over de lengte van het zaad een naad. Het zaadoppervlak bestaat uit talloze kleine bobbeltjes en heeft daardoor een licht ruw uiterlijk. In de zaadwand, die vrij dun is, komt een tiental op nerven lijkende olieklieren voor. De zaden zijn in 1995 tijdens het IWGP-congres in Innsbruck door D. Samuel herkend als zaden van katoen op basis van zaden die zij gevonden had in de regio Deir ez Zōr - Abu Kemāl (Syrie) (Samuel 2001).

In de Oude Wereld werden duizenden jaren geleden al twee soorten katoen verbouwd, waarvan de zaden op basis van de lengte van de haren (katoenpluis) kunnen worden onderscheiden, te weten *Gossypium arboreum* met lange haren en *Gossypium herbaceum* met relatief korte haren. Overigens hebben beide soorten zowel lange als korte haren, waardoor het zaak is wel de goede haren met elkaar te vergelijken. Op de zaden die in Dordrecht zijn gevonden zaten geen haren, zodat de soort niet kon worden achterhaald.

1 mm

Fig. 2
Katoenzaad (Gossypium) uit een afvalkuil van de vroege stad (1200 tot 1275)
Foto J. Pauptit

Cotton seed (Gossypium) from a refuse pit of the early town (1200 to 1275)

De verspreidingsgeschiedenis van de twee katoensoorten is nog ten dele in nevelen gehuld. Zeker is dat *Gossypium arboreum* niet in het wild voorkomt, maar door domesticatie is ontstaan. Volgens sommigen heeft de domesticatie in India plaatsgevonden waar in de Indusvallei, op een vindplaats die gedateerd wordt tussen 2500 en 1700 voor Chr., textielfragmenten van *Gossypium arboreum* zijn aangetroffen. Volgens anderen heeft de domesticatie in Soedan of het zuiden van Saoedi-Arabië plaatsgevonden. De wilde voorouder zou *Gossypium herbaceum* zijn, een soort die in Afrika in het wild voorkomt. In een Neolithische vindplaats in Soedan zijn in geitenkeutels katoenharen gevonden, die wat lengte betreft het midden houden tussen *Gossypium herbaceum* en *Gossypium arboreum*. Omdat op deze plaats geen resten van textiel gevonden zijn, is geconcludeerd dat katoen destijds voornamelijk als veevoeder gebruikt werd (Simmonds 1979; Zeven en de Wet 1982, p. 139).

Voedsel- en gebruiksplanten uit het voorstedelijke dorp en de vroege stad (1150-1350, zie tabel 1)

In de Middeleeuwen vormden granen en boekweit het basisvoedsel van de mensen op het platteland en in de stad. In de monsters van het voorstedelijke dorp en de vroege stad van Dordrecht kwam met name emmertarwe (*Triticum dicoccon*) voor, gevolgd door haver (*Avena sativa*). Gerst (*Hordeum vulgare*), rogge (*Secale cereale*), broodtarwe (*Triticum aestivum*), pluimgierst (*Panicum miliaceum*) en boekweit (*Fagopyrum esculentum*) zijn incidenteel aangetroffen.

Emmertarwe was vanaf het begin van de landbouw een belangrijk gewas. Na de Romeinse tijd raakte het geleidelijk aan in de vergetelheid. Haver werd daarentegen pas vanaf de Romeinse tijd een gewas van betekenis. In de Middeleeuwen en Nieuwe tijd werd het veel verbouwd voor veevoer (van Winter 1981, p. 339) en diende het als grondstof voor het brouwen van bier (Doorman 1955, p. 96-98). De behoefte aan gerst was en is vanaf de eerste landbouw tot op heden onverminderd groot. Opvallend is het geringe aantal roggevondsten in de vroege eeuwen van Dordrecht, aangezien rogge elders het belangrijkste gewas van de Middeleeuwen en de Nieuwe tijd was. Het lijkt er echter op dat dit gewas niet op het pas ontgonnen veen rond Dordrecht is verbouwd. Daarop duiden niet alleen de weinige roggevondsten in het voorstedelijke dorp en de vroege stad, maar ook waarnemingen van agrarische activiteiten uit de omgeving van Dordrecht (Hendriks et al. 2004, p. 102, 103) en Gouda (Bakels et al. 2000). De veenboeren hier verbouwden met name emmertarwe, gerst en haver. Dit zijn ook de gewassen die in de stad gevonden zijn. Het geringe aandeel rogge en de aanwezigheid van emmertarwe, gerst en haver doen vermoeden dat de boeren uit de omgeving van Dordrecht de belangrijkste graanleveranciers voor de stad waren. Toch kwam niet alle graan uit de omgeving, want in de monsters van Dordrecht zijn vertegenwoordigers van een akkerflora gevonden die niet in monsters van de agrarische nederzettingen op het veen voorkwamen, zoals bolderik (*Agrostemma githago*), korenbloem (*Centaurea cyanus*) en eenjarige hardbloem (*Scleranthus annuus*). Deze akkerplanten waren vooral te vinden in graanvelden die ook in het winterhalfjaar boven het grondwater lagen. Daarom wordt aangenomen dat een deel van het graan voor Dordrecht van elders, wellicht van de Brabantse zandgronden (Kooistra et al. 1998, p. 63), of zelfs van de landen rond de Oostzee (Unger 1916, p. 30-31) werd geïmporteerd.

Van de oliehoudende zaden zijn zwarte mosterd (*Brassica nigra*), witte mosterd (*Sinapis alba*), herik (*Sinapis arvensis*), raapzaad (*Brassica rapa*), lijnzaad (*Linum usitatissimum*) en maanzaad (*Papaver somniferum*) goed vertegenwoordigd. Over de betekenis van zwarte mosterd en herik valt weinig met zekerheid te zeggen. Het zou hier ook om zaden van verwilderde planten kunnen gaan. Dat is niet waarschijnlijk voor witte mosterd, dat voor de productie van mosterd werd verbouwd. Ook raapzaad is een gewas waarvan de zaden een hoog gehalte aan olie hebben. De olie vond echter geen toepassing in de mosterdbereiding. Afgaande op schriftelijke bronnen werd de olie ("raeptsmout") vooral tijdens de vasten, wanneer dierlijke vetten verboden waren, voor de maaltijdbereiding gebruikt. Het schijnt overigens in de Middeleeuwen niet primair om de oliehoudende zaden verbouwd te zijn geweest. Het werd geoogst van een rapengewas dat als groente werd verbouwd en waarvan een deel in de winter op de akker bleef staan. In het voorjaar schoten de overgebleven rapen in bloei waarna het zaad geoogst werd (Lindemans 1952 deel II, p. 270; Toxopeus 1984, p. 538). Indirect zou de vondst van raapzaad dus een aanwijzing zijn voor de verbouw van rapen.

Voor lijnzaad geldt een vergelijkbaar verhaal als voor raapzaad. De planten kunnen door de veenboeren in de directe omgeving van Dordrecht zijn gekweekt om hun oliehoudende zaden. De regelmatige aanwezigheid van zaden in de stad zou erop kunnen duiden dat de oliepersen in de stad stonden. Uit het onderzoek bij Gouda is bekend geworden dat de boeren op het veen inderdaad lijnzaad verbouwden (Bakels et al. 2000). De lijnzaadplanten kunnen echter ook gekweekt zijn om hun vezels, die men tot linnen verwerkte. In deze toepassing heet het gewas vlas.

Maanzaad is in de Late Middeleeuwen eveneens als olieleverancier in ons land verbouwd. Maanzaadolie was destijds echter kant en klaar te koop. De vondst van zaden kan dan ook op een ander gebruik wijzen, zoals bijvoorbeeld als smaakmaker op allerlei gebak of als geneesmiddel.

In de monsters van het voorstedelijke dorp en de vroege stad is een grote verscheidenheid aan groenten en keukenkruiden gevonden. Deze producten zijn eenvoudig te kweken, maar vergen wel de nodige aandacht en hebben over het algemeen meer bemesting nodig dan de akkerbouwproducten. De tuinen waar groenten en tuinkruiden werden gekweekt lagen daarom vroeger vlak bij de bewoning. Op een kaart van omstreeks 1550 van Van Deventer is te zien dat er toen binnen de stad nog veel tuinen voorkwamen. Op de kaart van Blaeu uit de 17ᵉ eeuw is de groene ruimte binnen de stad volgebouwd en liggen de tuinen in een schil rond de stad. Er zijn bijna geen historische gegevens over de tuinbouw uit de periode tot de 15ᵉ eeuw bekend. Gezien de kaart van Van Deventer en de kleinschaligheid van de vroege tuinbouw is het aannemelijk dat er sprake was van enige lokale tuinbouw, maar is import niet uit te sluiten.

In het assortiment groenten en tuinkruiden valt de vondst van komkommer (*Cucumis sativus*) in een afvalkuil uit de 13ᵉ eeuw op. Hoewel komkommer de officiële Nederlandse naam is, behoort de augurk tot dezelfde soort. Uit middeleeuwse schriftelijke bronnen blijkt dat komkommers in de landen om ons heen al wel bekend waren, al is het niet altijd duidelijk wat met een bepaalde gewasnaam bedoeld werd. De namen die in het verleden voor komkommerachtigen (meloen, pompoen, kalebas, komkommer) werden gebruikt, zijn namelijk nogal eens met elkaar verward. Welke gewassen bijvoorbeeld met "cucumerus" (*Capitulare de villis*, circa 800) of "cucumer" (Albertus Magnus, 13ᵉ eeuw) worden bedoeld, is dan ook helemaal niet zeker. Pas met het verschijnen van de eerste kruidenboeken in de 16ᵉ eeuw weten we met zekerheid wat met "comcommeren" bedoeld wordt. Dodoens beschrijft in zijn uitgave van 1554 onder deze naam een plant met vruchten die een wratachtig oppervlak hebben en duidelijk meer op onze tegenwoordige augurken lijken dan op komkommers. Komkommers zoals wij die kennen, beschrijft hij niet. Ook op schilderijen uit de 16ᵉ eeuw, zoals de keuken- en marktstukken van Joachim Beuckelaer, komen dergelijke komkommers niet voor. De vroegste afbeelding van lange gladde komkommers is pas te vinden in het kruidenboek van Joachim Camerarius uit 1586 (Körber-Grohne 1987, p. 305). Het is dan ook waarschijnlijk dat de "komkommers" die op de markt van Dordrecht te koop waren, er uit zagen als augurken.

Gecultiveerd fruit is in deze vroege fase van de stad uitzonderlijk goed vertegenwoordigd met vijg (*Ficus carica*), aardbei (*Fragaria*), appel (*Malus sylvestris*, Fig. 3), mispel (*Mespilus germanica*), zwarte moerbei (*Morus nigra*), zoete kers (*Prunus avium*), zure kers (*Prunus ce-*

Fig. 3
Klokhuisfragmenten van appel (Malus sylvestris s.l.)
Foto J. Pauptit

Fragments of an apple core (Malus sylvestris s.l.)

Datering	1150-1350	1350-1450	
Context	oph/ak	ak/bp	
Aantal monsters	10	9	
Granen en dergelijke			
Avena	++	+	wilde of gecultiveerde Haver
Hordeum vulgare	+	++	bedekte Gerst
Secale cereale	+	++	Rogge
Triticum aestivum	+	.	Broodtarwe
Triticum dicoccon	++	.	Emmertarwe
Panicum miliaceum	+	++	Pluimgierst
Oryza	.	++	Rijst
Fagopyrum esculentum	+	++	Boekweit
Peulvruchten			
Vicia faba var. minor	.	+	Duivenboon
Oliehoudende zaden			
Brassica napus-type*	.	+	Koolzaadtype
Brassica nigra*	+++	++++	Zwarte mosterd
Brassica rapa*	+++	+++	Raapzaad
Camelina sativa	+(cf.)	+	Huttentut
Linum usitatissimum*	++	+	Vlas
Papaver somniferum	++	+++	Maanzaad
Sinapis alba	+	.	Witte mosterd
Sinapis arvensis*	++	++	Herik
Groenten en keukenkruiden			
Anethum graveolens	+	.	Dille
Anthriscus cerefolium (p)	+	++	Kervel
Apium graveolens	++	++	Selderij
Beta vulgaris	+	++	Biet
Brassica napus-type*	.	+	Koolzaadtype
Brassica nigra*	+++	++++	Zwarte mosterd
Brassica rapa*	+++	+++	Raapzaad
Coriandrum sativum	.	++	Koriander
Cucumis sativus	+	.	Komkommer
Foeniculum vulgare	.	+++	Venkel
Juniperus communis	++	++	Jeneverbes
Lactuca sativa	.	+	Sla
Pastinaca sativa	+	.	Pastinaak
Satureja hortensis	+	.	Bonenkruid
Sinapis arvensis*	++	++	Herik
Specerijen			
Aframomum melegueta	.	++	Paradijskorrel
Syzygium aromaticum (p)	.	+	Kruidnagel

Fruit			
Ficus carica	++++	++++	Vijg
Fragaria	+++	+++	Aardbei
Malus sylvestris s.l.	++	++++	Appel
Mespilus germanica	+	+++	Mispel
Morus nigra	+	+++	Zwarte moerbei
Prunus avium	+	+++	Zoete kers
Prunus cerasus	+	+++	Zure kers
Prunus domestica s.l.	+	++	Pruim
Prunus domestica subsp. insititia	+	++	Kroosjes
Prunus persica	+	.	Perzik
Pyrus communis	++	+++	Peer
Ribes nigrum	+(cf.)	+	Zwarte bes
Ribes rubrum	.	+	Rode of Aalbes
Ribes uva-crispa	.	++	Kruisbes
Rubus caesius	.	++	Dauwbraam
Rubus fruticosus s.l.	.	++	Gewone braam
Rubus idaeus	+	+	Framboos
Vaccinium	++	++++	Bosbes
Vitis vinifera	++	++++	Druif
Noten			
Castanea sativa	.	+	Tamme kastanje
Corylus avellana	++	++	Hazelaar
Juglans regia	++	+	Walnoot
Geneeskrachtige planten (g) / Symboolplanten (s) / Industriële planten (i)			
Atropa bella-donna (g)	.	+	Wolfskers
Buxus sempervirens blad (s)	.	+	Buxus
Cannabis sativa (i)	+	+++	Hennep
Gossypium (g/i)	+	.	Katoen
Hyoscyamus niger (g)	++	+++	Bilzekruid
Linum usitatissimum (i)*	++	+	Vlas
Physalis alkekengi (s)	.	++	Lampionplant

Tabel 1

*Dordrecht: overzicht van de gevonden voedsel- en gebruiksplanten. Oph: ophogingslagen; ak: afvalkuilen; bp: beerputten en afvaltonnen; +: aanwezig; ++: regelmatig gevonden; +++: veel aanwezig; ++++: zeer veel aanwezig; cf.: determinatie niet zeker; p: pollen; *: soort komt voor in meer dan één categorie.*

*Dordrecht: overview of the food plants and use plants found. Oph : layers intentionally deposited to raise the surface; ak: refuse pits; bp: cesspits and refuse barrels; +: present; ++: regularly found; +++: abundant; ++++: very abundant; cf.: identification not certain; p: pollen; *: species occurs in more than one category*

rasus), kroosjes (*Prunus domestica* subsp. *insititia*), perzik (*Prunus persica*), peer (*Pyrus communis*), framboos (*Rubus idaeus*), bosbes (*Vaccinium*) en druif (*Vitis vinifera*). De zaden van aardbei zijn afkomstig van bosaardbei (*Fragaria vesca*) of grote bosaardbei (*Fragaria moschata*). Evenals framboos en bosbes zijn de aardbeien waarschijnlijk in het wild verzameld. Het vroegste schriftelijke bewijs dat aardbeien in tuinen werden verbouwd, komt uit de omgeving van Brussel en dateert van rond 1397 (Lindemans 1952 deel II, p. 206).

De andere hier genoemde vruchten zijn gekweekt. Misschien is een deel afkomstig uit de tuinen van Dordrecht. Appels werden echter al vanaf de 14e eeuw uit de omgeving van Kleef geïmporteerd (Unger 1916, p. 164) en zeker is dat vijgen en druiven, de laatste in de vorm van rozijnen, vanaf het einde van de 13e eeuw uit Zuid-Europa kwamen en op de markt van Dordrecht werden verhandeld (Unger 1916, p. 166). Misschien kwam hier ook de perzik vandaan, die is aangetroffen in een ophogingslaag gedateerd tussen 1150 en 1200.

Hazelnoten (*Corylus avellana*) en walnoten (*Juglans regia*) waren erg gewild in Dordrecht. De hazelnoten kunnen in de directe omgeving van Dordrecht verzameld zijn, maar gezien de vele vermeldingen in 14e eeuwse schriftelijke bronnen mag een cultuur worden verondersteld. In dat geval zijn de hazelnoten geïmporteerd en op de markt van Dordrecht verhandeld. Er werden vooral veel hazelnoten in Vlaanderen gekweekt (Sangers 1952, p. 41), maar er zijn uit deze tijd ook meldingen van export van hazelnoten uit Deventer en Kampen naar Engeland (Sangers 1952, p. 23). De walnoten zijn waarschijnlijk ook van elders aangevoerd, waarbij gedacht kan worden aan stroomopwaarts gelegen herkomstgebieden. De vele vermeldingen van noten in rekeningen en registers van de Zuid-Hollandse tollen hebben namelijk allemaal betrekking op vervoer stroomafwaarts (Niermeijer 1968). Net als voor de hazelnoten was Dordrecht voor walnoten een overslagplaats voor handel naar Engeland.

Uniek zijn de al eerder genoemde zaden van katoen in een afvalkuil die tussen 1200 en 1275 dateert. Katoenzaden zijn in Europa nog niet eerder in archeologische context gevonden. Uit de rekeningen en registers van het tol bij Geervliet blijkt dat daar in 1370 "*1 sac boemwolle*" werd aangevoerd (Niermeijer 1968, p. 709). Uit de tolrekening kan niet worden afgeleid in welke vorm katoen is verhandeld, want hoewel de naam "*boemwolle*" doet vermoeden dat het bij dit product om de haren gaat, zijn er aanwijzingen dat in het verleden ook de zaden gebruikt werden. Zo zegt Dodoens in de eerste aflevering van zijn beroemde *Cruydeboeck* uit 1554 niets over het gebruik van de katoenpluis (de haren). Dat is ook niet verwonderlijk, want Dodoens is als medicus vooral geïnteresseerd in de schadelijke en nuttige werking van planten. Daarom vinden volgens hem slechts de zaden *"die vol zijn van schoonen witten Kottoen"* een toepassing, namelijk als potentieverhogend middel. Dat katoen wel degelijk om de haren bekend was, bewijst een vondst uit 1501. De katoenharen waar het hier om gaat, zijn aangetroffen op het gebalsemde lichaam van Cimburga van Balen, een oudtante van Willem van Oranje. Zij werd in 1501 bijgezet in de Grote Kerk van Breda. De katoen is gebruikt bij het balsemen en om lichaamsholten op te vullen (Vermeeren en van Haaster 2002).

Er bestaan enkele schriftelijke vermeldingen waaruit blijkt dat katoen op bescheiden schaal in Europa werd verbouwd. Hildegard von Bingen, de abdis van een klooster bij Mainz, schreef in de tweede helft van de 12e eeuw over de planten die in de tuin van het klooster voorkwamen (*Physika* van Hildegard von Bingen). In deel drie dat handelt over de bomen in de tuin, wordt katoen genoemd. Bijna een eeuw eerder noemde de Arabische opzichter van de botanische tuinen in Toledo, Ibn Bassal (circa 1080), katoen in een opsomming van gewassen die in de tuinen werden verbouwd. Hij noemde katoen in een lijst met andere gewassen die een toepassing in de nijverheid of industrie hadden (Harvey 1990, p. 41). Het ligt voor de hand te veronderstellen dat katoen door handelscontacten met Spanje in Nederland terecht is gekomen.

Voedsel- en gebruiksplanten uit de Gouden Eeuw van Dordrecht (1350-1450, zie tabel 1)

In de Gouden Eeuw van Dordrecht is emmertarwe van het menu verdwenen. Gerst, rogge, boekweit en pluimgierst zijn nog wel vertegenwoordigd. Het is niet ondenkbaar dat door klink van het eerder ontgonnen veen grote delen van de directe omgeving niet meer voor akkerbouw in aanmerking kwamen. Ook duurde het enige tijd voordat het land dat bij de Sint-Elisabethsvloeden onder water kwam te staan weer werd herwonnen. Desalniettemin blijkt uit historische bronnen dat Dordrecht voor een substantieel deel bevoorraad moet zijn geweest met graan uit Zuid-Holland. Via het stapelrecht en processen dwong het stadsbestuur van Dordrecht bij herhaling af dat alle voedingsmiddelen van het platteland van Zuid-Holland op de markt van Dordrecht moesten worden aangeboden. Het ging daarbij met name om graan, maar ook om zuivelproducten tot en met de gevangen vogels en vissen toe. Geen van de plattelandsproducten mocht elders op een markt gebracht worden. Deze situatie duurde onder protest van opkomende steden als Delft, Rotterdam, Gorinchem en Schoonhoven tot aan het einde van de 16e eeuw voort (Unger 1916, p. 170-186).

Toch blijkt uit archeobotanisch onderzoek dat niet alle graan uit Zuid-Holland kwam. Sterker nog, er lijkt sprake te zijn van een afname van lokaal graan en een toename van geïmporteerd graan, want tussen het graan zijn akkeronkruiden aangetroffen die niet in de buurt van Dordrecht voorkwamen, zoals getande veldsla (*Valerianella dentata*) en ruw parelzaad (*Lithospermum arvense*). Het graan waartussen deze onkruiden zaten, kan in Nederland zijn verbouwd. Het is echter niet ondenkbaar dat het graan uit Oost-, Centraal- of Zuid-Europa is aangevoerd (zie Kooistra et al. 1998, p. 64).

Interessant zijn de relatief vroege vondsten van rijst (*Oryza*) in twee beerputten uit het begin van de 15e eeuw. Ook elders in Nederland komt rijst vanaf het begin van de 15e eeuw voor. De archeobotanische en schriftelijke bronnen sluiten in dit geval goed op elkaar aan, want ook in schriftelijke bronnen die het Nederlandse cultuurgebied beslaan, komt rijst vanaf de 15e eeuw voor (Unger 1916, p. 166; Hüffer 1951, p. 838; van Winter 1981, p. 346). Om welke rijstsoort het gaat is niet helemaal zeker, *Oryza sativa*, ook wel Aziatische rijst genoemd, is door Alexander de Grote uit India in het Middellandse-Zeegebied geïntroduceerd. Al in de 8e eeuw werd deze rijstsoort door de Arabieren in Spanje gecultiveerd (Brouk 1975, p. 27). Het ligt dan ook voor de hand te concluderen dat de rijst die in de Late Middeleeuwen in Dordrecht werd verhandeld inderdaad *Oryza sativa* is. Opvallend is echter dat in het herkomstgebied van de paradijskorrels (hieronder) nog een andere gecultiveerde rijstsoort voorkomt: Afrikaanse rijst (*Oryza glaberrima*). Deze rijstsoort heeft in tegenstelling tot Aziatisch rijst een relatief klein verspreidingsgebied dat zich beperkt tot tropisch West-Afrika, ongeveer het gebied tussen Senegal en Nigeria. De vraag is nu of de Portugezen die in de 15e eeuw uit tropisch West-Afrika paradijskorrels haalden en op de Antwerpse specerijenmarkt brachten, misschien ook Afrikaanse rijst meenamen.

Het aandeel van groenten en keukenkruiden is vergeleken met de vorige fase iets toegenomen. Koriander (*Coriandrum sativum*), venkel (*Foeniculum vulgare*), kervel (*Anthriscus cerefolium*) en sla (*Lactuca sativa*, Fig. 4) zijn nieuwe producten. Koriander, kervel en venkel zijn vanaf de Romeinse tijd in ons land bekend. Sla was ook al bekend bij de Romeinen, maar bewijzen dat de Romeinen in ons land sla hebben geïntroduceerd zijn er (nog) niet. De eerste zekere bewijzen voor de cultuur van sla in ons land dateren pas uit het begin van de 14^{e} eeuw; het wordt genoemd in het *Livre des Mestiers*, een boek dat door een schoolmeester uit Brugge is samengesteld (Baudet 1904, p. 107). De vroegste archeologische vondst dateert uit de 15^{e} eeuw (van Zeist et al. 1987).

Fig. 4
Zaad van sla (Lactuca sativa)
Foto J. Pauptit

Lettuce seed (Lactuca sativa)

In de categorie specerijen zijn de vondsten van paradijskorrel (*Aframomum melegueta*) en kruidnagel (*Syzygium aromaticum*) voor Nederlandse begrippen vroeg. Schriftelijke bronnen spreken over het gebruik van paradijskorrel in de 14^{e} en 15^{e} eeuw (Baudet 1904, p. 115; Hüffer 1951, p. 838; van Uytven 1992, p. 83). Vanaf deze eeuwen dateren ook de archeobotanische vondsten tot nu toe. Maar waarschijnlijk waren paradijskorrels al in de 13^{e} eeuw bekend, want de dichter Diederic van Assenede (midden 13^{e} eeuw) noemt ze in zijn roman *Floris ende Blancefloer* (Mak 1970). Paradijskorrels zijn de zaden van een plantensoort uit de gemberfamilie. Ze werden als medicijn of in de plaats van peper als "goedkopere" specerij gebruikt. Oorspronkelijk komt het gewas uit het kustgebied van westelijk tropisch Afrika (van Harten 1970). Portugese handelaars zorgden er in de Late Middeleeuwen voor dat paradijskorrels op de Europese markt kwamen. De specerijenmarkten van Brugge en Antwerpen waren belangrijke verdeelcentra (Materné 1992; van Uytven 1992).

Kruidnagel komt van origine uit de Molukken en is al vroeg in cultuur gebracht. In de 12e eeuw werden kruidnagels via havenplaatsen in Zuid-India naar Azië en Europa vervoerd (Dalby 2000, p. 51-52). Volgens schriftelijke bronnen bestond er in onze streken vanaf de 14e eeuw een levendige handel in kruidnagel, waarbij het waarschijnlijk is dat ook dit product op de specerijenmarkten van Brugge en Antwerpen is gekocht (Laurioux 1992: van Uytven 1992). Archeobotanische vondsten van kruidnagel in Nederland dateren voor het grootste deel uit de 15e eeuw. Er zijn tot op heden slechts twee oudere vondsten, die uit de 14e eeuw dateren, één uit Haarlem (Brinkkemper 2002) en één van het Hooghuis van Megen uit 's Hertogenbosch (van den Brink 1986).

Fig. 5
Zwarte bes (Ribes nigrum), links: kelkrest vergroeid met de stijl; rechts: binnenzijde kelkrest
Foto J. Pauptit

Black Currant (Ribes nigrum), left: calyx remains fused with the style; right: inside of calyx remains

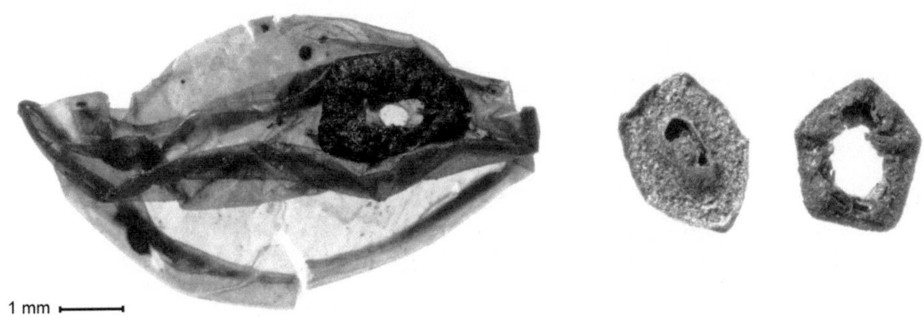

Fig. 6
Aalbes (Ribes rubrum), links: epidermis van een bes; rechts: kelkrest
Foto J. Pauptit

Red Currant (Ribes rubrum), left: berry epidermis; right: calyx remains

Fig. 7
Kruisbes (Ribes uva-crispa), boven en midden: epidermis ; onder: kelkrest
Foto J. Pauptit

Gooseberry (Ribes uva-crispa), top and centre: epidermis; bottom: calyx remains

De gecultiveerde fruitsoorten en noten die in de vroege stad zijn aangetroffen, kwamen ook in de Gouden Eeuw voor. De verschillende bessen, zwarte bes (*Ribes nigrum*, Fig. 5), rode of aalbes (*Ribes rubrum*, Fig. 6) en kruisbes (*Ribes uva-crispa*, Fig. 7), worden echter voor het eerst in de Gouden Eeuw gevonden. Volgens Weeda moeten de drie *Ribes*-soorten worden beschouwd als oorspronkelijk inheemse soorten (Weeda et al. 1985, p. 288). Het wonderlijke doet zich nu voor dat de oudste archeobotanische vondsten van *Ribes,* het gaat hier om de zwarte bes, uit de 11ᵉ eeuw dateren (van Haaster et al. 2001; Smeerdijk en Kooistra 2001). Er bestaan nog geen aanwijzing dat de vruchten vóór de 11ᵉ eeuw werden gegeten. Ook de Romeinen vermeldden de bessen niet. De vroegste schriftelijke bronnen uit ons cultuurgebied die melding maken van bessen dateren pas uit de 15ᵉ eeuw (Sangers 1952, p. 43). Waarschijnlijk wordt hier ook de zwarte bes bedoeld. Vermeldingen van rode bes dateren pas uit de 16ᵉ eeuw (Baudet 1904, p. 111; Lindemans 1952 deel II, p. 206). Het feit dat Dodoens de "*Roode Aalbesien*" ook "*Besiekens van Overzee*" noemt, geeft aan dat het destijds nog als een nieuw gewas werd beschouwd. De vermeldingen van kruisbes dateren uit de 15ᵉ eeuw (Baudet 1904, p. 111). Waarschijnlijk is ook dit gewas niet inheems. Dodoens, die gewend is ook eventuele natuurlijke standplaatsen van de door hem beschreven planten te noemen, vermeldt alleen dat de "*Stekelbesien*" in en langs tuinen en hoven geplant werden (Dodoens 1554). Volgens Vandommele is de kruisbes uit Italië afkomstig (Vandommele 1986, p. 75). De Arabieren hebben de kruisbes voor Spanje beschreven (Pijpers et al. 1985, p. 142). De enige *Ribes*-soort waarvan Dodoens natuurlijke standplaatsen beschrijft is de zwarte bes. De smaak schijnt echter "*onliefelijck*" te zijn, reden waarom zij ook niet "*gheoeffent* (verbouwd), *noch oock niet ghebruyckt*" werd (Dodoens 1554, p. 738-739).

In de categorie symboolplanten is de vondst van zaden van lampionplant (*Physalis alkekengi*) in twee beerputten uit de Gouden Eeuw van Dordrecht een van de vroegste in ons land. Slechts uit Kampen (Vermeeren 1990) en Middelburg (van Haaster en Hänninen 2004) dateren zaden van eenzelfde ouderdom. Middeleeuwse afbeeldingen van lampionplant suggereren dat deze destijds een belangrijke symboolwaarde had (Diehl 1974; Hoorens 1989). Uit het feit dat de plant werd aangeduid als "*kerssen van over see*", "*winterkerssen*", "*roemsche kerse*" of "*boberellen*" kan worden afgeleid dat de bessen ook gegeten werden (Daems 1993, p. 276). De bessen zijn overigens de enige niet-giftige delen van deze plant. In de prehistorie, toen het klimaat hier een wat continentaler karakter had, schijnt de plant deel te hebben uitgemaakt van de natuurlijke vegetatie in ons land (Pals 1989, p. 287). Tegenwoordig ligt de noordgrens van het verspreidingsgebied in Zuidwest-Duitsland, alwaar de plant in ooibossen voorkomt (Oberdorfer 2001, 820).

Conclusie: Dordrecht, een middeleeuwse stad van allure?

Botanisch onderzoek aan archeologische sporen van het voorstedelijke dorp en de vroege stad (1150 tot 1350) en aan sporen uit de Gouden Eeuw van Dordrecht (1350 tot 1450) heeft een breed scala aan plantaardige voedselresten en resten van gebruiks- en symboolplanten opgeleverd. Soms waren de plantenresten slecht bekend en kon de naam alleen dankzij een gedegen bestudering van de kenmerken worden achterhaald.

Hoewel ons voor de Middeleeuwen en Nieuwe tijd een schat aan historische bronnen ter beschikking staat, blijkt uit het archeobotanisch onderzoek van Dordrecht wederom dat het combineren van ditsoort onderzoek met historische bronnen het inzicht in de geschiedenis van de voedingseconomie vergroot. Zo waren er tal van verordeningen die ervoor moesten zorgen dat het graan dat op het platteland van Zuid-Holland werd geproduceerd in Dordrecht op de markt kwam. Uit het archeobotanisch onderzoek komt naar voren dat tijdens de ontwikkeling van de voorstedelijke nederzetting en de vroege stad inderdaad veel graan in de directe omgeving werd verbouwd, maar dat ook toen al graan van elders moet zijn geïmporteerd. Vanaf 1350, wanneer het aantal verordeningen sterk toeneemt, wordt echter meer graan van buiten Zuid-Holland aangevoerd en lijkt het aandeel aan lokaal (in Zuid-Holland) geproduceerd graan af te nemen. Wellicht heeft de grote inspanning die de Dordtse stadsbesturen hebben gestoken in het verkrijgen van graan uit de omgeving te maken met het schaarser worden van lokaal graan. Enerzijds kan de schaarste aan lokaal graan veroorzaakt zijn door voortschrijdende klink van de ontgonnen veengebieden, anderzijds zal de vraag naar graan door de opkomst van andere steden sterk zijn toegenomen.

Ten aanzien van de tuinbouw biedt het archeobotanisch onderzoek minder aanknopingspunten. Er zijn veel tuinbouwproducten gevonden. De meeste van deze producten kunnen op kleine percelen zijn verbouwd, het is echter de vraag of de opbrengsten voldoende waren voor de bevolking van Dordrecht. In het begin misschien wel, omdat aangenomen wordt dat het belang van tuinbouwproducten aanvankelijk nog niet zo groot was (Unger 1916, p. 164). De kaart van Van Deventer van omstreeks 1550 met tuinen in de stad en die van Blaeu uit de 17^{e} eeuw met veel bedrijfstuinen net buiten de stad laten zien dat groenten en tuinkruiden in latere eeuwen voor een substantieel deel van eigen bodem kwamen. Wellicht gaat dit terug op een traditie en kwamen ook in de Middeleeuwen veel van de tuinbouwproducten van eigen bodem.

Over het fruit is meer duidelijk geworden. Er kwam al vroeg in de geschiedenis van de stadsontwikkeling een variatie aan fruitsoorten voor. Zeker is dat een deel van het fruit aangevoerd moet zijn, zoals vijgen en rozijnen uit Zuid-Europa. Aardbeien, frambozen en bosbessen werden aanvankelijk in de omgeving verzameld van wilde planten. Misschien werden ze in latere eeuwen gekweekt. Uit historische bronnen blijkt dat op zijn minst een deel van het fruit van fruitbomen zoals appel, peer, diverse soorten kersen en pruimen vanaf de 14ᵉ eeuw is aangevoerd. In hoeverre er fruitbomen in de stad stonden is nog onbekend. Onderzoek aan snoeihout, dat voor deze stad nog nooit is uitgevoerd, kan hieromtrent veel informatie verschaffen.

Voeding en de handel daarin hebben bijgedragen aan de status en het aanzien die de stad en haar inwoners in de Middeleeuwen hadden. Dat blijkt uit de vele, zeer vroege vondsten van bijzondere producten, zoals perzik (12ᵉ eeuw), katoen (13ᵉ eeuw), kruidnagel (14ᵉ eeuw) en rijst (15ᵉ eeuw). De producten kwamen uit grote delen van de Oude Wereld, waaronder het Middellandse-Zeegebied (vijgen en rozijnen), West-Afrika (paradijskorrel en wellicht rijst) en Oost-Azië (kruidnagel).

Het onderzoek heeft aan het licht gebracht dat de voedingseconomie van de stad inderdaad ook een politieke zaak was. De opeenvolgende stadsbesturen hebben er alles aan gedaan om greep te houden op de handel in voedingsmiddelen en de productie daarvan op het platteland. Vanaf het moment dat men aan het einde van de 16ᵉ eeuw die greep op de voedingseconomie en handel verloor, ging het definitief bergafwaarts met de invloed en de status van Dordrecht.

Dankwoord

Het determineren van botanische resten uit beerputten is vaak monnikenwerk. Alleen met het ontwikkelen van een goed waarnemingsvermogen en met eindeloos geduldig zoeken naar vergelijkingsmateriaal, kunnen resultaten geboekt worden en nieuwe inzichten worden verkregen. Wim Kuijper heeft als leermeester van drie van de vier auteurs van dit artikel, deze eigenschappen overgedragen. Als dank daarvoor dit boeket uit Dordrecht, dat zo bloemenrijk kon zijn, dankzij de goede leerschool die de auteurs hebben genoten.

Literatuur

Bakels CC, Kok RS, Kooistra LI, Vermeeren C (2000) The plant remains from Gouda-Oostpolder, a twelfth century farm in the peatlands of Holland. Vegetation History and Archaeobotany 9: 147-160

Baudet FEJM (1904) De maaltijd en de keuken in de middeleeuwen. Academisch proefschrift, Leiden

Brink LM van den (1986) Botanische resten uit de beerput van het Hooghuis van Megen. Intern rapport Gemeentelijke Archeologische Dienst 's-Hertogenbosch

Brinkkemper O (2002) Plantenresten uit de beerputten van het Spaarne. In: Jacobs E, Poldermans M, Zon T van der (eds) Spitten aan het Spaarne. Archeologisch onderzoek onder het Gravinnehof in Haarlem. De Vrieseborch Haarlem, Haarlem, pp 87-103

Brouk B (1975) Plants consumed by man. Academic press, London

Daems WF (1993) Nomina simplicium medicinarum ex synonymariis medii aevi collecta. Studies in Ancient Medicine vol. 6. Brill, Leiden/New York/Köln

Dalby A (2000) Dangerous tastes. The story of spices. British Museum Press, London

Diehl JM (1954) Plant en dier in de middeleeuwse wandtapijten. Publicaties reeks VII - 1954 van het Natuurhistorisch Genootschap in Limburg, Maastricht

Dodoens R (1554) Cruydeboeck. Jan van der Loe, Antwerpen

Doorman G (1955) De middeleeuwse brouwerij en de gruit. Nijhoff, 's-Gravenhage

Erdtman G (1960) The acetolysis method. Svensk Botanisk Tidskrift 54 (4): 561-564

Haaster H van (2008) Archeobotanica uit 's-Hertogenbosch. Barkhuis, Groningen

Haaster H van, Hänninen K (2004) Tiepels, Boberellen, Stekelbesien en Struyskoeck, Resultaten van het archeobotanisch onderzoek op het terrein van de Berghuijskazerne in Middelburg (1375-1725). BIAXiaal 197

Haaster H van, Kooistra LI, Vermeeren C (2001) Archeobotanie. In: Oudhof JWM, Dijkstra J, Verhoeven AAA (eds) 'Huis Malburg' van spoor tot spoor. Een middeleeuwse nederzetting in Kerk-Avezaath. Rijksdienst voor het Oudheidkundig Bodemonderzoek, Amersfoort (Rapportage Archeologische Monumentenzorg 81), pp 279-328

Harten AM van (1970) Melegueta pepper. Economic Botany 24: 208-216

Harvey J (1990) Mediaeval gardens. BtT. Batsford Ltd, London

Hendriks JPCA, Cleveringa P, Beurden L van, Weerts HJT, Meijer T, Smeerdijk DG van, Paalman DBS (2004) 'Dar vordrunken 16 schone kerspele ...'. Introductie op het moderne interdisciplinaire onderzoek naar de St. Elisabethsvloeden, 1421-1424. Westerheem 53 (3), 94-111

Hoorens C (1989) Bloemen en planten op Brugse wandtapijten. Jaarboek 1987-88 Stad Brugge Stedelijke Musea, Brugge

Hüffer M (1951) Bronnen voor de geschiedenis der Abdij Rijnsburg. Nijhoff, 's-Gravenhage

Kooistra LI, Hänninen K, Haaster H van, Vermeeren C (1998) Voedselresten in beer en afval. Botanisch onderzoek aan beerputten, afvalkuilen en ophogingslagen van de steden Dordrecht en Nijmegen uit de 12e -20e eeuw, BIAXiaal 52

Körber-Grohne U (1987) Nutzpflanzen in Deutschland. Kulturgeschichte und Biologie. Konrad Theiss Verlag, Stuttgart

Laurioux B (1992) De Gouden Eeuw der kruiden (14e-15e eeuw). In: Collet E (ed.) Specerijkelijk. ASLK, Brussel

Lindemans P (1952) Geschiedenis van de landbouw in België. Genootschap voor Geschiedenis en Volkskunde, Antwerpen

Mak JJ (1970) Floris ende Blancefloer/Diederic van Assenede. Klassieken der Nederlandse letterkunde 13

Materné J (1992) Haven en hinterland: de Antwerpse specerijenmarkt in de 16e eeuw. In: Collet E (ed.) Specerijkelijk. ASLK, Brussel, pp 168-181

Niermeijer JF (1968) Bronnen voor de economische geschiedenis van het beneden-Maasgebied. Eerste deel: 1104-1399. Nijhoff, 's-Gravenhage

Oberdorfer E (2001) Pflanzensoziologische Excursionsflora für Süddeutschland. Ulmer, Stuttgart

Pals JP (1989) Nogmaals het Ewijkse veld: twee reacties. Westerheem 38 (6), 287

Pijpers D, Constant JG, Jansen K (1985) Fruit uit alle windstreken. Het Spectrum, Utrecht/ Antwerpen

Samuel D (2001) Archaeobotanical evidence and analysis. In: Berthier S (ed.) Peuplement rural et aménagements hydroagricoles dans la moyenne vallée de l'Euphrate, fin 7e-14e siècle. Région de Deir ez Zōr - Abu Kemāl (Syrie). Damas: 347-481

Sangers WJ (1952) De ontwikkeling van de Nederlandse tuinbouw. Tjeenk Willink, Zwolle

Sarfatij H (1990) Dordrecht, van streekdorp tot eerste stad van Holland. In: Sarfatij H (ed.) Verborgen steden, stadsarcheologie in Nederland. Meulenhof, Amsterdam, pp 102-111

Simmonds NW (1979) Evolution of crop plants. Longman, London/New York

Smeerdijk DG van, Kooistra LI (2001) Palaeo-ecologisch onderzoek van de opgravingen in de VINEX-locatie Delfgauw, gemeente Pijnacker. BIAXiaal 127

Toxopeus H (1984) De historie van de Europese kruisbloemige en bietegewassen. Bedrijfsontwikkeling 15: 537-542

Unger WS (1916) De levensmiddelenvoorziening der Hollandse steden in de Middeleeuwen. AH Kruyt, Amsterdam

Uytven R van (1992) Specerijen en kruiden in de Zuidnederlandse steden. In: Collet E (ed.) Specerijkelijk. ASLK, Brussel

Vandommele H (1986) Groenten en fruit in de Nederlanden in de zestiende eeuw. In: Verbraeken P (ed.) Joachim Beuckelaer. Het markt- en keukenstuk in de Nederlanden 1550-1650. Stad Gent Gemeentekrediet, Gent

Vermeeren CE (1990) Botanisch onderzoek van middeleeuwse beerputten uit Kampen. In: Clevis H, Smit M (eds) Verscholen in vuil. Archeologische vondsten uit Kampen 1375-1925. Stichting Archeologie IJssel/Vechtstreek, Kampen, pp 139-161

Vermeeren C, Haaster H van (2002) The embalming of the ancestors of the Dutch royal family. Vegetation History and Archaeobotany 11 (1/2): 121-126

Weeda EJ, Westra R, Westra Ch, Westra T (1985) Nederlandse oecologische flora. Wilde planten en hun relaties 1. IVN, Deventer

Winter JM van (1981) Nahrung auf dem Lobither Zollhaus, auf Grund der Zollrechnungen aus den Jahren 1426-27, 1427-28 und 1428-29. In: Hoekstra TJ, Janssen HL, Moerman IWL (eds) Liber Castellorum, 40 variaties op het thema kasteel. De Walburg Pers, Zutphen, pp 338-348

Zeist W van, Cappers R, Neef R, During H (1987) A palaeobotanical investigation of medieval occupation layers in Leeuwarden, The Netherlands. Proceedings Koninklijke Nederlandse Akademie van Wetenschappen 90 (4): 371-426

Zeven AC, Wet JMJ de (1982) Dictionary of cultivated plants and their centres of diversity. Pudoc, Wageningen

Open oog voor een cultuurlandschappelijk perspectief: Twee pollenspectra van tumulus III van de Vijfberg op de Regte Heide, gemeente Goirle

Open eyes for a cultural landscape perspective: Two pollen spectra from barrow III of the Vijfberg on the Regte Heide, municipality of Goirle

Jan-Willem de Kort, Liesbeth Theunissen

Rijksdienst voor het Cultureel Erfgoed
Postbus 1600, 3800 BP Amersfoort

j.w.de.kort@cultureelerfgoed.nl
l.theunissen@cultureelerfgoed.nl

Samenvatting

Pollenanalyse heeft aangetoond dat de vegetatie rond een grafheuvel uit een groep van grafheuvels bij Goirle voornamelijk uit heide bestond. Op de hogere gronden kwam bovendien bos voor waarin eiken domineerden, gemengd met enkele berken en beuken. Op de lagere delen van het landschap groeiden elzen. De oorsprong en het voortbestaan van deze vegetatie was waarschijnlijk het gevolg van de activiteiten van boeren uit de Bronstijd. Voor de aanleg van akkers werden bomen gekapt en de verstoring van het evenwicht tussen vegetatie en bodem resulteerde in bodemdegradatie. De open plekken bleven open door een combinatie van begrazing en afbranden. Het aldus ontstane cultuurlandschap bestaat nog steeds en wordt tegenwoordig hogelijk gewaardeerd.

De auteurs pleiten voor het opnemen van het cultuurlandschappelijke aspect in de hedendaagse commerciële archeologie. Reconstructie van de vegetatie en welke delen door de vroegere bewoners benut werden, is nog steeds een thema waaruit veel opgestoken kan worden.

Abstract

Pollen analysis of one of the burial mounds near the village of Goirle has shown that the surrounding vegetation consisted largely of heath. The forest in the lower parts of the landscape was dominated by alder, while the higher grounds were covered by a mixed forest of mainly oak and some birch and beech. This vegetation was probably created and maintained by Bronze Age farmers. Trees were felled to create arable land. The delicate balance between vegetation and soil became disturbed, which resulted in soil degradation. The clearings however were kept open by a combination of grazing and burning of the heath. This cultural landscape can still be enjoyed today.

The authors would plead for a cultural landscape perspective to be incorporated in present-day commercial archaeology. Reconstruction of the vegetation and the way various parts were used by the former inhabitants, is still a theme that could provide much knowledge.

Introductie

In het vroege voorjaar van 2008 verzorgden beide auteurs, medewerkers van de Rijksdienst voor het Cultureel Erfgoed (toen nog RACM), een veldexcursie over de Regte Heide, een natuurgebied ten zuiden van Goirle. De excursie maakte onderdeel uit van een cursus archeologie die werd gegeven aan medewerkers van Dienst Landelijk Gebied (DLG). Samen met de enthousiaste terreinbeheerder van Brabants Landschap, Wim de Jong, vertelde het tweetal

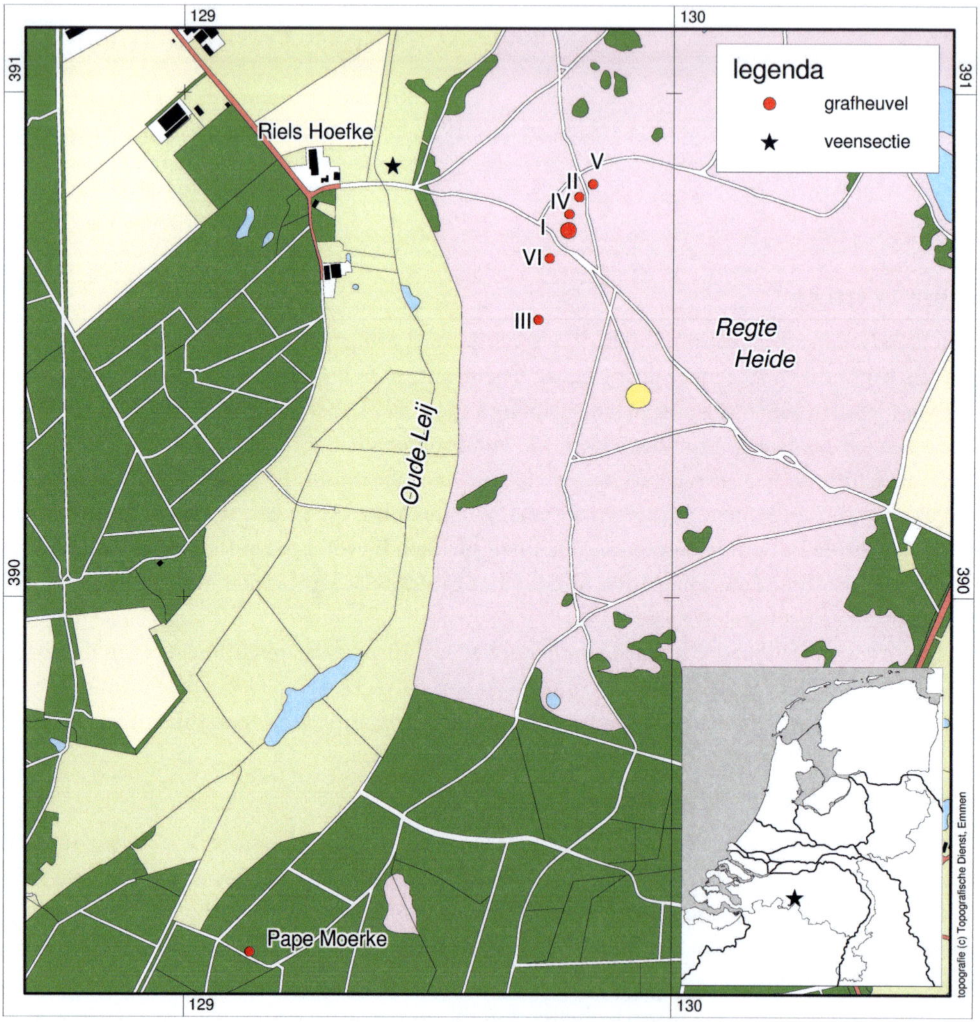

Fig. 1

Ligging van de Regte Heide met de locaties van de grafheuvels en de bemonsterde locaties

Map showing the location of the Regte Heide, the burial mounds and pollen samples

over allerlei zichtbare en onzichtbare wetenswaardigheden. Al wandelend kwamen zo onder meer het beekdal van de Oude Leij, de grafmonumenten uit de Bronstijd en het beheer van een heidelandschap ter sprake (Theunissen en de Kort 2008).

Gaandeweg ontwikkelde er zich een interessante dialoog tussen de gidsen en de medewerkers van DLG over de vegetatieverschillen tussen het landschap van nu met van dat van 3500 jaar geleden. Met die discussie vers in het achterhoofd ging de eerste auteur vol goede moed op zoek naar meer concrete aanwijzingen. Verschillende plekken op de Regte Heide zijn de afgelopen zestig jaar op stuifmeel bemonsterd (Fig. 1). Na de ontdekking van prehistorische houten structuren bij graafwerkzaamheden in het kader van natuurontwikkeling is in 2000 door BIAX *Consult* een veensectie uit het beekdal van de Oude Leij geanalyseerd (van Smeerdijk et al. 2000). Deze veensectie laat een beeld zien van de vegetatieontwikkeling vanaf het begin van het Holoceen (11.560 BP) tot en met het Atlanticum (9.220 tot 5.660 BP). Jongere periodes zijn in de veensectie niet vertegenwoordigd. Ruim vijftig jaar eerder was de zuidelijk gelegen grafheuvel Pape Moerke door H.T. Waterbolk in kader van zijn promotiestudie onder de loep genomen (Waterbolk 1954). De grafheuvels centraal gelegen op De Regte Heide waren tijdens de opgravingen in 1935 niet palynologisch bemonsterd. Tijdens de restauratiewerkzaamheden van de grafheuvelgroep in 1980 werd de gelegenheid gegrepen monsters te steken (Verwers 1980). Na archiefonderzoek en navraag bleken er destijds uit heuvel III vier monsters te zijn genomen. Twee van de monsters bleken al geprepareerd, zodat de uitwerking van een kleine bouwsteen voor de Brabantse Oergeschiedenis al snel een feit werd.

In deze bijdrage wordt de polleninformatie uit verschillende contexten aan elkaar gerelateerd en tot een verhaal over de ontwikkeling van het Bronstijdlandschap van de Regte Heide gesmeed.

Bouwsteenen voor de Brabantsche Oergeschiedenis

Midden op de Regte Heide, op een breed, zandig plateau, ligt de grafheuvelgroep de Vijfberg, die ondanks de naam uit zes grafheuvels bestaat. In 1935 stelde het Biologisch-Archaeologisch Instituut (BAI) uit Groningen onder leiding van A.E. van Giffen een onderzoek in, waarbij de heuvellichamen met de kwadrantenmethode onderzocht zijn (van Giffen 1937).

Centraal in de groep ligt een ringwalheuvel, waarschijnlijk de eerste die door de Bronstijdboeren is opgeworpen. In de directe omgeving van dit grote grafmonument van ruim dertig meter in doorsnee zijn in de loop van de Midden-Bronstijd vijf kleinere paalkransheuvels opgericht. Een zevende heuvel is vandaag de dag niet meer herkenbaar. Deze kleine heuvel was door een kringgreppel omgeven en dateert rond de overgang van de Bronstijd naar de IJzertijd (circa 800 voor Chr.). Met uitzondering van de laatste heuvel zijn alle heuvels direct na de opgraving gerestaureerd. Daarbij zijn de heuvellichamen aanzienlijk hoger gemaakt dan Van Giffen ze had aangetroffen en waarschijnlijk in de Bronstijd ooit zijn geweest (Stoepker en Verwers 1982).

In 1980 was het opnieuw nodig de heuvels te restaureren. De heuvels waren in de loop der tijd overwoekerd door bomen en struikgewas. Ruiters en motorcrossers gebruikten het als aantrekkelijke hindernis en voetgangers als uitkijkpunt (Verwers 1980). De profieldammen, die Van Giffen meestal liet staan, zijn tijdens de restauratiewerkzaamheden vrijgelegd en opnieuw getekend. Deze gelegenheid werd daarnaast aangegrepen om een van de heuvels te bemonsteren voor paleobotanisch onderzoek. Uit het profiel van heuvel III zijn door medewerkers van het Instituut van Pre- en Protohistorie (IPP) vier pollenmonsters genomen. Bij

Fig. 2
Opgravingsfoto van heuvel I uit 1935

Photograph of the excavation in 1935 of barrow I

Fig. 3
Opgravingsfoto van heuvel VI uit 1935. Let op het verschil in mate van bodemvorming onder en naast de heuvel

Photograph of the excavation in 1935 of barrow VI. Note the difference in degree of podzolisation next to the mound and under it

navraag bij Prof. Dr. W. Groenman-van Waateringe bleken de monsters nog niet onderzocht te zijn. Twee preparaten bleken al wel gemaakt te zijn en deze zijn door de eerste auteur bekeken op de polleninhoud. Het betreft hier een monster van het oud oppervlak onder de heuvel en een plag uit het heuvellichaam.

Het ontstaan van een cultuurlandschap in de Bronstijd

De resultaten van de pollenanalyse geven een beeld van de vegetatie zoals deze was op het moment dat heuvel III werd opgeworpen (Tabel 1). De percentages van de twee monsters laten geen noemenswaardige verschillen zien. De monsters worden gedomineerd door els, hazelaar en heideachtigen. De hoge percentages voor heideachtigen zijn te verklaren als lokaal voorkomen; de hoge percentages voor de twee boomsoorten hangen samen met de grote pollenproductie van deze twee soorten. De andere boomsoorten die zijn aangetroffen, zijn vermoedelijk ondergepresenteerd door de lage pollenproductie van deze soorten en eventuele selectieve corrosie.

monsternr		goirle tumulus 3-1		goirle tumulus 3-3	
type monster		oud opp.		plag	
		n	%	n	%
Pinus	den	3	0,8	4	1,0
Alnus	els	190	52,2	205	52,6
Quercus	eik	5	1,4	13	3,3
Tilia	linde	6	1,6	8	2,1
Ulmus	iep	1	0,3	1	0,3
Corylus	hazelaar	159	43,7	159	40,8
Betula	berk	31	8,5	39	10,0
Poaceae	grassenfamilie	6	1,6	23	5,9
Ericales	heideachtigen	344	94,5	327	83,8
Caryophyllaceae	anjerfamilie	0	0,0	1	0,3
Rosaceae	rozenfamilie	1	0,3	0	0,0
Succisa	blauwe knoop	1	0,3	1	0,3
Sphagnum	veenmos	3	0,8	0	0,0
Monolete psilate	varens	7	1,9	2	0,5
Zygnemataceae	alg	4	1,1	0	0,0
AP-Betula		364		390	
Totaalpollensom		763		784	
AP		395		429	
NAP		352		352	
NAP:T x 100		46,1		44,9	

Tabel 1
Resultaten van het pollenonderzoek *Results of the pollen analysis*

Uit de percentages voor de verschillende boomsoorten blijkt dat geen sprake meer was van een eiken-lindenbos, zoals de jongste monsters van veensectie uit het dal van de Oude Leij laten zien (van Smeerdijk et al. 2000). Dat eiken-lindenbos stond vermoedelijk op het brede zandige plateau. Door het ingrijpen van de mens is dit bos in de loop der eeuwen verdwenen en werd vervangen door een heidevegetatie.

Op het moment van het oprichten van de oudste heuvel, de grote ringwalheuvel, was de dominante plantensoort waarschijnlijk ook al heide. De duidelijke plaggenstructuur zichtbaar in de profielen van deze heuvel verraadt dat het landschap al jarenlang een open heidelandschap moet zijn geweest. In de omgeving groeide nog wel bos, maar dit bos was anders van samenstelling dan enkele millennia hiervoor. Linden en iepen waren grotendeels uit het bos verdwenen en in dit verarmde bos had de berk een meer prominente plaats ingenomen. Aan de randen van het bos en als ondergroei kwam in het bos daarnaast veel hazelaar voor. Direct ten westen van de grafheuvelgroep ligt het beekdal van de Oude Leij. Daar groeide een broekbos, waarvan de boomlaag voornamelijk bestond uit elzen.

Het pollenonderzoek van heuvel III heeft geen directe aanwijzingen voor menselijke invloed op de vegetatie opgeleverd in de vorm van stuifmeel van cultuurgewassen of indicatoren van verstoring van het landschap. De aanwezigheid van heide op zich is echter een goede indicatie voor indirect ingrijpen van de mens op zijn leefomgeving. Als de mens niet ingrijpt in een heidevegetatie, slaat de berk snel op en zo verandert het open landschap langzaam weer in een beboste omgeving. Om dat tegen te gaan, moet de heide begraasd, afgebrand, geplagd of gemaaid worden (Kaland 1986). Vermoedelijk is een combinatie van branden en begrazing de wijze waarop de Bronstijdboeren bewust de heide in stand hielden en zo regeneratie van het bos voorkwamen. In dat opzicht moet gesproken worden van een cultuurlandschap.

Het in stand houden van de heide heeft er toe bijgedragen dat de samenstelling van het bos in de loop van de tijd veranderde. Door het verwijderen van het bos en het laag houden van de vegetatie ontstond een neerslagoverschot. Een lage begroeiing van heide verbruikt aanzienlijk minder water dan een bos. Dit kenmerk maakt dat de leemarme en grofzandige bodem uitspoelde, waardoor verzuring en podzolering optrad (Spek 2004). In de bodem is dan een duidelijke uitspoelingslaag (E-horizont) en inspoelingslaag (B-horizont) te onderscheiden. Dit proces is grotendeels onomkeerbaar. Het eindproduct van dit proces is goed te zien in de aangetroffen bodems onder grafheuvels: de bodem onder de oudste grafheuvels hebben doorgaans een rijker bodemtype dan die onder de jongere heuvels.

Intrigerende en vaak gestelde vragen zijn waar de boeren destijds woonden, waar ze akkerden en waar ze hun vee weidden. Groenman-van Waateringe (1977, p. 44) suggereert dat de boerengemeenschappen tot aan de Late Bronstijd de voorkeur gaven aan de lagere delen van het landschap voor de aanleg van akkers en het weiden van het vee. In dat licht is het aantreffen van enkele pollenkorrels van het gerst type (*Hordeum* type) in het beekdal van de Oude Leij begrijpelijk (van Smeerdijk et al. 2000, p. 14). Opmerkelijk is wel dat de heuvels op slechts 500 m afstand liggen en dat heuvel III geen signaal van de akkers of beweiding opleverde in de vorm van cultuurindicatoren (cultuurgewassen, weegbreesoorten, zuring en grassen). Wellicht waren de akkers verlaten op het moment dat de grafheuvel werd opgericht en moeten grazige weiden iets zuidelijker gezocht worden, namelijk ter hoogte van de in 1949 onderzochte heuvel (Waterbolk 1954, p. 111).

De heuvel Pape Moerke ligt ongeveer 1 km ten zuiden van tumulus III. Van deze meerperiodenheuvel is één plag palynologisch onderzocht. Het is niet duidelijk of deze bij de primaire aanlegfase hoort. De soortensamenstelling van deze heuvel wijkt af van die van tumulus III: de waarden van els, gras en kruiden liggen hier hoger en die van hazelaar, linde en heide iets lager. Waterbolk concludeert op basis van hoge waarden voor gras en andere kruiden dat de heuvel blijkbaar is aangelegd in pas ontgonnen terrein. De aanwezigheid van beuk met een redelijk hoog percentage doet vermoeden dat het spectrum iets jonger gedateerd moet worden dan dat van tumulus III.

Conclusies

Na 29 jaar zijn de monsters die genomen waren bij de restauratie van tumulus III alsnog onderzocht. De resultaten zijn een aanvulling op eerder onderzoek in dit gebied. Uit de resultaten spreekt een beeld van een vegetatie die ter plekke gedomineerd werd door heide. In de directe omgeving was echter sprake van bos: in de lagere delen langs de beek groeide een elzenbroekbos en op de hogere delen een eiken-berkenbos. Vermoedelijk is deze vegetatie ontstaan en in stand gehouden door het handelen van de mens. De Bronstijdboeren creëerden open plekken in het bos en hielden deze in stand door het afbranden van de vegetatie en de heide te laten begrazen. Als gevolg hiervan verarmde de soortensamenstelling van de open plekken. In de loop van de tijd verving heide de oorspronkelijke kruidenrijkere vegetatie en veranderde het bos van een eiken-lindebos in een eiken-berkenbos of een eiken-beukenbos.

Het landschap van de Regte Heide vandaag de dag wijkt iets af van dat in de Bronstijd: 3500 jaar geleden was de omvang van de heide vermoedelijk aanzienlijk kleiner. Daarnaast zijn de dennenbossen in de omgeving pas in de laatste twee eeuwen aangeplant en verwilderd. Toch is nog op veel plaatsen sprake van een restant van een prachtig cultuurlandschap dat al millennia oud is.

Een pleidooi voor meer aandacht voor landschapsgeschiedenis

Een nattevingerschatting is dat er vandaag de dag tegen de 200 hectare Brabants bodemarchief is opgetekend (van Ginkel en Theunissen 2009), maar interpretaties over hoe het landschap eruit zag en welke delen door de vroegere bewoners werden gebruikt, is een thema waar nog veel kenniswinst is te halen. Vegetatiereconstructies van oude cultuurlandschappen op de pleistocene zandgronden zijn goed beschouwd een zeldzaam verschijnsel. Zelfs in een provincie als Noord-Brabant waar zich mede onder invloed van het verdrag van Malta een ware archeologische kennisexplosie heeft voorgedaan, is een cultuurlandschappelijke perspectief nauwelijks van de grond gekomen. Dit is een merkwaardige ontwikkeling want landschapsgeschiedenis is een archeobotanische klassieker (Brinkkemper et al. 2005, p. 13-14).

Over de verklaringen voor het ontstaan van deze paradox kunnen we wat gedachtes de revue laten passeren. Het kan aan de weerbarstigheid van de bronnen liggen: natte, venige contexten of afgedekt oud oppervlak (overstoven akkerlagen) zijn in de regel schaars en bevatten vaak informatie over afzonderlijke tijdslagen, die geen diachrone reconstructie toe laten. Zo is het tot op heden niet gelukt de gegevens uit pollenspectra onder grafheuvels te relateren aan veensequenties uit de directe omgeving van de grafheuvels.

Ook op de Regte Heide bleek het veen van de nabijgelegen Oude Leij ouder dan de periode waarin de grafheuvels zijn aangelegd. Om de resultaten van pollenonderzoek van grafheuvels te evalueren en te vergelijken ten aanzien van problemen zoals selectieve corrosie zijn deze gegevens echter cruciaal.

Een andere oorzaak voor het niet van de grond komen van een vegetatiegerichte benadering kunnen we zoeken bij de archeologen zelf. Enerzijds wordt vaak gedacht dat palynologisch onderzoek duur is en anderzijds wordt de potentie van afgedekte landschappen en oude, venige locaties onvoldoende onderkend. Het botanisch archief in vennen en beekdalen wordt vaak veilig gewaand. Maar met de talloze ingrepen in die landschapsdelen gaat een grote hoeveelheid informatie over het verleden verloren. De Palynologische Kring is alert en heeft met succes een aantal stuifmeelarchieven weten te behouden, maar ook archeologen zouden meer waakzaam kunnen zijn. De aandacht van nu is veelal gericht op het onderzoek van uitgestrekte oppervlaktes, waarbij voornamelijk nederzettingssporen aan het licht komen. Het is vooral bij grootschalige ingrepen, zoals bij de Betuweroute, Hoge Snelheids Lijn en Schipluiden, waar specialistisch onderzoek goed verankerd is. Maar ook kleinschalige ingrepen kunnen een wereld aan vegetatiegegevens opleveren. Een open oog voor een geschikte context voor pollenmonsters is daarvoor een eerste vereiste. De archiefwaarde van natte en afgedekte plekken zou al in de fase van prospectieonderzoek onderkend moeten worden en bij de waardering van aangetroffen vindplaatsen een meer prominente plaats moeten krijgen. Alleen met een dergelijk perspectief is het in de toekomst mogelijk een schijnbaar simpele vraag als hoe zag het landschap er in het verleden uit gefundeerd te beantwoorden.

Dankwoord

De auteurs willen Wim Kuijper bedanken voor de jarenlange prettige samenwerking, geduldige hulp en de inspiratie voor dit artikel.

Vriendelijke dank gaat daarnaast uit naar Prof. Dr. W. Groenman-van Waateringe voor het ter beschikking stellen van de monsters.

Literatuur

Brinkkemper O, Kooistra LI, Haaster H van, Beurden L van, Bunnik F (2005) Hoofdstuk 9 (versie 1.0). Archeobotanie. Nationale Onderzoeksagenda Archeologie

Giffen AE van (1937) Bouwsteenen voor de Brabantsche Oergeschiedenis, 's-Hertogenbosch

Ginkel E van, Theunissen L (2009) De Archeologie van Noord-Brabant tot 1200. Bloemlezing uit de bodem van een rijke provincie. Archeobrief: 13-2, 5-9

Groenman-van Waateringe W (1977) Palynologisch onderzoek van grafheuvels te Weelde, Belgische Kempen. Archaeologica Belgica *193*, 42-49

Kaland, PE (1986) The origin and management of coastal heaths as reflected by pollen analysis, in: KE Behre (ed.), Anthropogenic Indicators in Pollen Diagrams, Balkema, Rotterdam, pp 19-36

Smeerdijk DG van, Waijjen MCA, Rijn P van (2000) Palaeo-botanisch onderzoek aan een veencomplex uit het dal van de Leij in het natuurontwikkelingsgebied De Regte Heide. Amsterdam (BIAXiaal 100)

Spek Th (2004) Het Drentse esdorpenlandschap. Een historisch-geografische studie (proefschrift Universiteit Wageningen), Utrecht (twee delen)

Stoepker H, Verwers WJH (1982) De restauratie van de grafheuvels op de Rechte Heide bij Goirle, Eindhoven. Brabants Heem 34*:* 2-6

Theunissen EM, Kort JW de (2008) Archeologische verhalen over het landschap van de Regte Heide (gemeente Goirle*)*. Amersfoort *(*Beknopte Rapportage Archeologische Monumenten 10)

Verwers WJH (1980) Goirle, grafheuvels op de Rechte Heide, Amersfoort (Archeologische monumenten in Nederland)

Waterbolk HTj (1954) De praehistorische mens en zijn milieu- een palynologisch onderzoek naar de menselijke invloed op de plantengroei van de diluviale gronden in Nederland. Van Gorcum & Comp, Assen

Shell ornaments from the Early Bronze Age burial at Kichary Nowe, Poland

Schelpen als sieraad in een graf uit de Vroege Bronstijd te Kichary Nowe, Polen

Aldona Kurzawska[1], Hanna Kowalewska-Marszałek[2]

Institute of Archaeology and Ethnology, Polish Academy of Sciences

1 Poznań Branch, ul. Rubież 46, 61-612 Poznań, Poland
2 Aleja Solidarności 105,00-140 Warszawa, Poland

aldona.kurzawska@wp.pl
hanna@iaepan.edu.pl

Abstract

Shell ornaments are common artefacts uncovered in burial assemblages of the Neolithic and Early Bronze Age in Poland. Rarely examined in detail, they represent a valuable source of information in archaeological research. In this paper we would like to present a part of ongoing research on shell ornaments unearthed in the Early Bronze Age burials of the cemetery at Kichary Nowe in south-eastern Poland. In spite of their simple forms, the pendants and beads from one of these burials are exceptional and significant finds. They prove the existence of a long-distance connection with the eastern Mediterranean in the Early Bronze Age. Moreover, their specific state of preservation enabled studies on rarely preserved imprints of textiles.

Samenvatting

In graven uit het Neolithicum en de Vroege Bronstijd van Polen worden regelmatig sieraden aangetroffen die gemaakt zijn van schelpen. Hoewel zij zelden tot in detail worden onderzocht vormen zij een archeologisch waardevolle bron van informatie. In deze bijdrage willen wij iets laten zien van het lopend onderzoek aan de sieraden die afkomstig zijn uit het grafveld van Kichary Nowe in Zuid-Oost Polen. De graven dateren uit de Vroege Bronstijd. De hangers en kralen zijn bijzondere en belangrijke vondsten, dit ondanks hun eenvoudige vorm. Zij zijn het bewijs voor netwerken over lange afstanden in de Vroege Bronstijd, in dit geval verbindingen met het oostelijke gedeelte van de Middellandse Zee. Zij vertonen bovendien indrukken van textiel, hetgeen slechts zelden voorkomt.

Introduction

The site of Kichary Nowe is situated in the Sandomierz Upland, south-central Poland close to the city of Sandomierz (Fig. 1). Archaeological excavations conducted there since 1987 by H. Kowalewska-Marszalek are focused on Neolithic and Early Bronze Age remains of the cemetery dated to the period between 4000/3000 – 1700 cal BC. Up till now, a total of more than 50 burials have been excavated. Three occupational phases were revealed at the cemetery: of the Funnel Beaker Culture, Corded Ware Culture, and Mierzanowice Culture. The differences between the phases lie primarily in burial construction, position of the skeletons, and presence and character of grave goods. Burials of the Early Bronze Age phase (dated to the beginning of the 2nd millennium cal BC) were the most numerous, and are related to the Mierzanowice Culture (Kowalewska-Marszałek 2007).

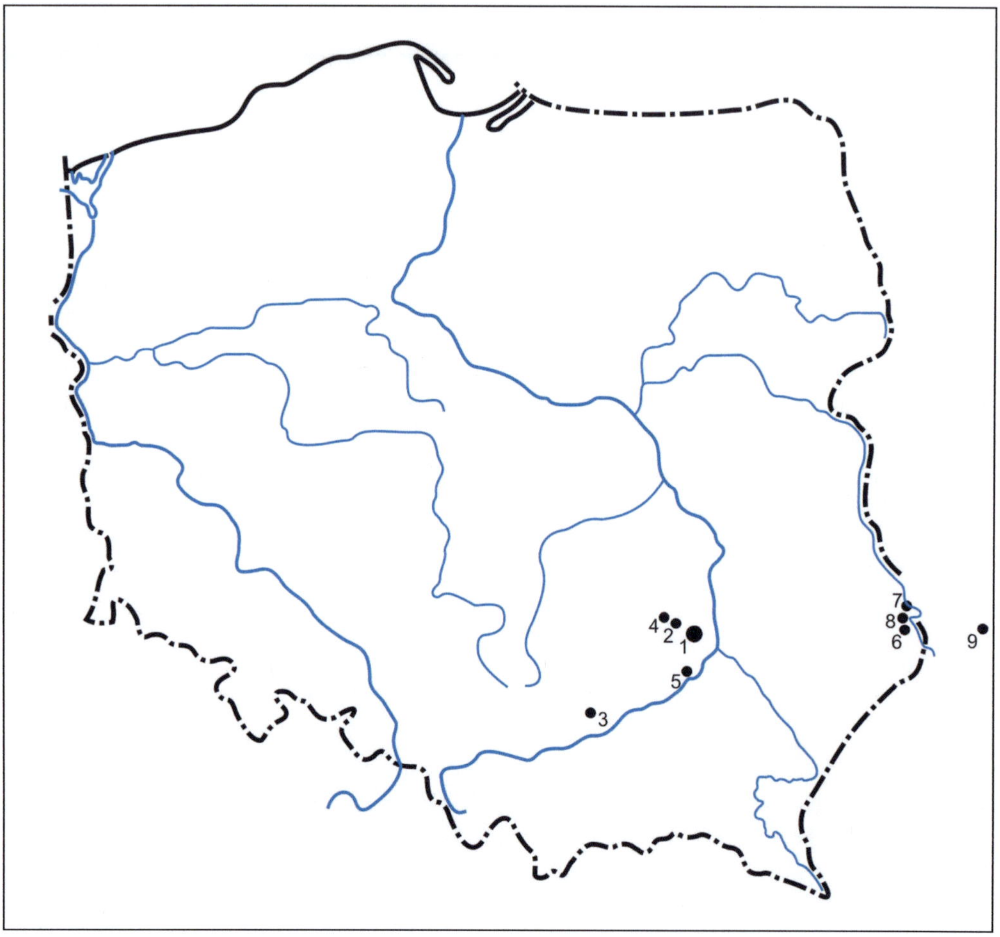

Fig. 1

Map of Neolithic and Early Bronze Age sites mentioned in the text. 1: Kichary Nowe; 2: Mierzanowice; 3: Szarbia; 4: Wojciechowice; 5: Złota; 6: Gródek Nadbużny; 7: Hrebenne; 8: Husynne Kolonia; 9: Torczyn

Kaart met neolithische en bronstijd vindplaatsen genoemd in de tekst

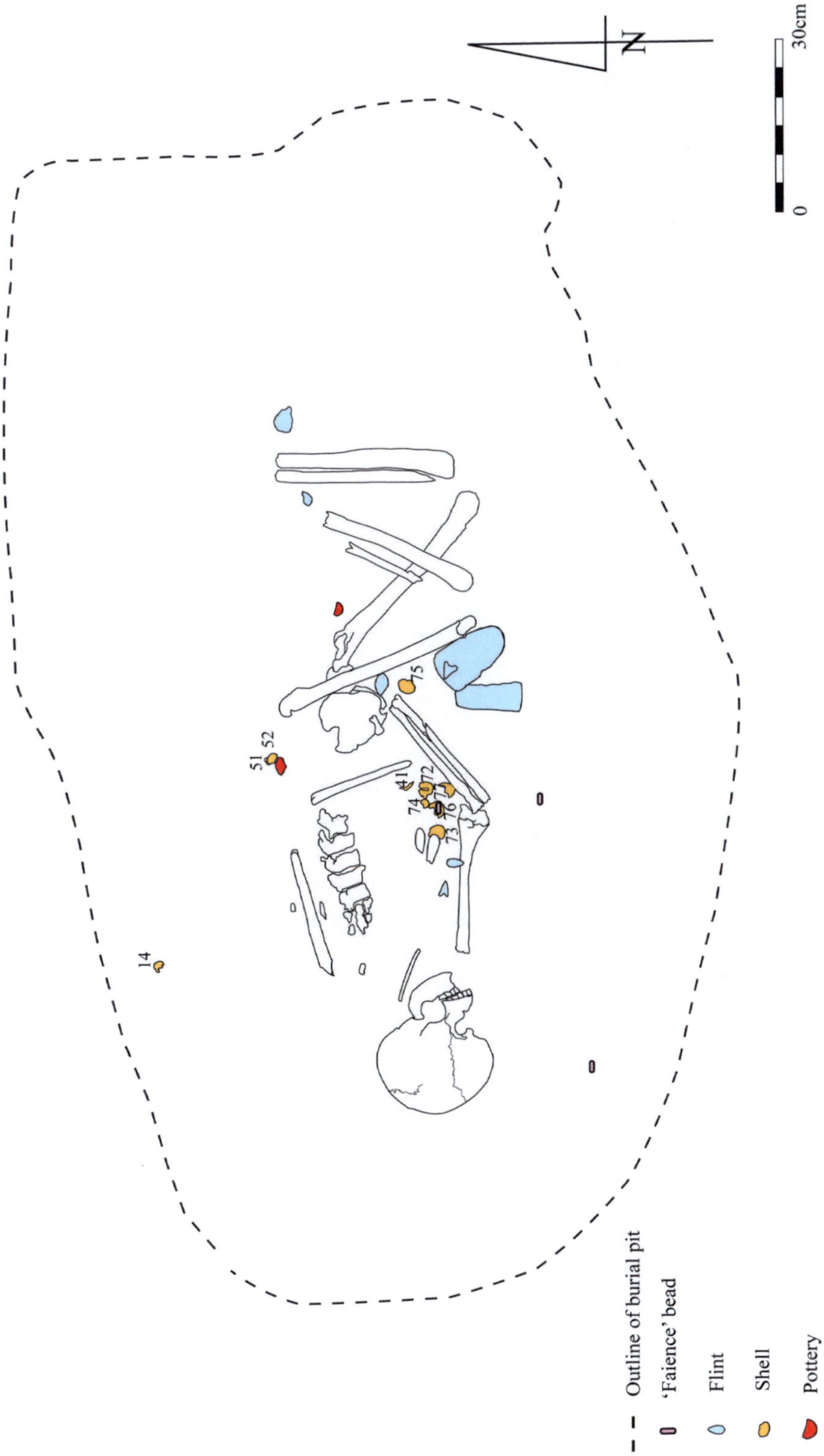

Fig. 2
Burial no. 43 of the cemetery at Kichary Nowe, Poland

Graf no. 43 van het grafveld in Kichary Nowe, Polen

Grave no. 43, belonging to that last stage, was situated in the western part of this cemetery (squares: III KLM 1-3, IV KL 1). It is a pit grave, rectangular in shape (measuring 2.20 x 1.10-1.20 m), preserved to a depth of 0.45 m; it contained a single inhumation (Fig. 2). Human remains were found in articulation, at the bottom of the pit. The skeleton was incomplete, missing the small bones of hands, feet and ribs that most probably resulted from animal activities (H. Duday pers. comm.). The state of preservation of the bones was described as 'average'. Anthropological analysis revealed that the skeletal remains belonged to a tall adult male (*adultus*) aged about 20-30 years (Pyżuk 1996-1999).

The dead male was deposited in a flexed position, on his right side, head in a west-southwest direction, with the face oriented to the south. Lower limbs were strongly bent, as were the upper limbs: left arm right angled, and the right arm was only slightly turned and reached the pelvis. Such a position is typical of male inhumations of this culture.

The following grave goods were found in the burial:

- eleven flint artefacts: 1 polished axe, 1 sickle, 7 arrowheads, 2 flake tools
- three 'faience' beads (of faience or its imitation)
- shell ornaments.

Other items like pottery sherds, fragments of animal bones, and various pieces of flint were found in the burial fill and were not directly connected with the burial. The burial is related to the Mierzanowice Culture and dated to the beginning of the 2nd millennium cal BC.

Shell ornaments

A total of 40 shell artefacts were unearthed in the burial pit (Fig. 3). These comprise of 8 shell pendants and 32 shell beads. Pendants were those artefacts that have two perforations at one end of the shell, while beads have a single hole, usually in the centre. The artefacts were handpicked during the excavations and most of them were washed. Only one shell was found together with beads (no. III K1-51, 52) and was excavated in one 'lump of soil'. It was carefully dry cleaned before using a stereoscopic microscope (x10 – x40). Shell taxa were mainly identified with the aid of a comparative mollusc collection at the Institute of Archaeology and Ethnology in Poznań, and in accordance with the descriptions found in Poppe and Goto (2000). The term 'broken' is used for shells where more than half is present and the term 'fragment' is used when less than half remained (Bar-Yosef Mayer 2003). Artefacts numbers and measurements of the shells height and diameter of the holes are presented in Table 1.

All artefacts were made of bivalve shells. Eight of them can be classified as pendants. They were made of two species: *Venus verrucosa* (Linnaeus, 1758) and *Glycymeris* sp. Due to the fact that the *Glycymeris* pendants were heavily damaged, it was not possible to recognise which species was used. However there are two possibilities: *Glycymeris pilosa* (Linnaeus, 1767) and *Glycymeris insubrica* (Brocchi 1814) (the nomenclature of the Mediterranean *Glycymeris* spp. was widely discussed by Mienis et al. 2006). *Glycymeris* spp. and *V. verrucosa* are common Mediterranean species, *G. pilosa* occur also in the Black Sea (Poppe and Goto 2000). Beads were made of local freshwater bivalve shells of the Unionidae family. The following is a brief description of the artefacts (Fig. 3):

1. No. III L1- 41 and 72 – pendant made of *Glycymeris*. Two holes were made in the dorsum close to the umbo of the shell (the larger hole has an irregular shape – its edges are broken). The shell was broken in two parts (no. 41 – fragment with an umbo) that were found in the burial separately but close together (Fig. 3a).

2. No. III L1-73 – a small pendant made of *Glycymeris* with two holes on both sides of the umbo. The shell is broken along the axis of one of the holes (Fig. 3b).
3. No. III L1-74 – broken pendant made of *Glycymeris.* The shell lacks the umbo and its left part. This artefact was broken along the axis of two holes that were close to the umbonal part of the shell but the edges of the holes are still visible (Fig. 3c).
4. No. III K2-14 – broken shell of *Glycymeris* that lacks its umbonal part (Fig. 3d).
5. No. III L1-76 – a broken pendant (?) made of *Glycymeris* that is damaged on both sides of the umbo (Fig. 3e).
6. No. III L1-77 – a complete pendant made of *Glycymeris*, perforations are on each side of the umbo (Fig. 3f).
7. No. III L1-75 – a complete pendant made of *V. verrucosa.* Two regular holes are preserved, each on one side of the umbonal part of the shell (Fig. 3g).
8. No. III K1-52 – complete pendant made of *V. verrucosa.* This small shell has two holes in the middle part. It is preserved with two rows of disc shell beads (no. III K1-52) that stick to it on the inside and to the left (Fig. 3h).
9. Only one group of disc-shaped beads (after Beck's 1928 definition: length is less than a third of the diameter) no. III K1-51 was found with the burial. The beads are preserved in the form of two rows that stick to the pendant made of *V. verrucosa* (no. III K1-52). One row consists of 13 beads and the other of 19 beads (Fig. 3h).

Most of the pendants were made of *Glycymeris* sp. (nos. III L1-41+72, 73, 74, 76, and 77) and were found close to the inside of the right elbow of the dead male. A 'faience' bead (no. III L1-78) was unearthed adjacent to shell no. 76. One shell of *V. verrucosa* (no. III L1-75) was found on the outside of the right wrist. The other (no. III K1- 52) was found together with the two rows of shell disc beads (no. III K1-51), near the left elbow.

Almost all ornaments were found in the burial at a depth of -1.06 /- 1.10 m. Only one shell (*Glycymeris* no. III K2-14) was found 30 cm north of the left shoulder. The artefact was most probably dislocated in antiquity because it was found above the bottom of the pit, and at a different depth (-1.02 m) than the other ornaments.

No	Artifact	Species	Ornament type	Height/ diameter	1-hole diameter	2-hole diameter
1	III L 1-72 IIIL 1-41	*Glycymeris*	pendant	31.3mm	3.7mm	6mm
2	III L 1-73	*Glycymeris*	pendant	23.0mm	2.65mm	-
3	III L 1-74	*Glycymeris*	pendant	27.7mm	-	-
4	III K2-14	*Glycymeris*	pendant	24.03mm	-	-
5	III L 1-76	*Glycymeris*	pendant	29.6mm	-	-
6	III L 1-77	*Glycymeris*	pendant	30.2mm	2.9mm	2.76mm
7	III L 1-75	*V. verrucosa*	pendant	29.1mm	2.6mm	3.5mm
8	III K1-52	*V. verrucosa*	pendant	21.95mm	2.46mm	4.66mm
9	III K1-51	Unionidae	32 disc-beads	5.47mm	2.42mm	-

Table 1
Artefact numbers and measurements of the shell heights and diameters of the holes

Artefactnummers, hoogte van de schelpen en diameter van de gaten

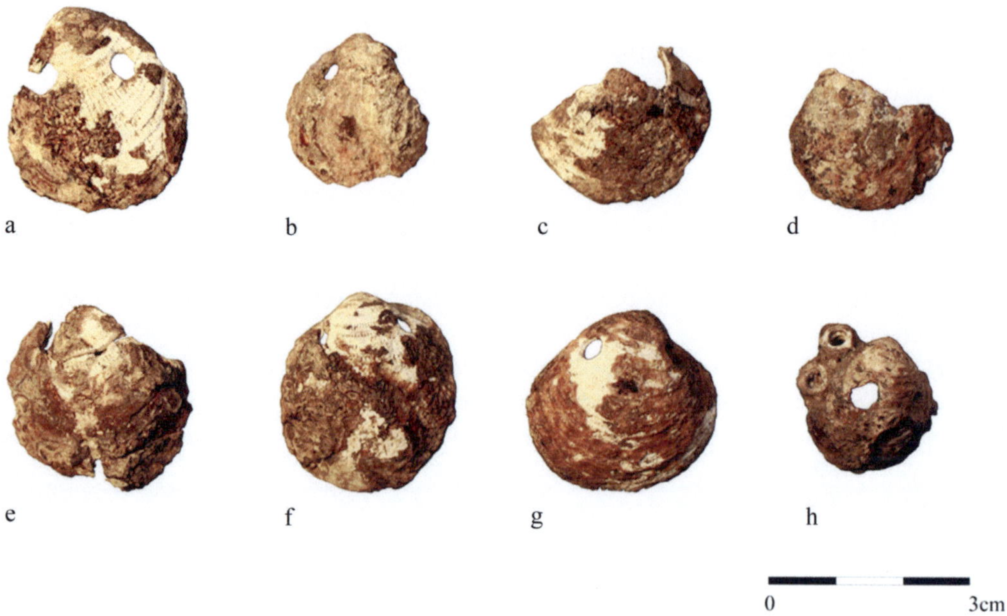

Fig. 3
Shell ornaments found in burial no. 43. Glycymeris pendants: a: III L1-41 and 72; b: III L1-73; c: III L1-74; d: III K2-14; e: III L1-76; f: III L1-77. Venus verrucosa pendants: g: III L1-75; h: III K1-52 and III K1-51 disc-beads

Schelpen als sieraad gevonden in graf no. 43. Glycymeris hangers: a: III L1-41 en 72; b: III L1-73; c: III L1-74; d: III K2-14; e: III L1-76; f: III L1-77. Venus verrucosa hangers: g: III L1-75; h: III K1-52 en III K1-51 schijfkralen

State of preservation and taphonomy

The state of preservation is the same for all shell ornaments. The artefacts have a chalky appearance due to the absence of the shell external layer and are covered by a hard brownish-orange-black material. This organic material is most probably a result of natural processes related to the decomposition of the soft parts of the human body. In all probability, it was preserved as a hard substance due to chemical reaction with calcium carbonate from which mollusc shells are built (chemical tests will be carried out in the near future). No traces of such a substance were noticed on bones and on other items found in the burial.

Microscopic examination of the shells revealed that the mentioned organic hard substance bears multiple imprints of various kinds (Fig. 4). Most are regular in size and their shape resembles seeds (measuring c. 2.5 mm in length). Botanical analysis, however, excluded plant origin and suggested it might have a faunal source (J. Koszałka, pers. comm.). Preliminary entomological analysis revealed that the imprints belonged to the pupae of flies (order Diptera). Due to the fact that necrofagous insects are related to a certain stage of decay of the human body, they can provide valuable information about the time of death and the local environment. We plan to investigate the diptera species in the future in order to provide relevant information about the time after death/inhumation in which the imprints appeared, and about

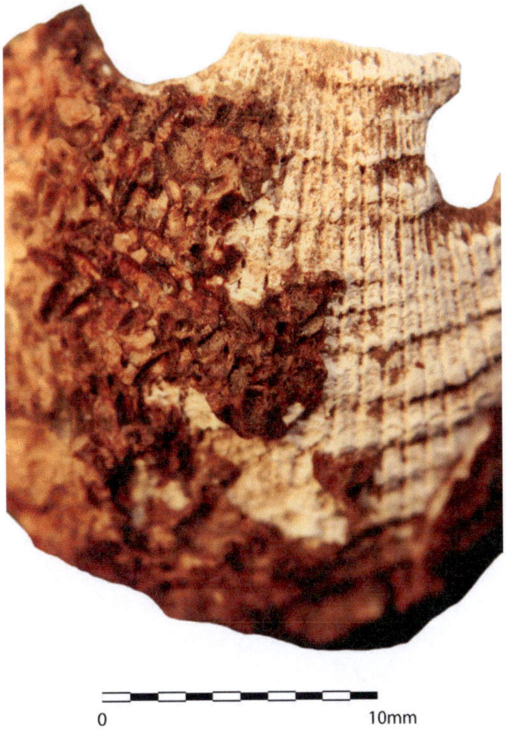

Fig. 4
Imprints of the pupae of flies on shell pendant IIIL 1-72

Indrukken van vliegenpoppen op schelpenhanger IIIL 1-72

the burial environment (D. Bajerlein and Sz. Konwerski pers. comm.).

Further microscopic examination of the shells revealed that some of them (fragments still covered by particles of loess) have imprints that may belong to fabrics. Detailed analysis conducted by A. Sikorski (2009) confirmed that on four artefacts textile imprints were preserved: a check pattern inside shell pendants nos. III K2-14 and III L1-73, on the rows of disc beads no. III K1-51, and single threads on shell pendants nos. III L1-73 and III L1- 76.

It seems that the imprints belong to the same piece of cloth in which the dead male was dressed or covered. It was basic plain weave fabric 1/1 made of similar in thickness Z-spun warp and weft (measuring from 0.820 to 0.902 mm; angle of twist 30-35°). Some of these may have been made of Z/2S? ply. Unfortunately, it was not possible to determine which kind of fabric was used, however, the measurements of imprints suggest thick basic textile of poor quality (10 threads of warp and 8 threads of weft per cm), possibly a thick and stiff linen weave 1/1.

In addition, inside one of the rows of disc beads (no. III K1-51) three impressions of thread or cord were recognized. This thread/cord was made of thin plant or animal material, right twisted (Z), and was three times threaded (the number of threading is restricted by the size of the bead holes). With respect to thickness, the thread/cord is comparable with the yarn used in the textile (Sikorski 2009).

Discussion

The pendants represent simple ornaments, all of the same type. All have two holes close to the umbonal part of the shell. Perforations were made by drilling from the outside of the shells. Some of the holes were irregularly enlarged, possibly by string or threads that were used for suspension. The disc-shaped beads represent a different manufacturing concept, one that treats shell as raw material.

Our knowledge of shell ornaments from Poland is based only on very few drawings published in monographs of several sites. However, it seems that the disc beads were popular components of various ornaments. They were unearthed in burials dating to the Neolithic (e.g. at Złota; Krzak 1976) and the Early Bronze Age periods (e.g. at Szarbia cemetery; Baczyńska 1994).

Shell pendants are less numerous. In the cemetery of Kichary Nowe three similar artefacts were found (all made of *Glycymeris* shells): two (double holed) pendants were found in burial no. 38 that dates back to the Late Neolithic (Złota Culture), and the other one was found in the upper part of the fill of another burial (most probably it derives from the destroyed grave of the Mierzanowice Culture).

Pendants comparable to the ones known from Kichary Nowe were found at several sites of the Late Neolithic (Złota Culture) and Early Bronze Age (Mierzanowice Culture and Strzyżów Culture) (Table 2). Unfortunately none of them was examined in detail. They might be either recent Mediterranean/Black Sea shells or Miocene fossils in origin. Fossil *Glycymeris* shells are frequent finds in the Miocene outcrops of Poland, e.g. in the Holy Cross Mountains (Król 2000; Górka 2002) therefore we cannot exclude their potential use for ornaments. For instance beads made of Miocene gastropods of *Cerithium* sp. were found in burials of the Szarbia cemetery, south-eastern Poland (Baczyńska 1994).

Taking into consideration the type of ornaments and their position in relation to the burial (Fig. 2), most probably we are dealing with remains of two pieces of personal adornments. The first one was composed of 5 (or 6?) *Glycymeris* shells (nos 41+72, 73, 74, 76, 77, and 14?) and 'faience' beads (?). Together they could have formed a necklace. The second could have been an ornamental belt made of two shells of *V. verrucosa* and two rows of disc-beads (decorative belts made of rows of shell disc-beads were found in another burial of the same cemetery). We are confident that the two species *Glycymeris* sp. and *V. verrucosa* were used in separate pieces of ornaments.

Double holes in the artefacts of this kind are rare as usually small bivalve shells have a single hole in the umbo (and are used as beads). This may suggest that the shells could have been sewn onto garments rather than worn as jewellery. If so, they should be regarded rather

Site#	Shell find#	Chronology#	References#
Złota-Grodzisko I, grave no. 47(376)	1 pendant (*Glycymeris*?), small single hole	Late Neolithic (Złota Culture)	Krzak 1961: 109, Fig. 105
Złota-"Nad Wawrem", grave no. 14	1 pendant (*Glycymeris*?), small single hole	Late Neolithic (Złota Culture)	Krzak 1970: 62, Fig. 48f
Mierzanowice, site 1, grave no. 53	1 pendant (made of Miocene fossil?); double perforation	Early Bronze Age (Mierzanowice Culture)	Bąbel 1987, Fig. 106: 3
Wojciechowice, site I, grave no. 52A	1 pendant (made of Miocene fossil?); double perforation	Early Bronze Age (Mierzanowice Culture)	Bąbel 1987, Fig. 356: 7
Gródek Nadbużny, site 1C, grave no. 3(5)	1 Glycymeris valve (large hole in the centre)	Early Bronze Age (Strzyżów Culture)	Głosik 1958: 162, Plate XXII: 7
Hrebenne, site 34, grave no. 1	1 pendant; large hole in the central part	Early Bronze Age (Strzyżów Culture)	Polańska 1998
Husynne Kolonia, site 6, grave no. 5	1 pendant (made of a cockle): large hole (15 mm diameter) in the centre, another (small one) in the umbo	Early Bronze Age (Strzyżów Culture)	Bargieł, Kokowski 1991: 138, fig. 15
Husynne Kolonia, site 7, human grave	1 pendant (double perforation close to the umbo)	Early Bronze Age (Strzyżów Culture)	Bronicki 1992, Plate II
Torczyn near Łuck (Volhynia, Ukraine), grave no. 15	3 pendants; made of *Pectunculus* (syn. of *Glycymeris*)	Early Bronze Age (Strzyżów Culture)	Fitzke 1975: 58, 61, Fig. 12

Table 2

Archaeological sites (Late Neolithic, Early Bronze Age) containing shell pendants

Archeologische vindplaatsen (Laat-Neolithicum, Vroege Bronstijd) met schelpenhangers

as 'appliqué motifs' than as pendants. Another possibility are adornments composed of fabric and shells.

Burial no. 43 stands out from the other burials of the Early Bronze Age phase of the cemetery at Kichary Nowe due to the presence of Mediterranean shells. The other artefacts found in this grave are typical grave goods of this period. On the other hand, it seems to stand out from the other burials with shell adornments known from that time in Poland because of the number of shells found. The use of shells for necklaces has not been mentioned.

The pendants obtained from a distant area must have been of special value. Moreover, they prove the existence of long-distance trade or exchange, most likely indirect, with the eastern Mediterranean and with the Black Sea in the Early Bronze Age period. It is most probably a continuation of the trade connections with Balkan societies that existed already in the Neolithic – exchange of *Spondylus* shell items (Müller 1997).

Conclusions

The discussed artefacts represent personal adornments that were sewn to a garment or were components of two pieces of jewellery. While simple in form, the ornaments were composed of marine shells of *V. verrucosa* and *Glycymeris* sp., the disc beads made of local freshwater bivalves shells, and 'faience' beads. The analysis of textile imprints from the shells surfaces revealed that the dead man was dressed or covered with poor-quality thick and stiff linen weave 1/1 and that the same threads were used to suspend the ornament or to sew them. Hopefully further studies on textiles and ornaments from the cemetery will clarify whether the ornaments were sewn onto a garment or were suspended. Moreover, the presence of eight Mediterranean shells among the grave goods makes burial no. 43 exceptional, not only at the cemetery at Kichary Nowe but also among the other burials of that time in Poland. The ornaments prove long-distance connections with the eastern Mediterranean/Black Sea (the Balkan Peninsula) in the Early Bronze Age and also suggest a possible special social status of the deceased.

In this paper we presented a part of a study that intends to investigate shell ornaments found in the graves of a cemetery at Kichary Nowe. We hope that the future thorough analysis of the issues presented in this paper will enhance our understanding of the taphonomic processes in a burial environment, as well as lead to an attempt to reconstruct burial practices in the Early Bronze Age societies in Central Europe.

Acknowledgements

We would like to thank Henri Duday (University of Bordeaux 1, France), Mira Pyżuk (Institute of Archaeology and Ethnology, Polish Academy of Sciences, Warsaw), Andrzej Sikorski (Institute of Prehistory, Adam Mickiewicz Univeristy, Poznań), and Jerzy T. Bąbel (Warsaw) for entrusting us with the results of their analyses. We are also grateful to Joanna Koszałka (Institute of Archaeology and Ethnology, Polish Academy of Sciences, Poznań) for botanical expert evaluation, and Daria Bajerlein and Szymon Konwerski (Faculty of Biology, Adam Mickiewicz Univeristy, Poznań) for entomological studies of imprints. Our thanks to D.E. Bar-Yosef Mayer (Recanati Institute of Marine Studies, University of Haifa) for her comments on the first draft of this paper.

References

Baczyńska B (1994) Cmentarzysko kultury mierzanowickiej w Szarbi, woj. kieleckie. Studium obrządku pogrzebowego. Instytut Archeologii i Etnologii PAN, Wydawnictwo Secesja, Kraków

Bargieł B, Kokowski A (1991) Nowe groby kultury ceramiki sznurowej i kultury strzyżowskiej ze wschodniej części Wyżyny Lubelskiej. Sprawozdania Archeologiczne XLIII: 127-146

Bar-Yosef Mayer DE (2003) On the practicalities of shell analysis. The Archaeo+Malacology Group Newsletter 3 (http://triton.anu.edu.au/issue_3.htm)

Bąbel JT (1987) Obrządek pogrzebowy we wczesnym okresie epoki brązu na Wyżynie Sandomierskiej. Unpublished PhD dissertation, Institute of Archaeology and Ethnology, Warsaw

Beck HC (1928) Classification and nomenclature of beads and pendants. Archaeologia 1: 1-76

Brocchi GB (1814) Conchiologia fossile subappenninica con osservazioni geologiche sugli Appennini e sul suolo adiacente. Stamperia Reale, Milano

Bronicki A (1992) Najważniejsze odkrycia archeologiczne sezonu 1991 w Polsce środkowowschodniej. Katalog Wystawy, Chełm

Fitzke J (1975) Cmentarzysko kultury strzyżowskiej w Torczynie pod Łuckiem na Wołyniu. Wiadomości Archeologiczne XL: 53-62

Głosik J (1958) Groby kultury ceramiki sznurowej w miejscowości Grodek Nadbużny, pow. Hrubieszów. Wiadomości Archeologiczne XXV: 160-164

Górka M (2002) The Lower Badenian (Middle Miocene) coral patch reef at Grobie (southern slopes of the Holy Cross Mountains, Central Poland), its origin, development and demise. Acta Geologica Polonica 52 (4): 521-534

Kowalewska-Marszałek H (2007) La nécropole du Néolithique et du début de l'âge du Bronze à Kichary Nowe (Petite Pologne): une étude de cas. In: Baray L, Brun P, Testart A (eds) Pratiques funéraires et sociétés. Nouvelles approches en archéologie et en anthropologie sociale (Actes du colloque interdisciplinaire de Sens, 12-14 juin 2003). Universitaires de Dijon, Dijon, pp 91-99

Król P (2000) Fauna mioceńska okolic Korytnicy w zbiorach przyrodniczych Muzeum Narodowego w Kielcach. Rocznik Muzeum Narodowego w Kielcach 20: 237-250

Krzak Z (1961) Materiały do znajomości kultury złockiej. Instytut Historii Kultury Materialnej Polskiej Akademii Nauk, Wrocław/Warszawa/Kraków

Krzak Z (1970) Cmentarzysko kultury złockiej „Nad Wawrem" w Złotej. Instytut Historii Kultury Materialnej Polskiej Akademii Nauk, Wrocław/Warszawa/Kraków

Krzak Z (1976) The Złota Culture. Polish Academy of Sciences, Institute of the History of Material Culture, Zakład Narodowy im. Ossolińskich, Wrocław/Warszawa/Kraków/Gdańsk

Mienis HK, Ben-David Zeslow R, Bar-Yosef Mayer DE (2006) *Glycymeris* in the Levant Sea. 1. Finds of recent *Glycymeris insubrica* in the south-east corner of the Mediterranean Sea. Triton 13: 5-9

Müller J (1997) Neolitische und chalkolitische Spondylus-Artefakte. Anmerkung zu Verbreitung, Tauschgebiet und sozialer Funktion. In: Becker C, Dunkelmann ML, Metzner-Nebelsick C, Peter-Röcher H, Roeder M, Terzan B (eds) Chronos, Beitrage zür prähistorischen Archäologie zwischen Nord- und Südosteuropas. Festschrift für Bernhard Hänsel. Verlag Marie Leidorf, Espelkamp, pp 91-106

Polańska M (1998) Badania ratownicze cmentarzysk kultury strzyżowskiej w Hrebennem. Archeologia Polski Środkowowschodniej III: 78-85

Poppe GT, Goto Y (2000) European seashells, vol. II (Scaphopoda, Bivalvia, Cephalopoda). Hackenheim, ConchBooks

Pyżuk M (1996-1999) Kichary Nowe st. 2, gmina Dwikozy, woj. tarnobrzeskie. [Kichary Nowe (site 2), anthropological analysis]. Unpublished manuscript of the Institute of Archaeology and Ethnology, Polish Academy of Sciences

Sikorski A (2009) Odciski tkaniny (?) na muszlach z cmentarzyska ludności kultury mierzanowickiej w Kicharach Nowych (stan. 2) [Analysis of textile imprints found on shell ornaments from Kichary Nowe (site 2)]. Unpublished manuscript

Earthworm cocoons

Cocons van regenwormen

Marga Lambregtse

Archeologisch Centrum Eindhoven
Deken van Somerenstraat 6
5611KX Eindhoven
e-mail: M.Lambregtse@eindhoven.nl

Abstract

Recent finds of earthworm cocoons in an archaeological excavation provided some food for reflection. The presence of earthworms in soil is very good for the quality of the soil but the question arises as to their influence on the archaeology in the ground.

Samenvatting

De vondst van cocons van regenwormen in een bodemmonster uit een archeologische opgraving leverde stof tot nadenken op. Regenwormen zijn goed voor de grond, maar de door deze dieren veroorzaakte bioturbatie kon wel eens invloed hebben op archeologische vondsten.

Earthworm cocoons

Recently, while performing some quickscans on archaeological soil samples, I came across something that I thought were seeds. Having measured (2 to 3mm) and photographed them, I was expecting to be able to identify the species. Unfortunately, after several unsuccessful runs through the seed atlases, I decided to mail Wim Kuijper for assistance. With his usual modesty and willingness to help, he replied that he could not guarantee any results. Having sent a small sample off to him, I soon had a message back that the seed-like structures were in fact earthworm cocoons (fig. 1).

Earthworms (Lumbricideae) belong to the Annelida, the segmented worms, which is one of the most important groups of animals living in the soil. They can reach densities of 300 to 900 per square metre in fertile meadows, somewhat less in sandy soils (van Rhee 1970).

Within the earthworm family, there are three types: the red worms (*Lumbricus rubellus*, *Dendrobaena*, *Dendrodrillus*, and *Satchellius*), the grey worms (*Allolobophora*, *Aporrectodea*, *Eiseniella*, *Eisenia*, *Helodrilus*, and *Octolasium*) and the worms that construct permanent vertical burrows (*Lumbricus terrestris*).

The Lumbricideae live in all soil types with the exception of highly acid ones, burrowing their way through the topsoil and some can be found up to a depth of 3 metres.

Earthworms eat their way through the soil, digesting plant remains, seeds, the remains of dead animals and micro-organisms, and they make nests using feathers, twigs and other materials such as wool. They are hermaphroditic (having functional reproductive organs of both

Fig. 1
Earthworm cocoons, bar 2000 μm

Cocons van aardwormen, maatstreepje 2000 μm

sexes) and, after mating, the first eggs are usually produced the next day, with egg-laying continuing during the following months without further copulation. Encircling the worm's body is a special gland which secretes a mucus tube which forms a cocoon into which the eggs are deposited. Adult worms can make a cocoon every three or four days, depending on the ambient temperature and soil conditions. Each cocoon contains from 1 to 20 eggs depending on the species. The cocoons are lemon-shaped and yellow when first produced and turn a darker colour as the embryo develops (Nancarrow and Hogan Taylor 1998). The young worms emerge from the cocoon after 1 to 5 months and can live for up to 10 years in captivity.

Earthworms are very sensitive to vibrations, which could, for example, be caused by moles whose diet consists for a large part, some 90%, of earthworms. Their defence mechanism is to go up to the soil surface as quickly as they can. The earthworms' tunnels through the soil create channels through which rainwater, oxygen and plant roots can penetrate deeper into the soil and, in turn this causes more movement of the soil. Earthworms thus have a great influence on the condition of the soil. Even Darwin (1881) had already demonstrated that stones gradually sink through the soil due to the action of earthworms.

The presence of earthworms in soil is very good for the quality of the soil but the question arises as to their influence on the archaeology in the ground.

Precisely those places where people have lived in the past are very attractive to earthworms, due to the presence of organic waste which enriches the humus content of the soil compared to the surroundings (Bult 1983). Bioturbation, caused in part by Lumbricideae, can have such a profound influence on the soil composition that the preservation of archaeological objects, of metal and bone for example, can be endangered and the remains of textiles and seeds are moved from their positions or entirely consumed. The movement of archaeological artefacts also occurs principally vertically downwards. It is therefore possible that they come to rest in a deeper layer which could lead to their being interpreted as belonging to an earlier period. Extremes of bioturbation can, in addition, make the interpretation of archaeological traces far more difficult, especially since the colour of the soil in archaeological traces becomes paler with age. The spores of animals, such as earthworms, that move through the soil acting as bioturbators are usually of a paler colour than the surrounding soil.

The presence of large numbers of earthworm cocoons, more than 300/m^2 could be an indication that the preservation of the archaeology is endangered. A good visual impression of the activity in the soil can be gained from test trenches: worm holes and mole holes can usually be clearly seen. Protecting archaeological sites by not excavating them could in fact have the opposite effect namely, deterioration in the quality of the remains.

Congratulations on your fortieth jubilee, Wim. That really is a very long time but I noticed that you were always full of enthusiasm and still are to this day and that is truly remarkable. I would like to take this opportunity to thank you for the way in which you have taught me and your readiness to always lend a hand with identification problems. Wishing you all the best.

Acknowledgements

My thanks are due to Vickie Hardy for her translation and critical appraisal of the Dutch text and also to Laurens Mulkens for preparing the photograph.

References

Bult EJ (1983) Midden-Delfland, een archeologische kartering. Inventarisatie, waardering en Bewoningsgeschiedenis. In: Steehouwer KJ, Warringa AHC (1985) Archeologie in de praktijk. Fibula-Van Dishoeck, Weesp, pp 73

Darwin C (1881) The formation of vegetable mould through the action of worms. John Murray, London

Nancarrow L and Hogan Taylor J (1998) The Wormbook: The Complete Guide To Gardening And Composting With Worms, Novel Books, US

Rhee JA van (1970) Regenwormen (Lumbricideae) van Nederland. Wetenschappelijke Mededelingen van KNNV 84

Vertigo angustior op de Nederlandse Waddeneilanden

Vertigo angustior on the Dutch Wadden Islands

Sylvia van Leeuwen[1], Arno Boesveld[2]

1 Van der Helstlaan 19, 3723 EV Bilthoven, sylvia25@versatel.nl

2 De Waag 30, 3311 BB Dordrecht, boesv26@hetnet.nl

Samenvatting

In deze bijdrage wordt verslag gedaan van het voorkomen van een zeldzaam landslakje, de Nauwe Korfslak (*Vertigo angustior*), op de Nederlandse Waddeneilanden.

Abstract

Results are presented of an inventory of *Vertigo angustior* on the Dutch Wadden Islands. *Vertigo angustior* is a small and rare landsnail, protected by the European Habitat Directive. At the start of the inventory, only one historical record was known from this area: one specimen found in 1936 on Terschelling. In the period 2005-2009 the species was found alive on the islands Rottumerplaat, Rottumeroog and Schiermonnikoog. Fresh but dead specimens were found on the island Zuiderduin. All localities are situated in the eastern part of the Dutch Wadden Sea.

The habitat was different from those known so far: near low dunes on salt marshes. The species lives in a small zone on the salt marshes, and was not found in the tidal zone (flooded daily) and seldom in the higher dunes which are never flooded. In this zone, the species lives in vegetations dominated by grasses like *Ammophila arenaria* and *Festuca rubra*; under brushes like *Hippophae rhamnoides*; and in high-water mark deposits from storm surges or spring tides. At all localities dead material and/or a moss layer was present which could provide shelter in dry periods.

The inventory is not yet finished, and more populations may be dicovered in the future.

Inleiding

Vertigo angustior (Nauwe korfslak) wordt in Europa beschouwd als één van de meest bedreigde landslakkensoorten (de Bruijne 2001). Deze soort is daarom als te beschermen soort opgenomen in bijlage II van de Europese Habitatrichtlijn. In Nederland staat de soort op de Rode lijst (Ministerie van LNV 2004).

Fig. 1
Nauwe korfslak, Vertigo angustior
Foto A. Gmelig Meyling

Narrow-mouthed whorl snail, Vertigo angustior

Vertigo angustior is een fraai maar klein landslakje (ongeveer 1,6 x 0,8 mm) dat gemakkelijk over het hoofd gezien wordt (Fig. 1). Waar de soort in Nederland precies voorkwam en in welke biotopen was slecht bekend. In dit artikel doen wij verslag van een onderzoek naar de verspreiding en de biotoop van de soort op de Nederlandse Waddeneilanden.

Methode

De inventarisatie op de Waddeneilanden maakt deel uit van een landelijk onderzoek van de Stichting Anemoon, genaamd "de inhaalslag". Met dit onderzoek wordt in kaart gebracht waar slakken voorkomen die beschermd worden op grond van de Europese Habitatrichtlijn (EU 1992). Stichting Anemoon doet dit onderzoek mede op verzoek van de provincies en de rijksoverheid.

Om te beginnen werd met behulp van literatuur, databases en collecties in kaart gebracht op welke plaatsen *Vertigo angustior* ooit in Nederland gevonden was. Ook werd nagegaan wat bekend was over de biotoop van de soort (de Bruijne 2001).

Vervolgens is de huidige verspreiding in kaart gebracht door inventarisatie van de historische vindplaatsen en van potentieel kansrijke locaties waar de soort niet eerder is aangetroffen. Het veldwerk op de Waddeneilanden is gestart in januari 2005 en werd uitgevoerd op

	Aantal km hokken onderzocht	Aantal locaties onderzocht	Aantal km hokken met *Vertigo angustior*	Aantal locaties met *Vertigo angustior*
Texel	26	160	0	0
Vlieland	7	34	0	0
Terschelling	45	295	0	0
Griend	4	22	0	0
Ameland	14	74	0	0
Schiermonnikoog	18	128	6	28
Rottumerplaat	6	5	1	3
Rottumeroog	5	18	1	1
Zuiderduin	3	9	1	3
Totaal	128	745	9	35

Tabel 1

Het aantal onderzochte kilometerhokken en locaties en het aantal waarbij Vertigo angustior is aangetroffen, periode 1-1-2005 tot 15-9-2009 (Stichting Anemoon)

The number of square kilometer grid cells and locations, and the number in which Vertigo angustior was encountered, 1-1-2005 to 15-9-2009 (Stichting Anemoon)

alle eilanden met duin- en kweldervegetatie: Texel, Vlieland, Terschelling, Griend, Ameland, Schiermonnikoog, Rottumerplaat, Rottumeroog en Zuiderduin.

Inventarisatie vindt plaats door te zoeken op het oog (zichtwaarnemingen) en door het nemen van strooiselmonsters (circa 1 liter per monster) die thuis worden gezeefd en uitgezocht. De resultaten worden geregistreerd per kilometerhok (gebied van 1x1 kilometer). Voor het snel verkrijgen van een globaal beeld worden per kilometerhok met potentieel geschikt biotoop ten minste 5 strooiselmonsters genomen. Wanneer de soort daarin niet wordt aangetroffen, worden meer strooiselmonsters verzameld. Een kilometerhok wordt als volledig onderzocht beschouwd bij minimaal 15 strooiselmonsters op kansrijke locaties. Van de bemonsterde locaties zijn GPS-coördinaten en biotoop genoteerd. Het veldwerk werd verricht van 2005-2009 door medewerkers en vrijwilligers van de Stichting Anemoon en de Nederlandse Malacologische Vereniging, waaronder Wim Kuijper en de auteurs. In de periode januari 2005-september 2009 werden op de waddeneilanden 745 strooiselmonsters onderzocht, verdeeld over 128 kilometerhokken (tabel 1). Een groot deel van de kilometerhokken is dus nog niet volledig onderzocht, maar een globaal beeld van de verspreiding begint zich wel af te tekenen. Naast het nemen van monsters is ook op een groot aantal locaties op zicht gezocht. Als daar geen *Vertigo angustior* werd aangetroffen zijn die in deze tabel niet meegeteld.

Historische gegevens

Bij aanvang van het project stond *Vertigo angustior* vooral bekend als een soort van open, vochtige en kalkrijke duinen, die soms tijdelijk maar nooit permanent uitdrogen. In Nederland was de soort regelmatig gevonden in de duinen langs de Hollandse en Zeeuwse kust. Ook waren oudere vondsten bekend uit Zuid-Limburg en langs de Rijn bij Millingen (de Bruijne 2001). Van de Nederlandse Waddeneilanden was slechts één vondst bekend: één exemplaar, in 1936 gevonden door H. Odé op Terschelling bij Midsland. Dit huisje wordt bewaard in Natuurhistorisch Museum Naturalis, waardoor de juistheid van de determinatie bevestigd kon worden. Een nadere aanduiding van de precieze locatie of biotoop ontbrak. De

Terschellingse malacoloog George Visser heeft in de jaren 1965-1972 intensief onderzoek gedaan naar de landslakken van Texel en Terschelling, maar daarbij heeft hij nooit *Vertigo angustior* gevonden (Visser 1974).

Onderzoek naar de historische vindplaats

De zoektocht naar *Vertigo angustior* op de Wadden begon in 2005 in de duinen bij Midsland, omdat we toen vermoedden dat het een vondst uit de duinen geweest zou zijn. Deze duinen zijn echter relatief zuur (begroeid met heide en cranberries) en de soort werd er niet gevonden. In 2007 ontdekte de eerste auteur via Gerrit Doeksen meer informatie over de vroegere vondst bij Midsland. In aantekeningen die hij bewaarde van George Visser stond: "Med. Neuteboom op briefkaart op 22/6 1968: gevonden door H. Odé, die letterlijk opschrijft: "Leeg huisje bij Midsland op Terschelling n.l. opgevist met zoetwatermollusken uit een slootje, 2 aug. 1936."" Naar aanleiding hiervan werden ook de slootkanten rond Midsland onderzocht, eveneens tevergeefs. Door de aanleg van dijken op deltahoogte en de intensivering van de landbouw is het agrarisch gebied rondom Midsland aanzienlijk veranderd en naar alle waarschijnlijkheid is daar thans geen geschikt leefgebied voor de soort meer aanwezig.

Onderzoek naar potentieel kansrijke locaties

Hoewel het duingebied van de Waddeneilanden relatief kalkarm is, zijn er lokaal kalkrijkere stukjes aanwezig. Op de Waddeneilanden zijn niet verzuurde vochtige duinvalleien, populierenbosjes, duindoornstruwelen en kwelders als potentieel kansrijk aangemerkt. Na vele tevergeefse pogingen werden in 2006 populaties levende Nauwe korfslakken gevonden op Rottumerplaat en Rottumeroog (van Leeuwen en Kuijper 2007; Neckheim et al. 2007).

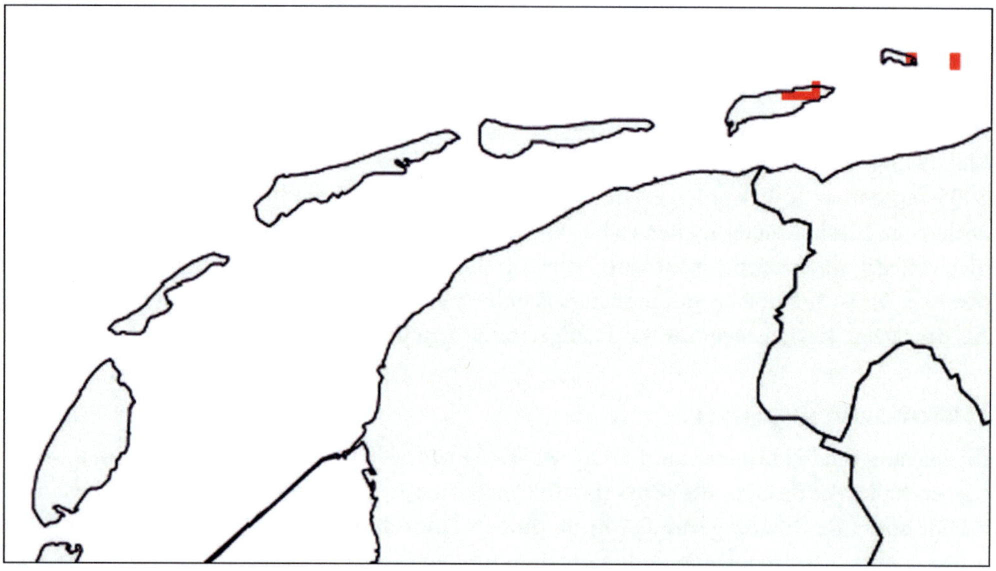

Fig. 2
Vindplaatsen van Vertigo angustior op de Nederlandse Waddeneilanden, periode 2001-2009 (Boesveld et al. 2009)

Localities of Vertigo angustior on the Dutch Wadden Islands, 2001-2009 (Boesveld et al. 2009)

Deze vondsten waren een stimulans om het onderzoek op andere eilanden voort te zetten. In 2008 volgde een vondst van zeer verse maar lege huisjes op Zuiderduin. Dit eilandje ligt in de Waddenzee ten zuiden van Rottumeroog. Door de geïsoleerde ligging van het eiland was het (nog) niet mogelijk terug te gaan om verder te zoeken naar levende dieren (van Leeuwen et al. 2009). De grootste populaties *Vertigo angustior* die op de Nederlandse Waddeneilanden zijn gevonden, werden in 2009 ontdekt op de Oosterkwelder van Schiermonnikoog. De soort werd er levend aangetroffen op 28 locaties, verspreid over 6 kilometerhokken (Boesveld 2010 en aanvullende waarnemingen 1e auteur).

In totaal werd *Vertigo angustior* dus aangetroffen in 9 kilometerhokken op de Waddeneilanden (Fig. 2). Alle vindplaatsen liggen in het oostelijke deel van de Waddenzee.

Biotoop op de Waddeneilanden

Tijdens inventarisaties in 2004-2005 werden op diverse plaatsen in het Zeeuwse en Zuid-Hollandse Deltagebied populaties *Vertigo angustior* vastgesteld in buitendijkse gebieden die onder invloed staan van de zee: op Goeree (Kwade Hoek) en in Zeeuws Vlaanderen (Het Zwin, Cadzand-Bad en Verdronken Zwarte polder) (Boesveld 2005). Het ging onder meer om populaties in of nabij de stormvloedlijn op kwelders van deze gebieden. Slakkenkenners dachten dat het incidentele vondsten van populaties betrof, die in de hoog gelegen randen van de kweldergebieden de uiterste grens van hun habitat range hebben. De ontdekking van zeer vitale populaties in de hoge kwelders van de Waddeneilanden in de periode 2006-2009 maakte duidelijk dat *Vertigo angustior* wel degelijk leefgebied heeft in zeer dynamische kweldergebieden.

Op Rottumerplaat werd *Vertigo angustior* aangetroffen aan de rand van de kwelder tegen de voet van de stuifdijk in en rond de stormvloedlijn, in het strooisel en onder aangespoeld hout. De slakjes zaten ook in de helmvegetatie vlak boven deze stormvloedlijn, in de mos- en strooisellaag daaronder. Op Rottumerplaat werd de soort eveneens op een wat hoger deel van de kwelder gevonden in strooisel van een oude stormvloedlijn, verzameld onder een dode boomstam. Bij normale vloed worden deze plaatsen niet overstroomd, maar bij sterk verhoogde waterstanden (storm en springtij) wel. Anders dan bij de meeste eerdere vondsten in Zeeland en Zuid-Holland ging het dus niet om min of meer stabiele duinvalleien, maar om plaatsen met een grote natuurlijke dynamiek. Er was op deze plekken strooisel en mos onder de vegetatie aanwezig, waardoor de slakjes in tijden van droogte toch een vochtige schuilplek hebben. De locaties werden tevens gekenmerkt door de aanwezigheid van veel kalk afkomstig van aangespoelde en door vogels uitgebraakte schelpen. Wellicht doordat Rottumeroog en -plaat rustgebieden zijn voor vogels, zijn deze schelpenhoopjes hier opvallend veel aanwezig. Mede daardoor kunnen relatief kalkarme duinen plaatselijk toch iets kalkrijker zijn (Neckheim et al. 2007; van Leeuwen en Kuijper 2007).

De biotoop op Zuiderduin was vergelijkbaar met dat van de vindplaatsen op Rottumerplaat en -oog: op of net boven de stormvloedlijn, onder een vegetatie van o.a. helm, zandhaver en vlasbekje met daaronder mos en strooisel. Overigens komt Zuiderduin bij extreem hoog water volledig onder water te staan. Dit was onder meer gebeurd bij de najaarsstormen van 2007, en mogelijk is dat de reden dat we geen levende dieren konden vinden. De korte onderzoekstijd die beschikbaar was op het eiland kan een andere verklaring zijn (van Leeuwen et al. 2009).

Op Schiermonnikoog leeft de soort in geïsoleerde duintjes op de hogere delen van de Oosterkwelder. Het gaat overwegend om duintjes die hooguit 1 of 2 meter boven de kwelder uitsteken. Slechts in enkele gevallen betreffen vindplaatsen middelhoge duintjes zoals het Willemsduin en de duintjes langs het Oosterstrand. Het leefgebied betreft plaatsen die bij gewone vloed niet overstroomd worden, maar waar de zee bij sterk verhoogde waterstanden in de meeste gevallen zeker komt.

Op deze duintjes is de soort in drie typen habitats te vinden:

1. Grote populaties werden gevonden op plaatsen waar deze duintjes begroeid zijn met langhalmige grassen zoals helm, duinriet, rood zwenkgras, fioringras en strandkweek. De slakjes kropen er op dode, bruin verkleurde en iets rottende grasstengels, soms in hoge dichtheden (12-60 per monster, met als record meer dan 500 exx in één liter strooisel). Vaak was er een laag dood plantenmateriaal of mos in de ondergroei van de vegetatie aanwezig, waarin de slakjes kunnen schuilen bij droogte.
2. Overwegend kleine aantallen (1-3 exx per monster, maar soms veel meer) werden gevonden in struwelen van duindoorn en vlier op deze lage duintjes, meest in slaapmosvegetaties. Ook deze vegetaties lijken alleen geschikt als er voldoende schuilgelegenheid aanwezig is in de vorm van aanspoelsel, strooisel of een moslaag.
3. Wisselende aantallen werden gevonden in aanspoelselgordels die op de hoge kwelder afgezet zijn tijdens stormvloed. In de aanspoelselgordels groeien geregeld ook diverse soorten melde, reukloze kamille, vlasbekje, zilverschoon, distels en andere pioniersoorten van voedselrijke biotopen. Zelfs in aanspoelselgordels van tientallen centimeters dik strooisel zijn vitale populaties aangetroffen. De slakjes leven er ook onder aangespoeld afval van hout, glas en plastic. Enkele keren zijn ook grote populaties waargenomen (maximum 300 exx in één liter strooisel). Uiteraard zijn deze drie typen habitats niet altijd strikt gescheiden (bijv. aanspoelselgordels in duindoornstruweel).

Op alle eilanden valt op dat de soort hoofdzakelijk in een smalle zone van de kwelders voorkomt, op de overgang van zoet naar zout. Op plaatsen die dagelijks overstroomd worden leeft de soort niet en op plaatsen waar het zeewater nooit komt opvallend minder en de dichtheden zijn daar veel lager.

Conclusies en discussie

Dankzij het gerichte onderzoek naar *Vertigo angustior* van de afgelopen jaren kon vastgesteld worden dat er vitale populaties op de Nederlandse Waddeneilanden leven. Dit gegeven mag als bijzonder gezien worden omdat de soort niet eerder levend op de Waddeneilanden was aangetroffen. Alle recente vondsten zijn gelegen in het oostelijk deel van de Nederlandse Waddenzee. Het onderzoek op de Waddeneilanden heeft ook bijgedragen aan meer inzicht in de precieze biotopen waarin deze soort voorkomt.

Deze resultaten roepen de vraag op waarom de soort niet eerder ontdekt is. Voor de onbewoonde eilanden geldt dat deze, door de zeer beperkte toegankelijkheid, nooit eerder zo grondig waren onderzocht. Op Schiermonnikoog is veel vaker onderzoek gedaan, ook op de Oosterkwelder. De meeste waarnemingen waren echter gedaan langs het Bouwe Hoekstrapad dat midden over de kwelder loopt en op de westelijke helft van de Oosterkwelder. Geleidelijk toegenomen kennis van de precieze biotoop kan er ook aan hebben bijgedragen. Aangezien de soort op Schiermonnikoog in zes kilometerhokken is gevonden, is het zeer waarschijnlijk dat de soort al langere tijd onopgemerkt aanwezig is geweest.

Lang niet alle potentieel kansrijke kilometerhokken zijn volledig onderzocht (Fig. 3). Er blijft de komende jaren dus nog werk aan de winkel en meer nieuwe vondsten zijn daarbij niet uitgesloten.

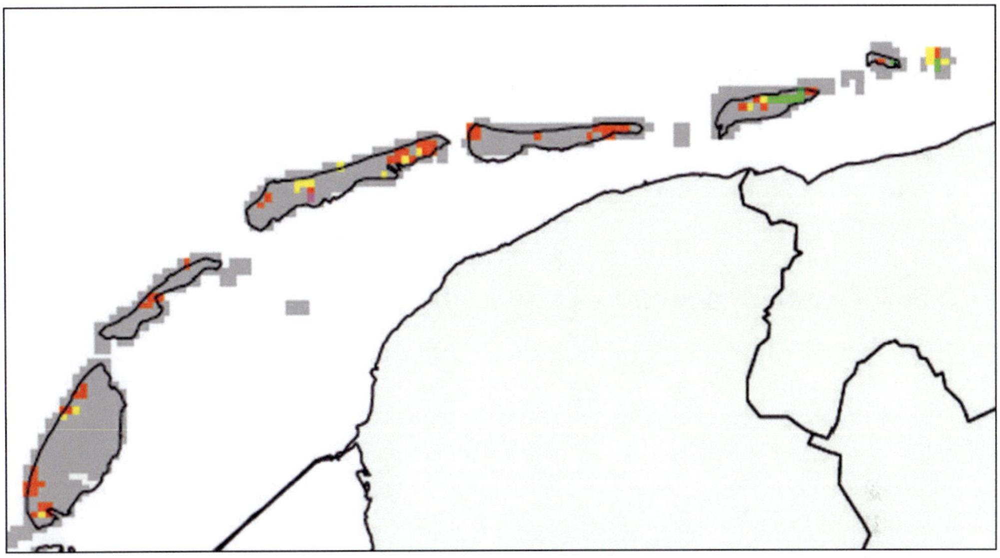

Fig. 3

Verspreiding van Vertigo angustior op de Waddeneilanden op basis van km-hokken en de mate waarin deze zijn onderzocht, periode 2004-2009 (Boesveld et al. 2009). Grijs: niet onderzocht; geel: onderzocht maar niet waargenomen; oranje: deels onderzocht maar niet waargenomen; groen: waargenomen; roze: onderzocht maar niet teruggevonden

Distribution of Vertigo angustior on the Wadden Islands on the basis of square kilometer grid cells and the degree to which these have been analysed, 2001-2009 (Boesveld et al. 2009). Grey: not analysed; yellow: analysed but not observed; orange: partly analysed but not observed; green: observed; pink: analysed but not encountered again

Literatuur

Boesveld A, Gmelig Meyling AW, Lente I van (2009) Inhaalslag verspreidingsonderzoek Mollusken van de Habitatrichtlijn. Resultaten van het inventarisatiejaar 2008. Nauwe korfslak *Vertigo angustior*. Documentnummer 2009-06. Stichting Anemoon, Bennebroek

Boesveld A (2005) Inventarisatie van de landslakken van de Zeeuwse kust, met de nadruk op de Nauwe korfslak Vertigo angustior. Stichting European Invertebrate Survey - Nederland, Leiden

Boesveld A (2010 in prep) De Nauwe korfslak op Schiermonnikoog: een verkennend onderzoek naar de Nauwe korfslak in de kwelderbiotoop. Stichting Anemoon, Bennebroek

Bruijne R de (2001) De Nauwe korfslak nauwkeuriger bekeken. Rapportnummer EIS2001-03. Atlasproject Nederlandse Mollusken (ANM) en Stichting European Invertebrate Survey - Nederland, Leiden

EU (1992) Richtlijn inzake de instandhouding van de natuurlijke habitats en de wilde flora en fauna (92/43/EEG). EU Habitatrichtlijn

Leeuwen SJ van, Kuijper WJ (2007) De mollusken van Rottumerplaat 2006. Verslag van een inventarisatie in het kader van het Project Habslak en het Atlasproject Nederlandse Mollusken. Spirula 356:56-65

Leeuwen S van, Boesveld A, Kuijper WJ, Neckheim T, van Tooren B (2009) De mollusken van Zuiderduin (Rottum) 2008 Verslag van een inventarisatie in het kader van het Project Habslak en het Atlasproject Nederlandse Mollusken. Spirula 367: 26-31

Ministerie van LNV, (2004) Rode lijst land en zoetwaterweekdieren, bijlage bij het Besluit Rode lijsten flora en fauna dd. 5 nov. 2004. Staatscourant, 11 nov. 2004, nr. 218

Neckheim CM, Leeuwen S van, Jansen E (2007) De malacofauna van Rottumeroog. Verslag van een inventarisatie in het kader van het Project Habslak en het Atlasproject Nederlandse Mollusken. Spirula 356: 66-77

Visser GJM (1974) Land- en watermollusken van de waddeneilanden tot en met 1972. Correspondentieblad Ned. Malacologische Vereniging 157: 241-250

Palaeomalacology of the Brabant Loam (the Netherlands)

Paleomalacologie van de Brabantse Leem (Nederland)

Tom Meijer

Netherlands Centre for Biodiversity, Naturalis, Leiden, The Netherlands
t.meijer@inter.nl.net

Abstract

The mollusc fauna of the Brabant Loam (Liempde Deposit, Formation of Boxtel) is described on the basis of a review of research of the last one hundred years. Although much research was undertaken, hardly anything of it can be traced in publications. This contribution tries to fill this gap in our knowledge. Because the very varying methods of research, results are difficult to compare with each other and therefore only a review has been made with presence or absence of taxa. For the same reason, conclusions are only possible to a limited degree. Only for one location, an outcrop near Acht, do the data lend themselves for a graphical representation and an analysis of the palaeoecological developments in the section. The associations point here to a becoming wetter with a subsequent becoming dried up of a shallow pool in an open landscape with a vegetation of grasses and herbs. Seventeen locations are know from the Brabant Loam from which 35 taxa are known, 29 of which could be identified to species level. The most common species are *Succinea schumacheri*, *Anisus leucostomus* auct., *Succinea oblonga* s.l., *Pupilla muscorum*, *Vertigo genesii*, *Gyraulus rossmaessleri* and *Columella columella*. All associations found indicate moist to wet biotopes in an open landscape during a subarctic climate. The average number of taxa per location is 10 which is a normal number for mollusc associations indicative of cold non-marine conditions. The mollusc species present give no indication of a specific stratigraphical age other than that it concerns a cold period. Earlier published data show that the Brabant Loam dates from a late phase of Marine Isotope Stage 3.

Samenvatting

De molluskenfauna van de Brabantse Leem (Afzetting van Liempde, Formatie van Boxtel) wordt beschreven aan de hand van een overzicht van onderzoek uit de laatste honderd jaar. Hoewel veel onderzoek werd verricht is daar bijna niets van in publicaties terug te vinden. Deze bijdrage probeert dit hiaat in de kennis te vullen. Door de sterk variërende manier van onderzoek zijn resultaten moeilijk onderling vergelijkbaar en is alleen een overzicht met aan- of afwezigheid van taxa samengesteld. Om dezelfde reden zijn conclusies alleen in beperkte mate mogelijk. Slechts van één locatie, een ontsluiting bij Acht, lenen de gegevens zich voor een grafische weergave en een analyse van de palaeoecologische ontwikkeling in een sectie. De associaties duiden hier op een vernatting met een daaropvolgende verlanding van een ondiepe poel in een open landschap met een vegetatie van grassen en kruiden. In totaal zijn uit de Brabantse Leem van 17 locaties 35 taxa bekend waarvan er 29 tot op soortniveau gedetermineerd konden worden. Tot de meest algemene soorten behoren *Succinea schumacheri*, *Anisus leucostomus* auct., *Succinea oblonga* s.l., *Pupilla muscorum*, *Vertigo genesii*, *Gyraulus rossmaessleri* en *Columella columella*. Alle aangetroffen associaties wijzen op vochtige tot natte biotopen in een open landschap tijdens een subarctisch klimaat. Het gemiddeld aantal taxa per locatie bedraagt 10 wat een normaal aantal is voor molluskenassociaties indicatief voor koude niet-mariene condities. De aanwezige molluskensoorten geven geen aanwijzingen voor een specifieke stratigrafische ouderdom anders dan dat het om een koude periode gaat. Uit eerder gepubliceerde gegevens blijkt dat de Brabantse Leem dateert uit een late fase van de mariene isotopen etage 3.

Introduction

The lithostratigraphical unit Brabant Loam ('Brabantse Leem') consists of fine-grained sand, sandy loam and clay deposits in the central part of the province of Noord-Brabant (Fig. 1). The base of the unit is usually less than five metres below surface, whereas the maximum thickness may reach three metres but is mostly much less. The unit was introduced by Vink (1949), subsequently used in a wider sense by several authors (e.g. van den Toorn 1976) and had been included in the (now abandoned) 'Nuenen Groep' (Bisschops 1973; Bisschops et al. 1985). Schokker (2003) redefined the unit and introduced for these deposits the name of Liempde Member as being part of the Boxtel Formation that was introduced at the same occasion. Apart from its lithology, the unit is characterised by the occurrence of periglacial phenomena, such as cryoturbation, especially at the base and at the top. The facies of the de-

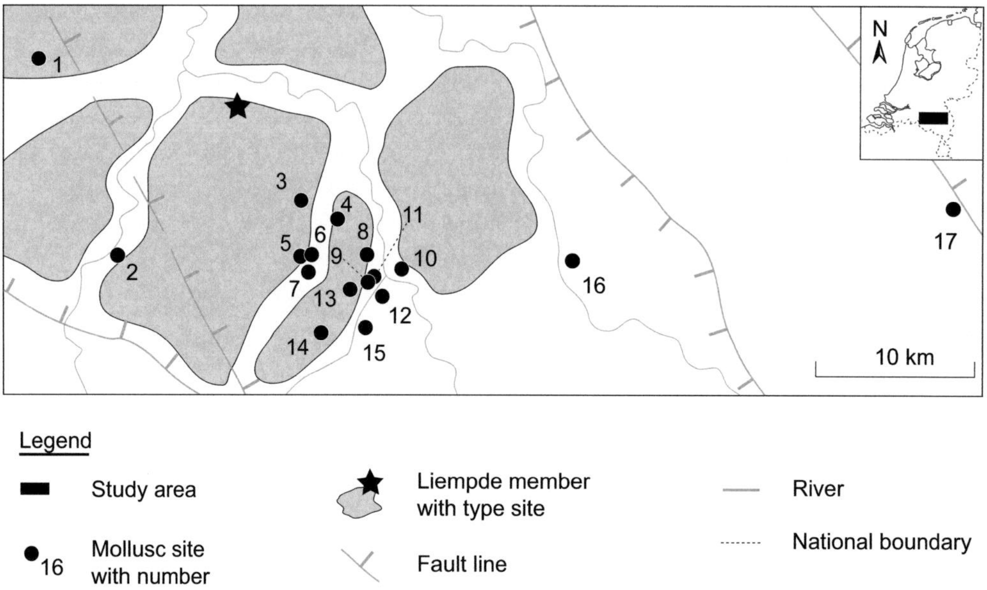

Fig. 1
Distribution of the Liempde Member showing the sites with molluscan assemblages.
Site number data are provided in Table 1

Verspreiding van de Liempde Afzetting met vindplaatsen met molluskenassemblages. Verdere gegevens over de plaatsen zijn te vinden in Tabel 1

posits can be described as 'swamp loess', also known as 'Sumpflöss' or 'Infusionslöss' (Ložek 2001). Locally, the unit is calcareous and contains in that case non-marine molluscs. The molluscs generally point to subarctic conditions (van Baren 1927). The age of the Brabant Loam is considered to be Weichselian. This is confirmed by the local occurrence of underlying peaty and gyttja layers with an Eemian palynological age (Schokker 2003), and by physical dating in several sites not included in this review. ^{14}C dating provided ages of 31.000 ± 370 BP and 43.300 ± 1000 BP (Bisschops et al. 1985), whereas OSL dating yielded ages of underlying deposits of 58 ± 4 ka and of overlying deposits of 15.0 ± 0.9 ka (Schokker 2003). This implies that the Brabant Loam may be part of a late phase in Marine Isotope Stage 3.

The molluscs of the Brabant Loam have received attention since the beginning of the last century, but despite the fact that a lot of research has been done, almost nothing has been published. Van Baren (1927) and Van Benthem Jutting (1931) have published species lists and Tesch (1929) figured specimens from the same two sites (Acht and Woensel). During the 1950s Van Regteren Altena studied shells that had been sampled by Van der Vlerk in the vicinity of Eindhoven. The analytical results, however, remained unpublished. Later, the former molluscan department at the Rijks Geologische Dienst (RGD; now 'TNO - Geological Survey of the Netherlands') analysed the molluscs from a dozen sites. The results have been laid down in internal reports but remained almost completely unpublished as well. Based on these reports, Bisschops (1973), Van den Toorn (1976), and Bisschops et al. (1985) included palaeoenvironmental remarks and several plates of non-marine molluscs in the memoirs of geological map sheets 51 and 52. Two construction pits in the town of Eindhoven from which the molluscan data were analysed at the RGD have been investigated also by Jonges, Kuijper, and Meijer. Several other sites have been visited and sampled more than once by various palaeontologists as well.

The review

The present study presents a review of all molluscan data that were available to me. The review is not exhaustive but I assume that all important sites have been covered. I was able to re-study most of the material that had been identified by other malacologists (K. Jonges, W.J. Kuijper, H. Menzel (†), G. Spaink (†), U. Steusloff (†), P. Tesch (†), and E. Wüst (†)), and could confirm in most cases their identifications. Only the identifications of T. van Benthem Jutting (†) and C.O. van Regteren Altena (†) have not been checked but I consider these as reliable. Besides, specific groups have been identified by other specialists: J.G.J. Kuiper identified *Pisidium* species from several sites, V. Ložek did so for samples of *Pupilla*, *Vertigo*, and *Vallonia*, whereas I discussed *Succinea* with N. Limondin and R.C. Preece. The reviewed material is stored in three official and two private collections: Zoölogisch Museum Amsterdam, Naturalis (including the RGD collections), Wageningen University (Formerly 'Landbouw Hogeschool Wageningen'), W.J. Kuijper (Noordwijk), and T. Meijer (Alkmaar).

The investigated sites are listed in table 1 and their geographical position is shown in figure 1. Sites that were visited separately by different palaeontologists share a site number but the results have been kept apart in table 1 as individual sites denoted by alphabetic lettering (Acht, Philips Company 'Rekencentrum', and 'Binnenziekenhuis' in Eindhoven). The quality of the data varies considerably: often a proper description of the site is lacking and even the exact geographical position is unknown in several cases, especially those visited before 1958. Samples have been analysed and archived in different ways, often only part of the molluscs has been identified and the unidentified material has not been archived. In most cases the number of specimens have not been counted or estimated, often only simple species lists are available. Table 2 provides a compilation of the taxa arranged

Site number	Site	Latitude	Longitude	site type	Year	Sampled	Identified	Seen TM	Published	Collection
1	Udenhout	51°35'35"	5°10'15"	B	1966	RGD	GS;TM	X	Mol-244&712	NHML
2	Middelbeers	51°28'52"	5°14'22"	O	1975	RGD	BS;TM	X	Mol-978	NHML
3	Bestse Heide	51°30'31"	5°24'49"	O	1947	IV	CRA	-	-	NHML
4a	Ekkersrijt 1	51°29'52"	5°26'51"	O	1938	IV	US	-	-	NHML
4b	Ekkersrijt 2	51°29'52"	5°26'51"	P	1947	IV	CRA	-	-	NHML
5a	Acht 1	51°28'39"	5°24'47"	P	1971	RGD	GS;TM	X	Mol-532&712; JHB 1973	NHML
5b	Acht 2	51°28'39"	5°24'47"	P	1971	RGD	GS;TM	X	Mol-562&712; JHB 1973	NHML
6a	Acht 3	51°28'44"	5°25'06"	O	1910	JB	EW;HM;TM	X	JB 1927; TM 2009	LHW
6b	Acht 4	51°28'44"	5°25'06"	O	1910	JB	EW;HM;TM	X	JB 1927; TM 2009	LHW
6c	Acht 5	?		P	1929	RGD	PT;TBJ;TM	x	PT 1929; TB 1931	NHML;ZMA
7a	Eindhoven 1	51°28'06"	5°25'05"	O	1958	RGD	GS;TM	X	Mol-14	NHML
7b	Eindhoven 2	51°28'06"	5°25'05"	O	1958	RGD	GS;TM	X	Mol-14	NHML
8a	Eindhoven 3	51°27'96"	5°28'19"	O	1970	RGD	GS;TM	X	Mol-518&712; JHB 1973	NHML
8b	Eindhoven 4	51°27'96"	5°28'19"	O	1970	KJ;WK;TM	KJ;WK;TM	X	-	KJ;WK;TM
9	Eindhoven 5	51°27'42"	5°28'20"	O	1971	RGD	GS;TM	X	Mol-516&712; JHB 1973	NHML
10	Eindhoven 6	51°28'05"	5°30'22"	P	1972	RGD	GS;TM	X	Mol-509&712; JK 1974	NHML
11	Eindhoven 7	51°27'50"	5°28'35"	O	1931	RGD	PT;TBJ;TM	x	PT 1929; TB 1931	NHML;ZMA
12	Eindhoven 8	51°27'14"	5°29'11"	O	1963	RGD	GS	X	Mol-129&712	NHML
13a	Eindhoven 9	51°27'28"	5°27'21"	O	1970	RGD	GS;TM	X	Mol-517&712; JHB 1973	NHML
13b	Eindhoven 10	51°27'28"	5°27'21"	O	1970	KJ;WK;TM	KJ;WK;TM	X	-	KJ;WK;TM
14	Eindhoven 11	51°26'02"	5°25'45"	O	1958	RGD	GS;TM	X	Mol-14&712	NHML
15	Eindhoven 12	51°26'08"	5°28'09"	O	1963	RGD	GS;TM	X	Mol-133&712	NHML
16	Helmond	51°28'09"	5°39'45"	O	1938	IV	US;CRA	-	-	NHML
17	Castenray	51°29'27"	6°00'54"	B	1959	RGD	GS	X	Mol-42&712; JT, 1976	NHML

according to the sites in which they were observed. Because of the heterogeneity of the data I have only indicated presence or absence of the species. Only from one site is a proper analysis available, which is discussed below. The compilation shows the presence of 35 molluscan taxa from which 29 could be identified to the species level. The mean number of species is 10, which is a normal amount of taxa met with in cold climate non-marine molluscan assemblages. The most frequently occurring species are *Succinea schumacheri*, *Anisus leucostomus* auct., *Succinea oblonga* s.l., *Pupilla muscorum*, *Vertigo genesii*, *Gyraulus rossmaessleri*, and *Columella columella*. These species are present in more than 10 of the sites. Less frequently occurring species such as *Gyraulus acronicus*, *Vallonia tenuilabris*, *Pisidium conventus*, and *Pisidium obtusale lapponicum* can be mentioned as characteristic cold climate species.

Table 1 (left page)
List of sites. Site number: as in Fig. 1; site type: B: boring; O: temporary outcrop; P: loam pit; Year: year of sampling; Seen TM: material checked by T. Meijer; X: all material; x: part of the material Abbreviations used in the column 'Site': Best: Bestse Heide, Military Camp; Ekkersrijt 1: Ekkersrijt; Ekkersrijt 2: Ekkersrijt, pit near the canal; Acht 1: Acht, near brick works, outcrop 1; Acht 2: Acht, near brick works, outcrop 2; Acht 3: Acht, West of railroad Eindhoven-Acht (Fauna-1); Acht 4: Acht, West of railroad Eindhoven-Acht (Fauna-2); Acht 5: Acht, loam pit; Eindhoven 1: Eindhoven, Factories of Philips Company situated aside the railroad Eindhoven-Best, Outcrop 1; Eindhoven 2: Eindhoven, Factories of Philips Company situated aside the railroad Eindhoven-Best, Outcrop 2; Eindhoven 3: Eindhoven, Binnenziekenhuis (now: Catharinaziekenhuis) (RGD samples); Eindhoven 4: Eindhoven, Binnenziekenhuis (now: Catharinaziekenhuis) (other samples); Eindhoven 5: Eindhoven, Joris Minnestraat; Eindhoven 6: Eindhoven, Groeve Eckhart; Eindhoven 7: Eindhoven, Woensel; Eindhoven 8: Eindhoven, Diakonessenhuis; Eindhoven 9: Eindhoven, Philips Company Rekencentrum (RGD samples); Eindhoven 10: Eindhoven, Philips Company Rekencentrum (other samples); Eindhoven 11: Eindhoven, Beatrixhaven; Eindhoven 12: Eindhoven, Boerenleenbank Abbreviations used in the remaining columns: BS: B.C. Sliggers; CRA: C.O. van Regteren Altena; EW: E. Wüst; GS: G. Spaink; HM: H. Menzel; IV: I.M. van der Vlerk; JB: J. van Baren; JHB: J.H. Bisschops; JK: J.G.J. Kuiper; JT: J.C. van den Toorn; KJ: K. Jonges; LHW: Landbouw Hogeschool Wageningen; NHML: Naturalis; PT: P. Tesch; TBJ: T. van Benthem Jutting; TM: T. Meijer; US: U. Steussloff; WK: W.J. Kuijper; ZMA: Zoölogical Museum Amsterdam; Mol-978: Rijks Geologische Dienst, Macropalaeontological Department, Internal report 978

Lijst van vindplaatsen. Vindplaatsnummer: als in Fig. 1; type vindplaats: B: boring; O: tijdelijke dagzoming; P: leemput; Year: monsterjaar; Seen TM: materiaal gecontroleerd door T. Meijer; X: al het materiaal; x: deel van het materiaal

The palaeoenvironment of shell-bearing deposits in the Brabant Loam based upon all known molluscan taxa points to shallow ephemeral pools amidst a marshy open ground with shelter for land snails only provided by herbs and grasses (Table 3). The assemblages are characterised by species that indicate a boreal to arctic climate whereas species indicative of a particular stratigraphical age are absent.

Notes on individual species

Succinea schumacheri

This is an enigmatic taxon that has often been considered to be a subspecies of or even conspecific with *Oxyloma elegans*. However, the shells of both taxa differ consistently in an often smaller size, higher spire and deeper suture for *Succinea schumacheri* compared with *Oxyloma elegans*. *Succinea schumacheri* is only known as a fossil and is a frequently occurring species known from many sites in the Netherlands in land snail assemblages that point to a cool to cold climate. The specimens figured by Van Baren & Oostingh (1922) from Weichselian deposits in a pit near Deventer (province of Overijssel) were considered as *Succinea antiqua* by Steusloff (1925). However, after re-examination of the specimens I could confirm Oostingh's identification. Van Regteren Altena (1957), who provided excellent figures, pointed to the similarity of *Succinea schumacheri* with *Succinea groenlandica*. For the time being I consider *Succinea schumacheri* as a distinct species. For a better understanding of the taxonomy, the morphology of this species should be investigated together with related species. A revision of all Quaternary Succineidae is recommended and this could probably best be achieved by a morphometric analysis of all taxa.

Site numbers			1	2	3	4		5		6			7		8		9	10	11	12	13		14	15	16	17
						a	b	a	b	a	b	c	a	b	a	b					a	b				
Mollusca																										
Land taxa	**EG**	**P**																								
Succinea schumacheri	H	16	■			■		■	■	■	■	■	■	■	■	■		■	■		■	■		■		
Succinea oblonga s.l.	H	15		■	■	■	■						■	■		■	■	■		■	■	■	■	■	■	
Pupilla muscorum	O	15		■				■	■		■	■	■	■	■		■	■	■	■	■	■		■		
Vertigo genesii	H	15					■	■	■		■	■	■	■	■	■	■		■	■	■	■		■		
Columella columella	O	12						■	■		■	■	■	■	■		■		■		■	■		■		
Limacidae (small species)	M	10						■	■		■			■				■	■		■	■		■	■	
Vallonia tenuilabris	O	8						■	■				■	■			■		■		■	■				
Succinea oblonga elongata	H	6						■	■		■						■				■	■				
Trochulus hispidus	M	2		■														■								
Succinea elegans	H	1													■											
Columella aspera/edentula	H	1																				■				
Freshwater taxa	**EG**	**P**																								
Anisus leucostomus auct.	A2	16			■	■			■	■	■	■		■	■	■	■		■		■	■	■	■	■	
Gyraulus rossmaessleri	A2	13			■	■				■	■			■	■	■	■				■	■	■		■	■
Stagnicola palustris s.l.	A1	9			■	■			■	■	■				■	■							■		■	
Gyraulus acronicus	A2	8	■						■	■		■			■	■		■						■		
Galba truncatula	A2	8	■						■		■	■		■	■									■		■
Gyraulus crista	B2	8	■		■					■	■				■								■	■	■	
Radix 'ovata/peregra'	?	8			■				■		■				■	■							■	■		■
Planorbis planorbis	A1	7				■				■	■				■	■							■		■	
Pisidium casertanum	C	7			■										■	■		■	■				■			■
Pisidium obtusale lapponicum	A2	7	■		■					■					■	■							■			■
Pisidium subtruncatum	C	6			■					■					■	■		■							■	
Valvata pulchella	A2	5								■					■	■							■		■	
Pisidium nitidum	C	4			■										■								■			■
Aplexa hypnorum	A2	4							■	■						■					■					

Site numbers			1	2	3	4		5		6			7		8		9	10	11	12	13		14	15	16	17
						a	b	a	b	a	b	c	a	b	a	b					a	b				
Lymnaeidae	?	3					■									■						■				
Pisidium milium	B2	2			■					■																
Pisidium indet.	?	2								■																■
Valvata piscinalis	C	1																				■				
Gyraulus albus	C	1								■																
Planorbidae	?	1					■																			
Sphaerium subsolidum	C	1																					■			
Pisidium conventus	A2	1																■								
Pisidium henslowanum	C	1			■																					
Pisidium hibernicum	B2	1																■								
	T	**M**																								
Number of landsnail taxa	11	4	0	3	1	1	2	6	6	0	5	3	5	6	4	2	6	4	5	3	7	8	1	5	2	0
Number of freshwater taxa	24	6	4	0	11	4	2	0	6	13	7	3	0	3	13	12	2	5	2	0	3	4	11	5	7	7
Number of molluscan taxa	35	10	4	3	12	5	4	6	12	13	12	6	5	9	17	14	8	9	7	3	10	12	12	10	9	7
Other remains																										
Lumbricidae				■				■			■				■	■	■				■	■			■	
Mammuthus primigenius					■																					
Coelodonta (molar)					■																					
Ostracods			■												■	■		■					■	■	■	
Reworked Tertiary molluscs					■																			■		

Table 2

Compiled list of taxa. Site numbers are given in Fig. 1 and Table 1; black cell: taxon is present; white cell: taxon is absent; EG: ecological group; P: presence (number of sites in which a taxon is present); T: total number of taxa in all sites; M: mean of species in all sites

Ecological grouping: land snails: H: hygrophilic taxa; O: open ground; M: mesophilic taxa; freshwater taxa: A1: marshes; A2: ephemeral water; B1: stagnant, poorly vegetated water; B2: stagnant, well vegetated water; C: stagnant and moving waters (lacustrine)

Samengestelde lijst van taxa. Vindplaatsnummers als in Fig. 1 en Tabel 1; zwarte cel: taxon aanwezig, witte cel: taxon afwezig; EG: ecologische groep; P: aanwezig (aantal vindplaatsen waarin een taxon aanwezig is); T: totaal aantal taxa in alle vindplaatsen; M: gemiddelde van soorten in alle vindplaatsen

Ecologische groeperingen: landslakken: H: hygrophilische taxa; O: onbegroeid gebied; M: mesophilische taxa; zoetwater taxa: A1: moerassen; A2: kortstondig water; B1: stilstaand water met weinig plantenleven; B2: stilstaand water met veel plantenleven; C: stilstaand en bewegend water (lacustrien)

	Ecological group		N	%
land	H	Hygrophilic taxa	6	17
	O	Open ground taxa	3	9
	M	Mesophilic taxa	2	6
	?	Unknown	0	0
freshwater	A1	Marshes	2	6
	A2	Ephemeral water	8	23
	B2	Stagnant, well vegetated water	3	9
	C	Stagnant and moving waters (lacustrine)	7	20
	?	Unknown	4	11
		Total number of taxa	35	100

Table 3
General palaeoecology of the Brabant Loam based on the species present in all sites

Algemene paleoecologie van de Brabantse Leem gebaseerd op de soorten aanwezig in alle vindplaatsen

Vertigo genesii - Vertigo parcedentata

In the past the taxonomy of both species was not well understood. The first who mentioned one of these species from Netherlands deposits was Van Baren (1924, 1927). In 1910 he collected in a loam pit near the village of Acht (site 6a and b) two non-marine assemblages of subarctic affinity from which he mentioned *Vertigo parcedentata* Al. Braun var. *genesii* Gredler and var. *glandicula* Sandberger (van Baren 1927). Note that he identified the taxon *genesii* that he considered to be a variety of *Vertigo parcedentata*. Both taxa were already considered to be distinct by many authors, although not always on the species level. Later, Dutch authors (Tesch 1929, 1944; van Benthem Jutting 1931; van der Vlerk and Florschütz 1950; van Regteren Altena 1957; Kuijper 1968; Bisschops 1973; Meijer 1973; van den Toorn 1976) may have considered the assignment by Van Baren to a variety as unimportant and, therefore, considered the species to be identical with *Vertigo parcedentata* s.s. After a detailed study of material present in the collections of the RGD, Spaink arrived at the conclusion that all Dutch material previously considered as *Vertigo parcedentata* actually belongs to *Vertigo genesii* (Spaink 1971b). Although Bisschops (1973) figures *genesii* as well as *parcedentata*, both should be assigned to *Vertigo genesii*. Differences between both species are well described by Ložek (1964).

Gyraulus acronicus and Gyraulus rossmaessleri

Because of the large variability in shape and size, both species are often confused with each other. Also in the past, several taxa (e.g. *Gyraulus arcticus*, *Gyraulus borealis*, *Gyraulus gredleri*) have been introduced that are considered now as junior synonyms of *Gyraulus acronicus* and *Gyraulus rossmaessleri*. Wüst and Menzel distinguished *Gyraulus arcticus* in samples collected by Van Baren in Acht (site 6a and b) that after re-examination appeared to belong to both *Gyraulus acronicus* and *Gyraulus rossmaessleri*.

As a matter of fact, both species are rather easy to separate, especially if the first whorl has been well preserved. This is in *Gyraulus rossmaessleri* larger and flatter than in *Gyraulus acronicus* (Gittenberger et al. 2004). Besides, other differences are the regular growth of *Gyraulus rossmaessleri* contrary to the often-irregular growth in *Gyraulus acronicus*, the absence of a blunt peripheral carina and the smaller size of adult shells in *Gyraulus rossmaessleri*. *Gyraulus rossmaessleri* may also be confused with *Gyraulus laevis* (this species is not observed in the Brabant Loam), but here also the first whorls in *Gyraulus rossmaessleri* are flatter and larger than in *Gyraulus laevis*. *Gyraulus laevis* has often a glossier surface and further differs in having a more elongated aperture that is directed downward, contrary to *Gyraulus rossmaessleri* in which the aperture is more rounded.

Gyraulus rossmaessleri prefers very shallow, well-vegetated water. Submerged grassland may suffice. *Gyraulus acronicus* prefers more open water. Both may be considered as pioneering species.

Pisidium conventus

In the modern fauna this is a rare species with a boreo-arctic/alpine distribution. As a fossil, the species is rare as well. The occurrence in site 10 (outcrop Eindhoven-Eckhart) is the only record in the Netherlands (Kuiper 1974). It there co-occurs with *Pisidium casertanum*, *Pisidium subtruncatum*, *Pisidium hibernicum*, and *Gyraulus acronicus* together with the land snail species *Succinea schumacheri*, *Succinea oblonga*, *Pupilla muscorum*, *Limacidae*, and *Trochulus hispidus*. This assemblage points to a pond with marshy borders, situated in an open environment.

Sphaerium subsolidum

Only a single valve is present in site 14 (Eindhoven-Beatrixhaven). *Sphaerium subsolidum* is known from Netherlands Quaternary deposits that range in age from a late phase of the Early Pleistocene Bavel interglacial up to and including the Weichselian (Gittenberger et al. 2004). It is especially known from Weichselian deposits. Contrary to the interglacial fluvial species *Sphaerium solidum*, from which it conchologically differs in shape mainly by a relatively lower height, *Sphaerium subsolidum* prefers lentic water, even in a paludal environment. The species is known to co-occur with *Pisidium stewarti*, *Pisidium obtusale lapponicum*, *Pisidium lilljeborgi*, *Gyraulus acronicus*, *Gyraulus rossmaessleri*, *Succinea schumacheri*, *Columella columella*, *Vertigo genesii*, *Pupilla muscorum*, and *Vallonia tenuilabris* (Kuiper 1988). In a temporary outcrop near Eefde (Province of Overijssel), the species was observed together with plants that are considered to be characteristic of a tundra vegetation: *Dryas octopetala*, *Betula nana*, *Selaginella selaginoides*, etc. (Florschütz 1930). Apparently *Sphaerium subsolidum* points to a subarctic climate. The only species that confirms this in site 14 are *Gyraulus rossmaessleri* and *Pisidium obtusale lapponicum*, the other species being climatically indifferent.

The outcrops near the village of Acht (sites 5 and 6)

The area of this village is the oldest from which molluscs occurring in the Brabant Loam have been investigated (van Baren 1924, 1927; Meijer 2009; site 6a and b).

This site complex has been re-investigated twice, first by Tesch (1929) and Van Benthem Jutting (1931) in site 6c and later by Spaink (1972a, b; site 5a and b). Whereas previous authors published only single species lists from their investigations, Spaink analysed 12 samples from a column of 3.50 metres of sandy and calcareous loam deposits. Seven samples that were taken in the loam in the middle part of the section contained molluscs. The shell-bear-

top-depth	bottom-depth	Anisus leucostoma	Aplexa hypnorum	Columella columella	Galba truncatula	Gyraulus acronicus	Limacidae (small species)	Pupilla muscorum	Radix 'ovata/peregra'	Stagnicola palustris	Succinea oblonga	Succinea schumacheri	Vertigo genesii
0.00	0.30	-	-	-	-	-	-	-	-	-	-	-	-
0.30	0.55	0	0	0	0	0	0	0	0	0	0	0	0
0.70	0.95	0	0	0	0	0	0	0	0	0	0	0	0
1.05	1.30	0	0	0	0	0	0	0	0	0	0	0	0
1.30	1.55	0	0	0	0	0	0	0	0	0	0	0	0
1.55	1.80	0	0	0	0	0	11	0	0	0	3	70	7
1.80	2.05	0	0	0	0	287	1	0	5	286	0	239	0
2.05	2.30	1	1	0	0	553	1	0	1	610	0	578	10
2.30	2.55	0	2	0	0	157	1	0	4	151	0	251	0
2.55	2.80	0	0	0	0	204	1	0	6	941	0	542	1
2.80	3.05	0	6	0	0	106	7	0	9	15	0	796	17
3.05	3.30	70	2	15	4	160	92	48	7	5	0	2329	208
3.30	3.80	0	0	0	0	0	0	0	0	0	0	0	0
Ecological groups		A2	A2	O	A2	A2	M	O	?	A1	H	H	H

Table 4
Molluscan analysis of Acht (site 5b); the depth of 0-30 cm was not sampled. Depth of the samples is in metres below surface. Ecological grouping as in Table 2

Molluskenanalyse van Acht (vindplaats 5b); het sediment van 0-30 cm diepte is niet bemonsterd. De diepte van de monsters is gegeven in meters onder het oppervlak. Ecologische groepering als in Tabel 2

ing loam is capped by a sand layer in which cryoturbations have been observed (Bisschops 1973). In his molluscan analysis (Table 3), Spaink applied the methods of Ložek (1964) instead of the semi-quantitative analytical method that was used as a standard at the RGD (Meijer 2009). A graphical presentation of this analysis applying the ecological groups of Meijer (1985) is given in figures 2 and 3. The assemblages are mainly composed of the freshwater species *Gyraulus acronicus* and *Stagnicola palustris* s.l., and the land snail species *Succinea schumacheri*, and show different marshy environments in a subarctic climate. Apparently three ecozones can be distinguished: from bottom to top an open marshy environment (local zone C) that develops into a shallow pool (local zone B), which returns again into an open marshy environment (local zone A). Deposition on top of the loam of unfossiliferous wind-blown sand in which cryoturbations are present may be a continuation of the ecological trend that is visible in the molluscan assemblages. Nothing can be

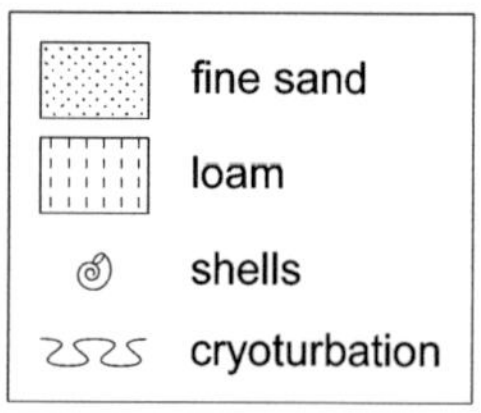

Fig. 4
Legend of sedimentological column in Fig. 2 and 3

Legenda van de sedimentologische kolom in Fig. 2 en 3

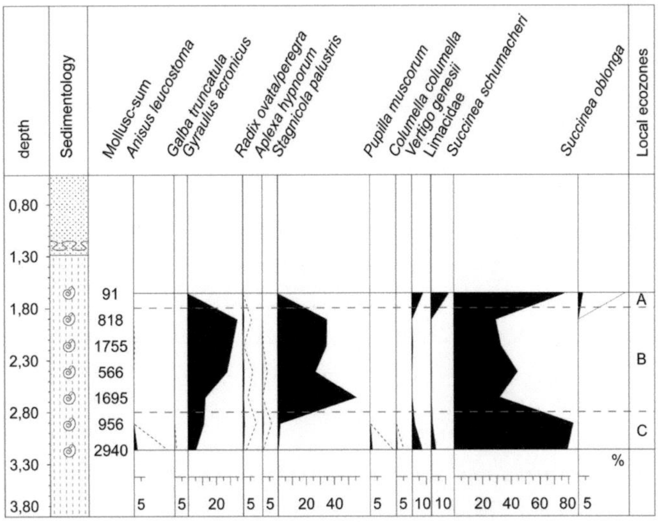

Fig. 2

Acht (site 5b), non-marine mollusc taxa. Graphical presentation based on data in Table 3. Curves with all values remaining below 5% have been multiplied by 10 (dashed line). The legend of the sedimentology is given in Fig. 4

Acht (vindplaats 5b), non-mariene molluskentaxa. Grafische weergave gebaseerd op de gegevens uit Tabel 3. Curves met alle waarden lager dan 5% zijn met een factor 10 vermenigvuldigd (stippellijn). De legenda van de sedimentologie wordt gegeven in Fig. 4

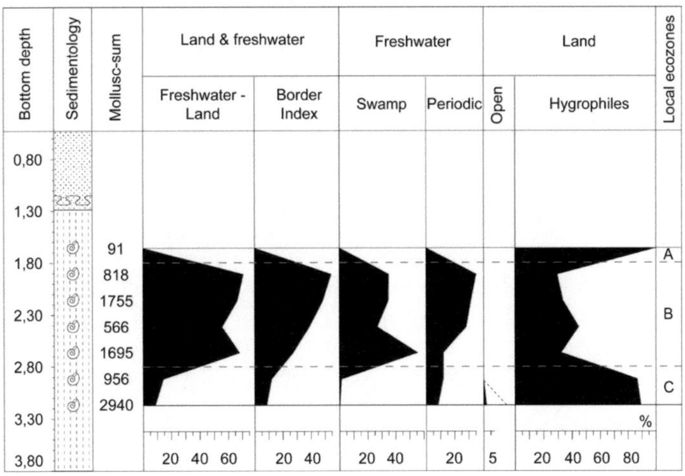

Fig. 3

Acht (site 5b), non-marine molluscs classified into ecological groups. Graphical presentation based on data in Table 3. Curves with all values remaining below 5% have been multiplied by 10 (dashed line). The legend of the sedimentology is given in Fig. 4

Acht (vindplaats 5b), non-mariene mollusken ingedeeld in ecologische groepen. Grafische weergave gebaseerd op de gegevens van Tabel 3. Curves met alle waarden lager dan 5% zijn met een factor 10 vermenigvuldigd (stippellijn). De legenda van de sedimentologie wordt gegeven in Fig. 4

said about the time span that is represented by this succession. Given the facts that the molluscan assemblages point to very shallow water and several species are indicative of an ephemeral water body, the pool may have been in existence for a period of a few years to several decades.

Concluding remarks

From the Brabant Loam 17 sites have been re-studied for their molluscan content. This review may include all sites of importance that have been sampled for molluscs.

From most sites only species lists are available, prohibiting a proper palaeoenvironmental analysis. This was only possible in one site. In general the palaeoenvironment of shell-bearing deposits in the Brabant Loam points to shallow ephemeral pools amidst a marshy open environment with shelter for land snails only provided by herbs and grasses. This is confirmed by the results of the analysis of the site of Acht.

A total of 35 molluscan taxa have been encountered from which 29 could be identified to the species level. The mean number of species is 10, which is a normal amount of taxa met with in cold climate non-marine molluscan assemblages. The molluscs do not provide information about the age of the deposits, unless that deposition occurred during a subarctic climate.

Acknowledgements

For their company in the field, for the opportunity to study material, providing information about stratigraphy and sites, analysis of the assemblages, discussions on and identification of species, I am grateful to the following people: P. Buurman (Wageningen), K. Jonges (Amsterdam), J.G.J. Kuiper (Vaucresson, France), W.J. Kuijper (Noordwijk), N. Limondin (Paris), V. Ložek (Prague), R.C. Preece (Cambridge), J. Schokker (Utrecht), B.C. Sliggers (Haarlem), and G. Spaink (†).

References

Site numbers are given between hooked brackets at the end of references. All internal reports are deposited in: Department of Cainozoic Mollusca, Netherlands Centre for Biodiversity, Naturalis, P.O. Box 9517, 2300 RA Leiden, the Netherlands.

After preparation of the manuscript the decision was made to move the collections of Wageningen University and Zoölogisch Museum Amsterdam to the Netherlands Centre for Biodiversity, Naturalis.

Baren J van (1924) Catalogus der geologische en agrogeologische verzamelingen van de Landbouwhogeschool te Wageningen. Mededeelingen Geologisch Instituut van de Landbouw-Hoogeschool 27(8): IX+152 p [6a and b]

Baren J van(1927) De Bodem van Nederland, II. Het Kwartair. SL van Looy, Amsterdam, pp 449-1365 [6a and b]

Baren J van, Oostingh CH (1922) Over het voorkomen van mariene en fluviatiele fossielhoudende afzettingen in het dal van den Gelderschen IJsel. Verhandelingen van het Koninklijk Nederlands Geologisch en Mijnbouwkundig Genootschap, Geologische Serie, VI: 73-89

Benthem Jutting T van (1931) Over diluviale mollusken in Nederland. Vakblad voor Biologen 13(1): 1-8 [6c; 11]

Bisschops JH (1973) Blad Eindhoven Oost (51O). Toelichtingen bij de geologische kaart van Nederland 1:50.000. Rijks Geologische Dienst, Haarlem, pp 1-132 [5a and b, 8, 9, 13]

Bisschops JH, Broertjes JP, Dobma, W (1985) Blad Eindhoven West (51 W). Toelichtingen bij de Geologische kaart van Nederland 1:50.000 Rijks Geologische Dienst, Haarlem, 1-216

Florschütz F (1930) Fossiele overblijfselen van den plantengroei tijdens het Würm-glaciaal en het Riss-Würm-interglaciaal in Nederland (Voorloopige mededeeling). Verhandelingen Koninklijke Akademie van Wetenschappen 33(9): 2 pp

Gittenberger E, Janssen AW, Kuijper WJ, Kuiper JGJ, Meijer T, Velde G van der, Vries JN de (2004) De Nederlandse zoetwatermollusken. Recente en fossiele weekdieren uit zoet en brak water. Nederlandse Fauna 2. Nationaal Natuurhistorisch Museum Naturalis, KNNV Uitgeverij & EIS-Nederland, Leiden (2nd edition)

Kuijper WJ (1968) Weichselienmollusken uit een boring op Walcheren. Mededelingen van de Werkgroep voor Tertiaire en Kwartaire Geologie 5: 26-33

Kuiper JGJ (1974) Een pleistocene vondst van *Pisidium conventus* Clessin in Nederland en de huidige geografische verspreiding van deze soort in Europa. Basteria 38: 27-40 [10]

Kuiper JGJ (1988) *Sphaerium subsolidum* Clessin, uit de ondergrond van Nederland, een zelfstandige soort? Correspondentie Blad van de Nederlandse Malacologische Vereniging 243/4: 445-447

Ložek V (1964) Quartärmollusken der Tschechoslowakei. Rozpravi Ústredního ústavu geologického 31: 374 p. Praha

Ložek V (2001) Molluscan fauna from the loess series of Bohemia and Moravia. Quaternary International 76-77: 141-156

Meijer T (1973) De land- en zoetwatermollusken van de opgespoten terreinen in het Noordzeekanaalgebied en de Zaanstreek (Nederland, Provincie Noord Holland). Mededelingen van de Werkgroep voor Tertiaire en Kwartaire Geologie 10(4): 139-169

Meijer T (1985) The pre-Weichselian non-marine molluscan fauna from Maastricht-Belvédère (Southern Limburg, The Netherlands). Mededelingen Rijks Geologische Dienst 39(1): 75-103

Meijer T (2009) De geschiedenis van het molluskenonderzoek bij de Rijks Geologische Dienst. In: Cadée GC, Leeuwen S van, Poorten JJ ter (eds) Schitterende schelpen en slijmerige slakken. 75 jaar NMV: malacologie als hobby en professie. Uitgave Nederlandse Malacologische Vereniging, Amsterdam, pp 22-35

Meijer T (2009). Revisie van de land- en zoetwatermollusken uit de collectie van het voormalig Geologisch Mineralogisch Instituut van de Landbouwhogeschool Wageningen. PalaeoMal, WMC Kwartair Consultants (Alkmaar), Rapport 36 [6a and b]

Regteren Altena CO van (1957) Pleistocene Mollusca. In: Straaten LMJU van, Jong JD de (eds). The excavation at Velsen. Verhandelingen van het Koninklijk Nederlands Geologisch en Mijnbouwkundig Genootschap 17(2): 121-138

Schokker J (2003) Patterns and processes in a Pleistocene fluvio-aeolian environment. Roer Valley Graben, south-eastern Netherlands. Netherlands Geographical Studies 314: 142 p

Sliggers BC (1975) Macro-palaeontologisch onderzoek van twee monsters schelphoudende leem uit een ontsluiting te Middelbeers, 51A. Rijks Geologische Dienst, Macropalaeontological Department, Internal report 978. Haarlem [2]

Spaink G (1958) Groeve te Eindhoven: Beatrixhaven; Groeven funderingsputten Philipsfabrieken te Eindhoven. Rijks Geologische Dienst, Macropalaeontological Department, Internal report 14. Haarlem [7a and b, 14]

Spaink G (1959) Monster sterk zandig gelaagde leem uit handboring 52B/389-198/6 op 2,45-2,60 m.o/m. nabij Castenray (Peelgebied). Rijks Geologische Dienst, Macropalaeontological Department, Internal report 42. Haarlem [17]

Spaink G (1963a) Eindhoven, bouwput Diaconessen Ziekenhuis. Rijks Geologische Dienst, Macropalaeontological Department, Internal report 129. Haarlem [12]

Spaink G (1963b) Eindhoven, bouwput Boerenleenbank. Rijks Geologische Dienst, Macropalaeontological Department, Internal report 133. Haarlem [15]

Spaink G (1966) Udenhout, Handboring 27. Rijks Geologische Dienst, Macropalaeontological Department, Internal report 244. Haarlem [1]

Spaink G (1971a) Eindhoven, rioolsleuf in de Joris Minnestraat, 3.60 m.o/m. Rijks Geologische Dienst, Macropalaeontological Department, Internal report 516. Haarlem [9]

Spaink G (1971b) Eindhoven, bouwput Philips Rekencentrum, 3.50 m.o/m. Rijks Geologische Dienst, Macropalaeontological Department, Internal report 517. Haarlem [13]

Spaink G (1971c) Eindhoven, bouwput Binnenziekenhuis te Woensel, 3.50 m.o/m. Rijks Geologische Dienst, Macropalaeontological Department, Internal report 518. Haarlem [8] *(Note: 'Binnenziekenhuis' is now named: 'Catharinaziekenhuis').*

Spaink G (1972a) Eindhoven, ontsluiting nabij Eckart, ten Noorden van 'St. Jozefdal'. Rijks Geologische Dienst, Macropalaeontological Department, Internal report 509. Haarlem [10]

Spaink G (1972b) Acht, ontsluiting bij de steenfabriek. Rijks Geologische Dienst, Macropalaeontological Department, Internal report 532. Haarlem [5a and b]

Spaink G (1972c) Acht, ontsluiting ten Westen van de Steenfabriek, 1 KM ten Westen van Acht. Rijks Geologische Dienst, Macropalaeontological Department, Internal report 562. Haarlem [29a/b]

Spaink G (1972d) De Brabantse Leem, een compilatie omtrent milieu, genese en stratigrafie. Rijks Geologische Dienst, Macropalaeontological Department, Internal report 712. Haarlem [1, 5a and b, 8/10, 12/15, 17]

Steusloff U (1925) *Succinea antiqua* Colbeau, eine Löss-Schnecke aus dem Diluvium des Niederrhein-Gebietes. Die Eiszeit I (2): 100-102

Tesch P (1929) Lijst der land- en zoetwatermolluscen aangetroffen in de Kwartaire lagen in Nederland. Mededelingen Rijks Geologische Dienst, Serie A 3: 1-32 [6c, 11]

Tesch P (1944) Nieuwe lijst der Kwartaire land- en zoetwatermollusken in Nederland. Mededelingen Rijks Geologische Dienst, Serie A 10: 1-24

Toorn JC van den (1976) Blad Venlo West (52W). Toelichtingen bij de Geologische kaart van Nederland 1:50.000. Rijks Geologische Dienst, Haarlem, 162 p. (revised edition) [17]

Vink APA (1949) Bijdrage tot de kennis van loess en dekzanden, in het bijzonder van de zuidoostelijke Veluwe. Thesis Landbouwhogeschool Wageningen

Vlerk IM van der , Florschütz F (1950) Nederland in het IJstijdvak. De Haan N.V., Utrecht, 287 pp

Germinated seeds of *Hordeum vulgare* var. *nudum* in a Bronze Age context at Eras del Alcázar de Ubeda, Jaén, Spain

Gekiemde korrels van *Hordeum vulgare* var. *nudum* uit een Bronstijd context in Eras del Alcázar de Ubeda, Jaén, Spanje

Eva Mª Montes Moya

Centro Andaluz de Arqueología Ibérica
Laboratorio de Paleoambiente
Universidad de Jaén
Paraje Las Lagunillas, s/n
Edif. C-6
23071
Jaén (Spain)
evamontesmoya@hotmail.com

Abstract

Results are presented for the first time of a study of seeds found at the settlement of Eras del Alcázar de Úbeda (Jaén, Spain). The stratigraphic sequence of the settlement corresponds to uninterrupted prehistoric levels from the Neolithic to the Bronze Age. These levels yielded a great quantity of macro-remains, among which we wish to highlight the identification of a sample taken in the context of a collapsed storage zone from the Bronze Age. There was a noteworthy percentage of germinated *Hordeum vulgare* var. *nudum* seeds. The presence of germinated seeds in storage contexts may be due to two main factors: 1. bad storage conditions that induce the germination, or, 2. a number of intentional processes by humans to encourage germination for a specific use of the grain, e.g. to produce malt. The excellent conservation of the grains has allowed us to ascertain somewhat more about this process and to discover whether the germination was intentional or whether it was due to bad storage conditions. The conclusion is that the latter cause is more probable than the former.

Samenvatting

Het onderwerp van deze bijdrage is een concentratie verkoolde cultuurgewassen gevonden tijdens de opgraving van Eras del Alcázar de Úbeda (Jaén, Spanje). Deze nederzetting was zonder onderbreking bewoond van het tweede kwart van het vierde millennium BC (einde van het Neolithicum) tot het eerste kwart van het tweede millennium BC (einde Bronstijd). De hier behandelde concentratie is afkomstig uit een opslagruinte die door brand is verwoest. Zij dateert uit de Bronstijd. Het overgrote deel van de aangetroffen cultuurgewassen bestaat uit graan, waaronder naakte meerrijige gerst (*Hordeum vulgare* var. *nudum*), en een deel van deze gerst was gekiemd. De vraag was of de kieming het gevolg was van slechte omstandigheden in de opslag of van een door mensen in gang gezet proces, bijvoorbeeld ten behoeve van de productie van mout. De conclusie luidt dat de eerstgenoemde mogelijkheid waarschijnlijker is dan de tweede.

Introduction

The settlement of Eras del Alcázar de Úbeda is located in the province of Jaén, southern Spain (Fig. 1). At this site, the greatest sequence in the recent prehistory of the Upper Guadalquivir River has been documented, showing uninterrupted occupation from the second quarter of the fourth millennium BC (end of the Neolithic) to the first quarter of the second millennium BC (Late to the end of the Bronze Age).

We have radiocarbon datings between 3553+/- 103 and 1831+/-48 cal. BC (Nocete 2008). This is a projection of land on the southern edge of the city of Úbeda, surrounded by outcrops, slopes, and fortified structures, which from the prehistoric period made the zone a suitable defensive zone. The extent of the settlement is difficult to specify due to the small number of excavations of the area. However, prehistoric levels from the second millennium BP have been confirmed in the zones near the settlement, suggesting a surface area of more than 6 ha (Hornos et al. 1985). The seeds studied in this work correspond to a Bronze Age fire level, discovered after cutting a section and cleaning the profile. The structures excavated corresponding to this period reveal a spatial arrangement of huts consisting of a stone base with a structure made of plant matter on top, which in turn was plastered with mortar made of yellow mud. Remnants of this upper structure are reeds and branches found on top of the former fire places on the occupation floors. In several of these huts we found different storage

Fig. 1
Location map of the archaeological site *Kaart met de ligging van de vindplaats*

systems, primarily for cereals and legumes, in plastered pits of different sizes or in ceramic containers.

Materials and methods

The sample of approximately two litres of sediment was directly collected from the section and consisted mainly of the remains of the seeds of cereals and legumes. This was a level of fire that provoked the collapse of some of the storage areas. All the seeds in the sample were collected. Once the seeds were selected, they were identified with the aid of a binocular microscope and the reference collection of the Archaeobotanical Laboratory of the Archaeology Faculty at Leiden University (Netherlands), as well as by the specialized literature for the determination of carpological remains (Renfrew 1973; Jacquat 1988; Küster 1991; Rivera and Obón 1991; Buxó 1997; Alonso 1999; Zohary and Hopf 2004; Nesbitt 2006). The identification of certain cereal species was complicated by carbonisation, which altered some remains and hampered the discrimination between different species of *Triticum* and *Hordeum*. The remains were counted differentiating between complete and fragmented items. The taxonomic identification of the seeds and the fruits followed the systematics of *Flora europaea* (Tutin and Heywood 1964-1980).

Results

More than 1400 remains were identified, among which cereals, legumes, and certain wild plants (mainly crop weeds) were documented. Within the cultivated plants, the remains identified correspond to cereals of the species *Hordeum vulgare* var. *nudum* (naked barley), *Triticum aestivum/durum* (durum wheat), and *Triticum dicoccum* (emmer). The legumes included *Vicia faba* L. (Fig. 2).

The seeds were carbonised by fire, but this also altered their appearance, hampering the discrimination between the different types of cereal, which appear to have been burnt with the glumes, since some remains of these bracts were found attached to the grains. In addition, there were different species of cereals with and without hulls in the same sample.

Some 26% of the seeds of *Hordeum vulgare* var. *nudum* (naked barley) in the sample studied were germinated (Fig. 3).

In these seeds, the germ had begun to develop in the zone of the embryo, presenting different lengths, and indicating that the germination process had begun (Fig. 4). The other cereal species showed no signs of this process.

Discussion

The presence of different types of cereals, as well as legumes, suggests a storage area. Publications on different storage and conservation techniques for grain (Wing and Brown 1979; Sigaut 1988; Alonso 1999) explain the many methods of storage: by prior toasting of the grain, submerging the spikes in water, etc. However, the conservation and storage of live grain is more complex, since the aim is to preserve the biologically active seed, whether for subsequent sowing, for the impossibility of processing the entire crop, or for malting. In this case, the seeds were presumably left to air dry and would then have been stored in bulk. The short-lived seeds, as in the case of cereals, can be stored up to 3 years without appreciable alteration.

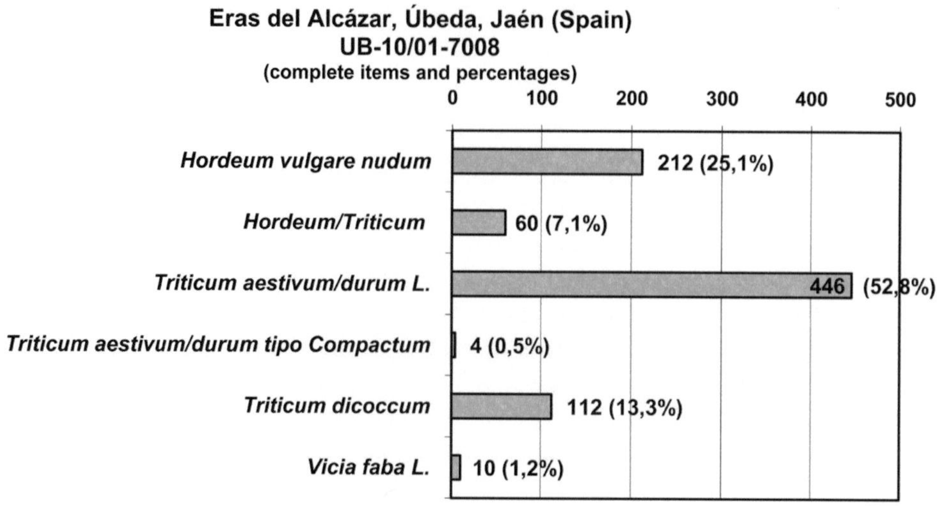

Fig. 2
Histogram of the percentage of cultivated plants in the sample under study

Histogram van het percentage gecultiveerde planten in het bestudeerde monster

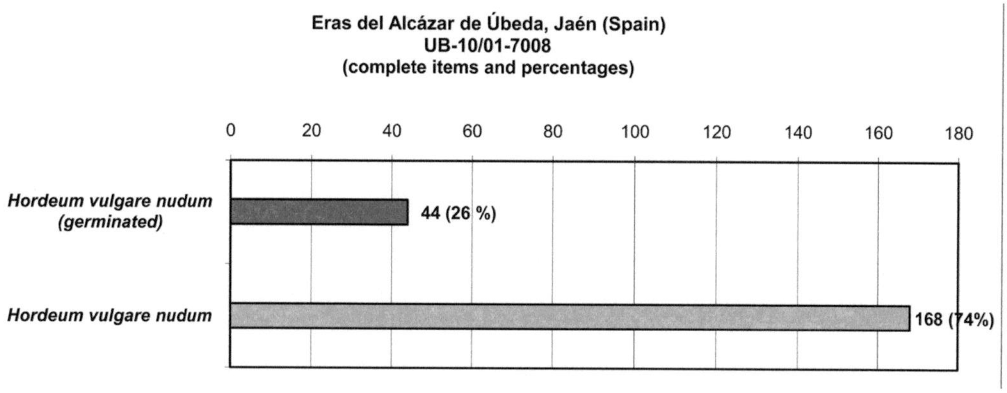

Fig. 3
Histogram of the percentage of germinated grains of Hordeum vulgare nudum in the sample under study

Histogram van het percentage ontkiemde korrels van Hordeum vulgare nudum in het bestudeerde monster

Of all the species of cereals documented, only a percentage of the *Hordeum vulgare* var. *nudum* seeds were found to have germinated (26%). This germination may have been for two reasons: accidental germination caused by poor storage conditions or an alteration of the atmospheric condition in the storage place (humidity, temperature...) that caused the grain to deteriorate or intentional germination by humans, who used some cereal species, normally barley, to make fermented drinks.

Fig. 4
Photographs of carbonised germinated grains of Hordeum vulgare nudum

Foto's van verkoolde ontkiemde korrels van Hordeum vulgare nudum

Accidental germination occurs in grain when the atmospheric conditions in the storage area are not suitable. In these cases, germination can be triggered by excessive dampness in the storage area, which, added to the moisture contained in the seed itself can contribute to considerable deterioration of the grain, provoking germination, especially in the upper layers of seeds being stored. On the other hand, this moisture in the storage zone can also encourage the proliferation of microorganisms such as mould and fungi, which can damage the grain.

As mentioned above, one of the factors that hampered the identification of the grain species was the carbonisation of the glumes. No remains of straw or spikes were found. Presumably, the grain was stored without threshing for better conservation, which applies especially to hulled wheat, such as *Triticum dicoccum*, which has only a thin epidermis that is quite vulnerable to insects and fungi (Jones et al. 1986).

In the case of intentional germination, when the grain is used for malting, it is necessary to allow it to germinate until the sprouts are the same length as the grain. When the germ reaches this length, the grain is toasted long enough to stop the growth of the germ and then the lot is submerged in water and left to ferment (Renfrew 1973). Some authors maintain that the percentage of germinated seeds for the production of malt has to be around 75% (van der Veen 1989). In our case, the germination percentage of 26% would be too low for intentional germination. However, the different germ lengths of the seeds indicate that they were in the process of germination, without this process having been completed, and therefore the final percentage could have been higher.

Conclusion

With the data collected, we cannot conclude whether the germinated seeds found were meant for malt making. Rather, they appear to be the result of poor storage conditions, which triggered germination of some of the seeds, undoubtedly the ones in the upper layers. Other cases of germinated *Hordeum* have been documented, for example in caves of southern France during the Bronze Age (Bouby et al. 2005). However, in open-air settlements, this is not frequent. In the Iberian Peninsula, only two other cases have been reported: La Fonollera (Torroella de Montgrí, Girona) and la Motilla de Azuer (Daimiel, Ciudad Real) (Buxó 1997). The germinated seeds collected at the site of Eras del Alcázar de Úbeda, Jaén, are the first to be documented in Andalusia.

The fact that only the *Hordeum vulgare* var. *nudum* seeds appear to have germinated and none of the rest of the cereals may be significant. The appearance of germinated *Hordeum* seeds is quite unusual in carpological analysis. For this reason, we consider it necessary to emphasize the finding of this taxon in the archaeobotanical record.

Acknowledgements

I would like to express my appreciation to Rafael Lizcano Prestel, who provided the samples for this study. I would also like to thank Ramón Buxó and Natalia Alonso for their observations. Also, my most sincere gratitude to Wim Kuijper of the Archaeobotanical Laboratory of the Archaeology Faculty of the University of Leiden (the Netherlands) for advice on the identification of the material studied.

References

Alonso N (1999) De la llavor a la farina. Els processos agrícolas protohistòrics a la Catalunya Occidenta. Monographies d'Archéologie Mediterranéenne, 4.CNRS. Lattes, Montpellier

Bouby L, Fages G, Treffort JM (2005) Food storage in two Late Bronze Age caves of Southern France: palaeoethnobotanical and social implications. Vegetation History and Archaeobotany 14: 313-328

Buxó R (1997) Arqueología de las plantas. Ed. Crítica, Barcelona

Hornos F, Sánchez M, López J (1985) Excavaciones de urgencia en el sector Saludeja-Redonda de Miradores de la muralla de Úbeda. Anuario Arqueológico de Andalucía, Sevilla: 199-205

Jacquat C (1988) Les plantes de l'age du Bronze. Catalogue des fruits et graines. Archéologie neuchâteloise 7, Neuchâtel

Jones G, Wardle K, Halstead P, Wardle D (1986) Crop storage at Assiros. Scientific American 254: 84-91

Küster H (1991) Phytosociology and Archaeobotany. In: Harris DR, Thomas KD (eds.) Modelling Ecologial Change. Inst. of Archaeology. London, pp 17-25

Nocete F (2008) Dataciones radiocarbónicas. In: Lizcano R, Nocete F, Péramo A (Coord.) Las Eras, Proyecto de Puesta en Valor y uso social del Patrimonio Arqueológico de Úbeda (Jaén). Universidad de Huelva

Nesbitt M (2006) Identification guide for Near Eastern grass seeds. Institute of Archaeology, University College London

Renfrew C (1973) Paleoethnobotany. The prehistoric food plants of the Near East and Europe. Columbia University Press, New York

Rivera D, Obón C. (1991) La guía de INCAFO de las plantas útiles y venenosas de la Península Ibérica y Baleares (excluidas medicinales). Incafo, Madrid

Sigaut F (1988) A method for identifying grain storage techniques and its application for European agricultural history. Tools and Tillage 6: 3-32

Tutin TG, Heywood VH (eds.) (1964-1980) Flora europaea. Cambridge University Press

Veen M van der (1989) Charred Grain Assemblages from Roman-Period Corn Driers in Britain. The Archaeological Journal 146: 302-319

Wing E, Brown A (1979) Paleonutrition: Method and Theory in Prehistoric Foodways. Academic Press, New York

Zohary D, Hopf M (2004) Domestication of Plants in the Old World, 3rd edition (1st edition 1988), Clarendon Press, Oxford

Solanum species, de determinatie van een Nachtschadesoort uit middeleeuws Sint-Oedenrode

Solanum species, the identification of a Nightshade species from medieval Sint-Oedenrode

Cornelie Moolhuizen

ADC ArcheoProjecten
Nijverheidsweg Noord 114
3812 PN Amersfoort
c.moolhuizen@archeologie.nl

Samenvatting

Tijdens de opgraving van de middeleeuwse nederzetting te Sint-Oedenrode, De Heuvel, zijn enkele Nachtschadezaden gevonden. Zij lijken sterk op Tomatenzaden, maar kunnen dit niet zijn op grond van hun datering. Het alternatief is dat het zaden van Donsnachtschade betreft, maar zeker is dit niet.

Abstract

Several *Nightshade* seeds were found during the botanical investigation of the medieval site of Sint-Oedenrode, De Heuvel. Although their morphology was quite similar to that of Tomato seeds (*Solanum lycopersicum* L.), their estimated age did not allow this comparison. An alternative solution was the suggestion of Hairy Nightshade (*Solanum villosum* Mill.). However, no final decisions have been made yet.

Inleiding

Ter ere van Wim Kuijper, zijn eindeloze kennis van zaden en jarenlange ervaring wordt hier een determinatie, met recht een 'lastig geval' behandeld. In 2007 werd onderzoek gedaan naar een aantal middeleeuwse huisplattegronden op het terrein van Sint-Oedenrode, De Heuvel. Tijdens de uitwerking in 2008 werden enkele tientallen zaden gevonden van een moeilijk te determineren Nachtschadesoort. Hoewel op morfologische gronden aan tomaat (*Solanum lycopersicum* L.) werd gedacht, was dit met het oog op de datering vrijwel onmogelijk, en moest gezocht worden naar een geschiktere oplossing.

Archeologisch onderzoek

In 2007 werd op de site Sint-Oedenrode, De Heuvel door ADC ArcheoProjecten een Definitieve Opgraving uitgevoerd onder leiding van J. Vandevelde. In dit onderzoek werd een 13de- tot 18de-eeuws terrein blootgelegd. Hierbij werd een aantal lemen huisvloeren aangetroffen. Onder de meest noordelijke leemvloer, vlak naast een haard, bevond zich een

Fig. 1

Doorsnede van kuil 56 (Vandevelde 2009) *Transect of pit 56 (Vandevelde 2009)*

kuil waarin een aantal volledige kruiken en potten staken (S56, Fig. 1). De meeste van deze voorwerpen stonden nog rechtop in de kuil. Deze kuil werd geïnterpreteerd als mogelijk een voorraadkuil, met daarin een verzameling potten en kruiken waarin keukeningrediënten bewaard werden. De kuil wordt echter afgedekt door de leemvloer, en behoort dus wellicht tot een oudere fase van de huisplaats. Het aardewerk uit de kuil dateerde globaal uit de 13de tot 14de eeuw. De inhoud van het aardewerk is bemonsterd voor botanisch onderzoek, om na te gaan welke producten er eventueel in de potten bewaard werden (Vandevelde 2009). De uitwerking vond eind 2008 plaats te Amersfoort, waar ook het botanisch onderzoek werd uitgevoerd.

Botanisch onderzoek

Methoden

Het monster werd in twee volumes verdeeld. Een volume van 0,5 liter werd gezeefd over een maaswijdte van 0,25 mm, en 4,5 liter sediment werd gezeefd over een maaswijdte van 0,5 mm. De fracties die zo werden verkregen, zijn vervolgens bekeken onder een binoculair met een vergroting van maximaal 40x. Zij zijn volledig onderzocht op botanische macroresten en zaden. Voor de aanvankelijke determinaties is gebruik gemaakt van de zadenatlassen van Beijerinck (1947) en Cappers et al. (2006).

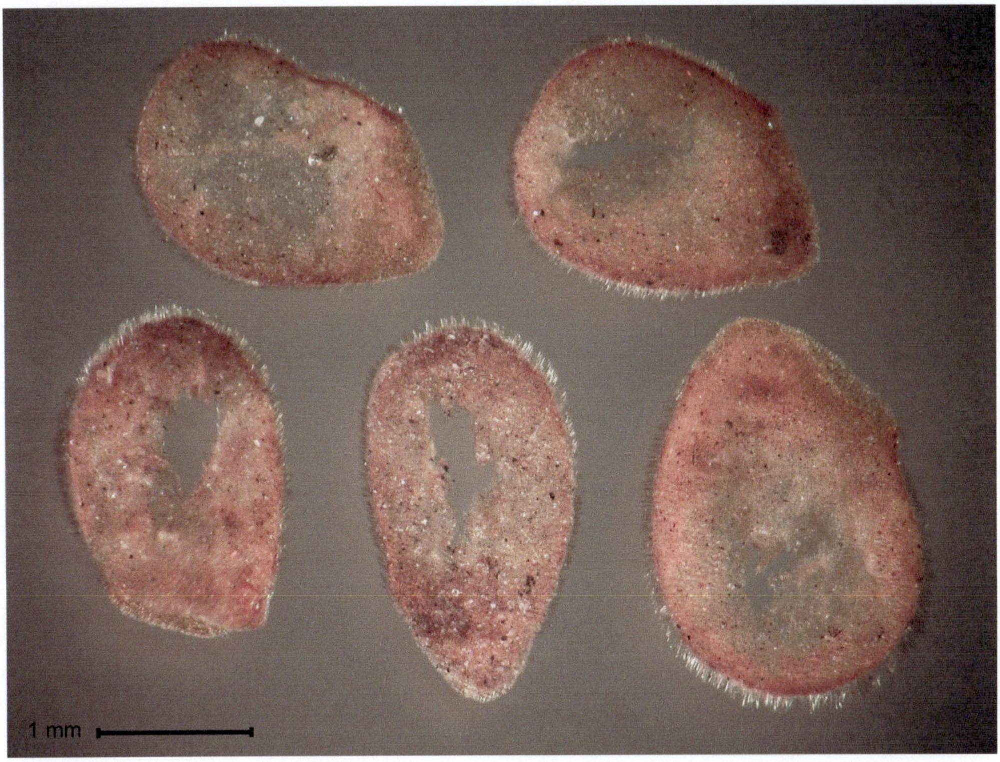

Fig. 2
Vijf van de zaden van de Nachtschadesoort uit monster 51

Five of the seeds of the Nightshade species from sample 51

Resultaten

Bij de analyse werden in monster 51 naast de vele resten van boekweit (*Fagopyrum esculentum*) ook resten van andere gebruiksplanten en wilde planten aangetroffen. Hiertussen bevonden zich onder andere 28 zaden van een Nachtschadesoort. Qua morfologie waren deze vergelijkbaar met de zaden van zwarte Nachtschade (*Solanum nigrum* L.), waar ook een aantal exemplaren van werd aangetroffen in het monster. Het oppervlak van de zaden was echter bezet met korte haren (zie ook Fig. 2). De zaden hadden afmetingen van 2-2,5 mm bij 1,2-1,6 mm.

Op het moment van de eerste determinatie was de veronderstelling, dat binnen Europa de enige bekende soort binnen het geslacht Nachtschade met deze eigenschap de tomaat (*Solanum lycopersicum* L. [*Lycopersicum esculentum* Miller]) was. Deze determinatie stuitte echter op twee bezwaren. Ten eerste leken de zaden, en dan met name de aard van de beharing, niet exact op die van tomaat. Ten tweede waren de zaden afkomstig uit een gesloten context, die op z'n laatst in de 14de eeuw gedateerd kon worden.

Herkomst en ouderdom van Tomaat

Tomaat is van oorsprong afkomstig uit de Nieuwe Wereld, en komt pas vanaf de tweede helft van de zestiende eeuw voor in Europa (zie Houchin, elders in deze bundel).

Tomaat werd in het gebied rond Peru of Mexico gedomesticeerd en Columbus importeerde deze soort vanaf zijn tweede reis al naar Europa. Daar werd zij aanvankelijk vooral als sierplant gebruikt. Later kwam zij pas in trek als voedsel, met name na de Tweede Wereldoorlog (Kalkman 2002). Tijdens de middeleeuwen waren tomaten nog niet aanwezig in Europa. Een vondst hiervan in een 14de-eeuwse context is dan ook onwaarschijnlijk.

Determinatie

Veelgebruikte zadenatlassen, zoals die van Beijerinck (1947) en die van Cappers et al. (2006) geven als mogelijkheid voor Nachtschade met behaard zaadoppervlak alleen *Solanum lycopersicum* L.. Gezien de geringe kans dat het in de middeleeuwse context om een Nieuwe Wereldsoort ging, moest deze optie verworpen worden.

Bij gebrek aan een passende oplossing bleef de determinatie tijdelijk steken op *Solanum* sp. Na het bekijken van de zaden werd door R. Cappers echter met enig voorbehoud gewezen op het bestaan een vergelijkbare Nachtschadesoort, afgebeeld in *Atlas of seeds and fruits of Central and east-European flora* (Bojňanský en Fargašová 2007). In deze atlas is de enige Nachtschadesoort met behaarde zaden, afgezien van tomaat, *Solanum alatum* Moench. Als geldige naam werd *Solanum villosum* Mill. gegeven (R. Cappers, pers. comm. maart 2009). Hoewel de soort morfologisch niet precies overeenkomt, kloppen de afmetingen en de aanwezigheid van beharing op de zaden wel.

Solanum villosum Mill.

Achter de naam van *S. villosum* Mill., in het Nederlands Donsnachtschade, schuilt geen eenvoudige taxonomie, en de soort is lastig te plaatsen binnen het geslacht Nachtschade. Verschillende synoniemen die worden gegeven, zijn eerder genoemde *S. alatum* Moench. en *S. miniatum* Bernh.. Dehmer en Hammer (2004) beschouwen deze nachtschade in hun moleculair onderzoek naar de taxonomie van het geslacht Nachtschade als een afzonderlijke soort. Yousaf et al. (2006) concluderen echter op basis van eiweit-onderzoek dat *S. villosum* Mill. in feite een ondersoort is van *S. nigrum* L.

S. villosum Mill. is eenjarig en wordt tot 40 cm hoog (Bojňanský en Fargašová 2007). Deze plant is tegenwoordig wijdverbreid in tropische gebieden, waar hij geconsumeerd wordt als bladgroente (Ojiewo et al. 2007). Dit doet uiteraard de vraag rijzen, mocht de determinatie kloppen, wat een tropische plant als deze deed in een middeleeuws stuk aardewerk in Sint-Oedenrode.

Conclusie

De zaden van de Nachtschadesoort, die in Sint-Oedenrode, De Heuvel zijn aangetroffen, kunnen door hun ouderdom geen *Solanum lycopersicum* L. zijn. Morfologisch gezien vertonen ze tevens overeenkomsten met *S. nigrum* L., maar tot op heden zijn geen voorbeelden bekend van zaden van deze soort die beharing hebben zoals de aangetroffen exemplaren. Mogelijk zijn zij van *Solanum villosum* Mill., al roept de mogelijke aanwezigheid van deze soort in middeleeuwse context nog steeds vragen op. Aanvullende ideeën zijn dan ook nog altijd welkom.

Dankwoord

Deze bijdrage is tot stand gekomen met dank aan Wim Kuijper zelf, René Cappers, Hanneke Bos, Robine Houchin en steun van ADC ArcheoProjecten.

Literatuur

Beijerinck W (1947) Zadenatlas der Nederlandsche Flora. Veenman, Wageningen

Bojňanský V, Fargašová A (2007) Atlas of seeds and fruits of Central and East-European flora. Springer, Dordrecht.

Cappers RTJ, Bekker RM, Jans JEA (2006) Digitale zadenatlas van Nederland. Groningen Archaeological Studies 4. Barkhuis Publishing, Eelde. www.zadenatlas.nl

Dehmer KJ, Hammer K (2004) Taxonomic status and geographic provenance of germplasm accessions in the *Solanum nigrum* L. complex: AFLP data. Genetic Resources and Crop Evolution 51: 551-558

Kalkman C (2002) Planten voor dagelijks gebruik: botanische achtergronden en toepassingen. KNNV Uitgeverij, Utrecht

Ojiewo CO, Murakami K, Masinde PW, Agong SG, Masuda M (2007) Effects of day-length and temperature on floral structure and fertility restoration in a season-dependent male-sterile *Solanum villosum* Mill. mutant. Euphytica 158: 231-240

Vandevelde J (2009) Huizen langs De Heuvel, een archeologische opgraving te St.-Oedenrode. ADC ArcheoProjecten, Amersfoort

Yousaf Z, Masood S, Shinwari ZK, Khan MA, Rabani A (2006) Evaluation of taxonomic status of medicinal species of the genus *Solanum* and *Capsicum* based on poly acrylamide gel electrophoresis. Pakistan Journal of Botany 38(1): 99-106

The occurrence of *Salvinia natans* in the Netherlands during the middle Holocene

Het voorkomen van *Salvinia natans* in Nederland gedurende het Holoceen

Welmoed A. Out

Leiden University, Faculty of Archaeology
PO Box 9515, 2300 RA Leiden, the Netherlands
waout@hotmail.com

Abstract

In 1966, Zandstra published a paper on the occurrence of *Salvinia natans* in Atlantic Rhine deposits in the Netherlands. Since then, research in Dutch wetlands has yielded several more subfossil finds. This paper aims to provide an updated overview of finds and to summarise the information on their origin, distribution and age.

Samenvatting

In 1966 verscheen er een artikel van Zandstra over het voorkomen van *Salvinia natans* in Atlantische Rijnafzettingen in Nederland. Er zijn sindsdien verscheidene nieuwe subfossiele vondsten aangetroffen in Nederlandse *wetlands*. Dit artikel beoogt een nieuw vondstoverzicht te geven en een samenvatting van de herkomst, verspreiding en ouderdom van de vondsten.

Introduction

Salvinia natans is only seldom found at Dutch archaeological sites and is presumably not part of the present Dutch vegetation. Subfossil finds are known from palaeoecological studies in Europe from Pleistocene interglacials, particularly from the Eemian (Ipswichian; e.g. Turner 2000; van der Ham et al. 2008), as well as from the Holocene (e.g. Zandstra 1966). During an archaeobotanical literature study on Late Mesolithic and Early and Middle Neolithic Dutch wetlands sites, it appeared that *Salvinia natans* has regularly been identified and reported. Wim Kuijper has been involved directly or indirectly in the research on many of these sites. Wim explained that colleagues initially raised the question whether the Dutch Mid-Holocene finds could possibly represent reworked Pleistocene material or material transported by the Rhine from more southern regions. Indeed, long-distance transport by river water is a relevant factor of pollen deposition in the river area (Florschütz and Jonker 1940; van der Woude 1983, p. 20-23). Therefore, this paper aims to provide a short overview of earlier research on Holocene finds of *Salvinia natans* and of more recently reported finds, mainly based on the analysis of published archaeobotanical literature. It is investigated what the indications of local occurrence of *Salvinia natans* are in the Netherlands during the Holocene and when and where the species occurred.

Fig. 1
Development of Salvinia natans. Upper part figure: sporophyte; node with sporocarps; sporocarps with microsporangia (left) and megasporangia (right). Middle part figure: megasporangium with megaspore that is surrounded by the perispore; microsporangium with massulae containing microspores; megasporangium with prothallium and archegonia; microsporangium with prothallia and antheridia. Lower part figure: megasporangium, prothallium and stabilising leaves; megaspore, stabilising leaves, prothallium and young sporophyte; (megaspore,) stabilising leaves, prothallium and sporophyte
Illustration: Library University of Amsterdam (UvA), special coll., SAE 01-077.538

Ontwikkeling van Salvinia natans. Bovenste deel figuur: sporofiet; knoop met sporocarpen; sporocarpen met microsporangia (links) en megasporangia (rechts). Middelste deel figuur: megasporangium met megaspore die omringd is door de perispore; microsporangium met massulae die microsporen bevatten; megasporangium met prothallium en archegonia; microsporangium met prothallia en antheridia. Onderste deel figuur: megasporangium, prothallium en stabiliserende bladeren; megaspore, stabiliserende bladeren, prothallium en jonge sporofiet; (megaspore,) stabiliserende bladeren, prothallium en sporofiet

Ecology of *Salvinia natans*

Salvinia natans (Salviniaceae) is an annual, free-floating aquatic fern with leaves of up to 15 cm long (see Figure 1). The stem and leaves are covered with small hairs (van der Meijden 1996). The species has an Eurasian, continental distribution. At present, it occasionally occurs in the Netherlands but this presumably concerns adventives only. The species grows in fresh, eutrophic, stagnant water of 2-4 metres depth (Zandstra 1966; Wolff and Schwarzer 2005). The species is thermophilous and needs a water temperature of 14-17°C for germination (Wolff and Schwarzer 2005). Reproduction occurs vegetatively and by spores. The species is heterosporous and produces trilete microspores that function as male gametophytes and trilete megaspores that function as female gametophytes.

Earlier research

Florschütz and Jonker (1940) published the first Dutch or even first West European Holocene finds of *Salvinia natans* from Utrecht and Wijk bij Duurstede. The authors excluded the possibility of transport of *Salvinia natans* from the upper Rhine regions because of the presence of intact megasporangia (characterised by a reticulate network), the occurrence of remains in several samples at a specific depth only and the shape of the *Salvinia* curve in the published diagram that points to local presence (Florschütz and Jonker 1940).

In 1966, Zandstra presented the three Dutch Holocene *Salvinia* find spots that were known at that time (Alphen aan de Rijn, Utrecht and Wijk bij Duurstede, all dating to the Atlantic) and additionally presented a pollen diagram from a new find location, the Vuylcop polder (province of Utrecht). Zandstra provided a reconstruction of the environment of *Salvinia natans*, listed the water plants that were found together with *Salvinia natans*, and also argued that the *Salvinia* finds from Vuylcop were of local origin. Arguments in favour of a local origin are the finds of microspores, megaspores and many massulae (containing mature spores), the contemporaneous presence of other aquatics, and the occurrence of *Salvinia natans* over a considerable period that is restricted to the Atlantic. The paper appears to suggest that *Salvinia natans* is an indicator species of the Atlantic (Zandstra 1966, p. 392-393; further discussed below). The diagram of Vuylcop (not dated) also shows *Salvinia* finds in the Sub-Boreal pollen zone; these finds are not discussed.

In the diagram of Alphen aan de Rijn (Jelgersma 1961), *Salvinia* microsporangia are present in eight subsequent samples (one of them dating to 5306-4851 cal BC), and the values reach up to 3%. Jelgersma also identified microspores of cf. *Salvinia* (quantity unknown) in a clay sample from a core at Ternaard (province of Friesland) that is slightly older than 3341-2580 cal BC (Sub-Boreal). Local occurrence of *S. natans* at this location is unlikely since it concerns a single sample from sediment that does not exclude transport of the spore from elsewhere. Moreover Jelgersma interpreted the relevant pollen zone as indicative of a brackish, marine environment while *S. natans* is a freshwater plant.

Results: new finds of *Salvinia natans*

During a recent archaeobotanical literature study, it became clear that various new Dutch subfossil finds of *Salvinia natans* have been documented since the publication by Zandstra. Table 1 shows the names of all Dutch Holocene finds that are known to the author, the type of finds, and references. Figure 2 shows the localities. All sites are discussed below, as well as some details of the relevant samples (see Out 2009 for more information on most archaeological sites). The finds are dated indirectly by stratigraphy or by interpretation of the pollen spectra. The overview may be incomplete due to an underrepresentation of geological and palaeoecological sources.

Table 2 shows which other indicators of open water were found in samples that contained *Salvinia natans* (non-pollen palynomorphs not included). For individual sites, taxa from various samples are combined. Taxa indicative of other vegetation types, such as woodland of dry terrain, alder carr and marshes, are not provided. Table 2 shows that remains of

	site	microspores	megaspores	reference
1	Wijk bij Duurstede	+	+	Florschütz and Jonker 1940
2	Utrecht (Domplein)		1	Florschütz and Jonker 1940
3	Alphen aan de Rijn	+		Jelgersma 1961
4	Ternaard	cf. +		Jelgersma 1961
5	Polder van Vuylkop	++	++	Zandstra 1966
6	Goudriaan	+		Out 2009
7	Bergambacht	+		Out 2009
8	Rotterdam Central Station		1	Guiran and Brinkkemper 2007
9	Hardinxveld-Giessendam Polderweg		++	Bakels and Van Beurden 2001
9	Hardinxveld-Giessendam De Bruin		+	Bakels et al. 2001
10	Bergschenhoek		1	Out 2009
11	Meerdonk		+	Out 2009; Verbruggen in prep.
12	Brandwijk-Kerkhof	(cf.) +	++	Out 2008; 2009
13	Hazendonk	?		Out 2009
14	Hornaar-Lage Giessen		+	Van Hoof et al. 2008
15	Schokkerhaven-E170	++	++	Weijdema et al. in prep.

Table 1
Holocene finds and find locations of Salvinia natans in the Netherlands. The numbers of the site locations correspond with the numbers in Fig. 1. The distinction between spores and sporangia is not always clear from the literature sources; the text provides more information on some of the finds. 1: one find, +: a few, ++: many

Holocene vondsten en vindplaatsen van Salvinia natans in Nederland. De nummers van de vindplaatsen komen overeen met de nummers in Fig. 1. Het onderscheid tussen sporen en sporangia is niet altijd duidelijk in de literatuur; de tekst geeft meer informatie over sommige vondsten. 1: één vondst, +: enkele, ++: veel

Chara, *Nuphar lutea*, *Nymphaea alba* and *Potamogeton* are most commonly found together with *S. natans* in palaeoecological and archaeobotanical samples. Almost all water plants that are found together with *S. natans* are indicative of eutrophic conditions and predominantly indicative of stagnant to slowly running water. This confirms the earlier conclusions of Zandstra (1966). Many of the taxa tolerate weak brackish conditions, but none needs brackish or marine conditions, while the common species *Nuphar lutea* and *Nymphaea alba* do not tolerate such conditions at all.

Bergambacht

An undated pollen diagram of Bergambacht was analysed in 1974 as part of a study by the Stichting voor Bodemkartering (archive K. Koelbloed). Microspores of *Salvinia* (not quantified) were attested in three samples in the first zone of the diagram that presumably dates to the Late Atlantic and/or Sub-Boreal (based on interpretation of the presence of various taxa including *Salvinia*). The sediment of the relevant part of the core consisted of peat with wood remains. Although there is only little context information, the find seems to represent local vegetation as the age and the sediment do not suggest the presence of reworked material.

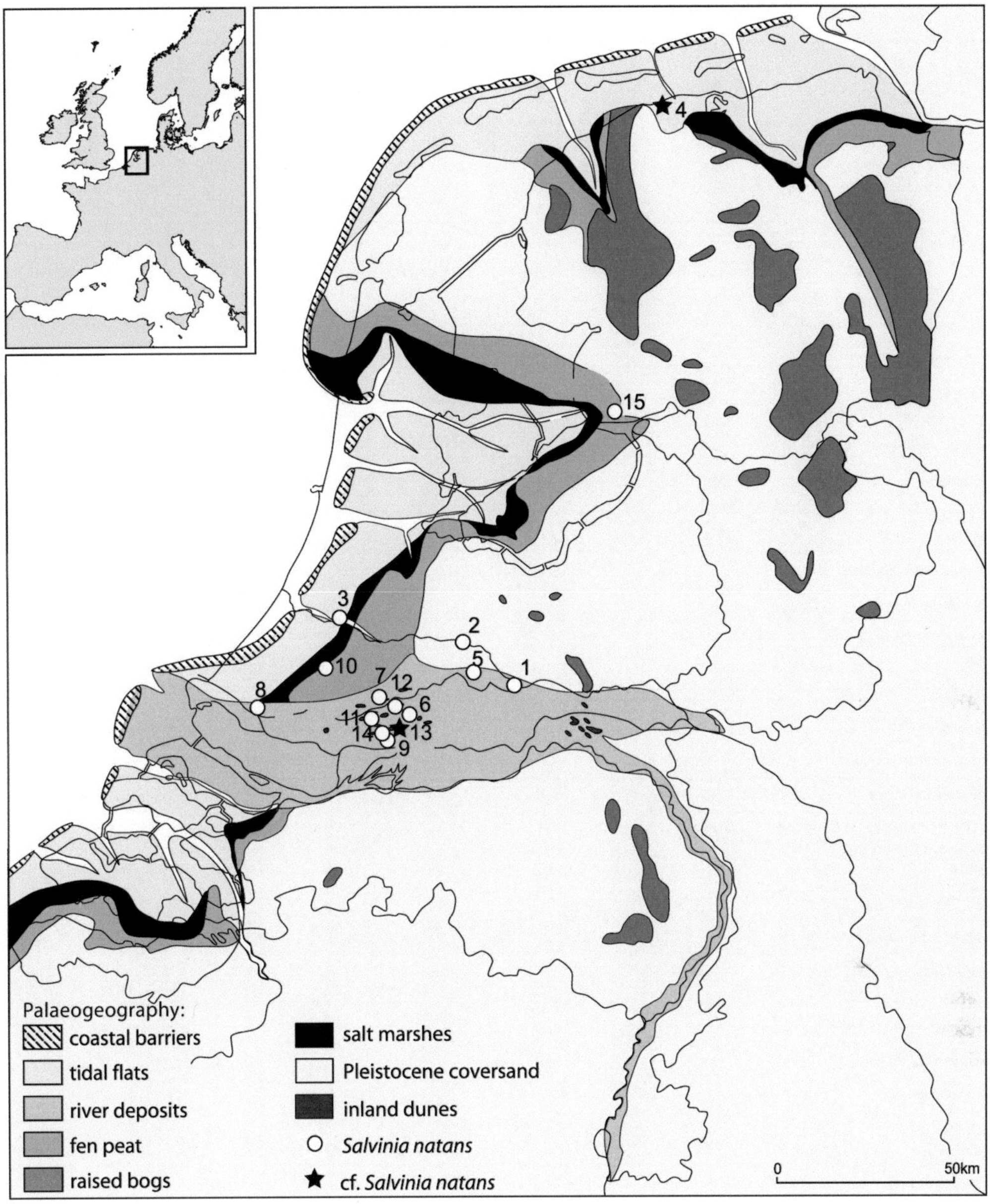

Fig. 2
Find locations of Salvinia natans. See Table 1 for the names of the locations

Vindplaatsen van Salvinia natans. Zie Tabel 1 voor de plaatsnamen

Goudriaan

The pollen diagram of Goudriaan resulted from research by the National Geological Survey (de Jong 1985). Two samples in the highest zone of the diagram, dating after 2900 cal BC and characterised by clayey sediment, contained microspores (not quantified) of *Salvinia*. Due to the type of sediment and the age, it is not clear whether it concerns local vegetation

	site												characteristics taxon					
	Alphen a/d Rijn	Vuylcop	Wijk bij Duurstede	Rotterdam CS	Bergambacht	Polderweg, phase 1	Polderweg, phase 2	De Bruin, phase 3	Bergschenhoek	Meerdonk	Brandwijk-Kerkhof	Hazendonk	ecological group	water current min	water current max	water current ext	salinity min	salinity max
type of remains	p	p	m	m	p	m	m	p/m	p	m	p/m	p						
Taxon and type of remains																		
Callitriche sp., pollen												+	4a	9	9	9	0	0-2
Callitriche sp., macroremains										+	+							
Ceratophyllum sp., pollen								+					4a	9	9	9	0	1-2
Ceratophyllum sp., macroremains						+												
Chara sp., oospores			+	+		+				+	+							
Elatine hydropiper, macroremains				+						+			4b	9	9	9	0	0
Elatine triandra, macroremains				+						+								
Eupotamogeton, pollen												+						
Hydrocharis morsus-ranae, macroremains						+							4a	1	2	0	0	1
Lemna sp., pollen												+	4a	1	2/1	3/2	0	0/2
Myriophyllum sp., pollen	+	+															0	0/1
Myriophyllum spicatum, pollen												+	4a	1	5	0	0	1
Myriophyllum verticillatum, pollen												+	4b	1	2	0	0	0
cf. *Myriophyllum verticillatum*, macroremains						+												
Najas marina, macroremains				+		+					+		4a	1	2	0	0	2
Najas minor, macroremains				+							+		4a	1	2	0	0	0
Nitella sp./*Nitellopsis* sp., oospores				+														
Nuphar sp., pollen	+	+						+	+			+						
Nuphar lutea, macroremains			+			+	+	+					4a	1	2	3	0	0
Nymphaea sp., pollen	+	+			+			+	+			+						
Nymphaea alba, macroremains			+	+		+	+	+		+	+		4a	1	1	2	0	0
Potamogeton sp., pollen	+	+			+			+			+		4a/b	1	2/3		0	0-2
Potamogeton sp., macroremains			+			+	+				+							
Potamogeton cf. *pectinatus*, pollen												+	4a	1	3	0	0	2
Potamogeton perfoliatus, macroremains				+									4a	1	3	0	0	2
Ranunculus aquatilis-type, macroremains			+								+		4a	1/2	5/2		0	1
Trapa natans, spines				+			+				+			1	1	9	0	0
Zannichellia palustris, macroremains											+			1	2	0	0-1	2
Z. palustris ssp. *pedicellata*, macroremains				+									4a	1	2	0	0	2

Table 2 (left page)
Plants and green algae that were found as pollen or botanical macroremains in samples that also contained Salvinia natans, and some characteristics of those species (Biobase 2003). Details of the site Schokkerhaven-E170 are not included in this table. Type of remains: p: pollen; m: botanical macroremains. Ecological group: 4a: plants of eutrophic water; 4b: plants of oligotrophic water. Water current: 0: unknown; 1: stagnant; 2: sluggish; 3: steady; 5: very quickly running; 9: not relevant. Salinity: 0: fresh; 1: weakly brackish; 2: brackish. Min: minimum; max: maximum; ext: extreme. +: present

Planten en groene algen waarvan pollen of botanische macroresten zijn gevonden in monsters die ook Salvinia natans bevatten, en enige kenmerken van die soorten (Biobase 2003). Details van de vindplaats Schokkerhaven-E170 zijn niet in deze tabel opgenomen. Type resten: p: pollen; m: botanische macroresten. Ecologische groep: 4a: planten uit eutroof water; 4b: planten uit oligotroof water. Stroomsterkte van het water: 0: onbekend; 1: stilstaand; 2: traag; 3: constant; 5: heel snel stromend; 9: niet relevant. Zoutgehalte: 0: zoet; 1: zwak brak; 2: brak. Min: minimum; max: maximum; ext: extreem. +: aanwezig

or reworked material, while other pollen curves suggest the possibility of inter-regional pollen transport by river water (Out 2009, p. 41). The relevant sample did not contain other remains of aquatics.

Rotterdam Central Station

A gully next to the site of Rotterdam Central Station yielded one megaspore of *S. natans* (Guiran and Brinkkemper 2007). The spore, collected from a clayey core sample, dates between 5600 and 5400 cal BC (van Haaster and Brinkkemper 1995; RADAR version 2006). The sample that contained *Salvinia natans* also contained indicators of brackish conditions, which were presumably transported by water from salt marshes located west of the site (Guiran and Brinkkemper 2007, p. 38-42).

Hardinxveld-Giessendam Polderweg

Megaspores and megasporangia of *Salvinia natans* from Hardinxveld-Giessendam Polderweg date to the occupation phases 1 (5500-5300 cal BC) and 2 (around 5000 cal BC) (Bakels and Van Beurden 2001; Louwe Kooijmans 2001a). Finds were retrieved from samples consisting of clayey peat, sandy peat, peat and peaty clay. *Salvinia natans* was found in c. 30 samples. The estimated quantification (resulting from counting fractions of samples) in individual samples varies between one and ten thousand.

Hardinxveld-Giessendam De Bruin

Megaspores of *Salvinia natans* from Hardinxveld-Giessendam De Bruin are known from three samples, all dating to the third occupation phase (4700-4450 cal BC) (Bakels et al. 2001; Louwe Kooijmans 2001b). The sediment of the relevant samples consisted of sandy peat, clayey peat and peaty clay. In contrast to Polderweg, only several dozens of spores were found.

Bergschenhoek

People visited Bergschenhoek seasonally during 10-20 years between 4350 and 4050 cal BC (Louwe Kooijmans 1987). The humic clay directly next to the site and presumably contemporaneous with occupation revealed one megaspore of *Salvinia natans* (identification W.J.

Kuijper; Out 2009). The sample that contained the megaspore contained also, apart from remains of other freshwater taxa, a pollen grain of *Armeria/Limonium*, indicating brackish influxes.

Meerdonk

A few megaspores of *Salvinia natans* were found in a peaty core sample related to occupation at the river dune Meerdonk between 4030-3910 cal BC (Verbruggen in prep.). The botanical remains were identified by W.J. Kuijper.

Brandwijk-Kerkhof

At Brandwijk-Kerkhof, megaspores of *Salvinia natans* were attested in peaty and clayey layers around the river dune dating from 4470 to 3630 cal BC (layers 45, 50, 60 and 70) (identification W.J. Kuijper; Out 2009; Verbruggen in prep.). *Salvinia natans* was particularly found in those samples sieved on a 0.25 mm sieve, including most of the samples of two sample columns. *Salvinia* remains were common in the best investigated layer 50 (dating between 4220-3940 cal BC, consisting of sandy peat, estimated quantity of *S. natans* hundreds to a few thousands in four single samples) and a clay layer directly above layer 50, layer 70 (dating between 3700–3630 cal BC, estimated quantity of *S. natans* a few hundred megaspores). Many of the finds from layer 70 still included the fragile, reticulate sporangium wall, demonstrating good preservation and pointing to local growth (unpublished data W.J. Kuijper). Microspores were attested during pollen analysis (core D, sample depth: 521, 541 and 581 cm –NAP). The relevant samples are contemporaneous with the archaeological layers 50 and/or 60 (Out 2008).

Hazendonk

At the Hazendonk, occupied intermittently between 4000 and 2500 cal BC and located in the same area as various of the sites presented above, there are no finds of megaspores of *Salvinia natans*. This may be related to the local environmental conditions or possibly to the time of research, as it was one of the earliest investigated Stone Age river dunes in the local area. Finds of both pollen and carbonised macroremains of the thermophilous species *Trapa natans* dating to phase Haz 3 at this site (3670-3610 cal BC) suggest that the temperature was probably no restriction for the occurrence of *Salvinia natans* at the Hazendonk.

The high quality analysis of pollen and non-pollen palynomorphs of the Hazendonk resulted in repetitive identification of trilete, psilate spores that were tentatively identified as cf. *Salvinia natans* (A. Louwe Kooijmans unpublished data). If not representing *Salvinia*, they could alternatively represent *Azolla*. The spores were regularly found in three different cores and sample columns (57, 3, and 2) and show high values (peak values up to 10% of the upland pollen sum) from phase Haz 2 onwards until phase Haz 3. The sediment of these samples consists of peat, clayey peat and clay, and the pollen curves indicate an increased water level or an increase of the flooding frequency. Other pollen analyses at the Hazendonk (Louwe Kooijmans 1974; van der Wiel 1982, van der Woude 1983) did not demonstrate the presence of *Salvinia natans* or *Azolla*.

Hoornaar-Lage Giessen

The site Hoornaar-Lage Giessen was occupied somewhere between 4000 and 3700 cal BC (van Hoof et al. 2008). The botanical remains of a single sample from the find layer, consisting of 5 litres of humic sand rich in charcoal, were poorly preserved but nevertheless contained megaspores of *Salvinia natans* (identification W.J. Kuijper). The sample did not contain other aquatics.

Schokkerhaven-E170

Analysis of a samples series at Schokkerhaven-E170 revealed microspores, microsporangia and megasporangia of *Salvinia natans*, dating between c. 4000 and 3700 cal BC (Weijdema et al. in prep., second opinion *S. natans* by W.J. Kuijper; pers. comm. O. Brinkkemper).

Discussion

Local occurrence of S. natans in the Netherlands during the Holocene

This overview shows that various new finds of *Salvinia natans* in the Rhine/Meuse river area have been discovered since the 1960s. As the presented results are based on a study that focused on certain regions and types of sources, it is expected that there are more find locations. As already concluded by Florschütz and Jonker (1940) and Zandstra (1966), the new results confirm that *Salvinia natans* occurred in Dutch wetlands during the middle Holocene. The species has been found at a considerable number of sites and has also been found at some individual sites (Polderweg, Brandwijk-Kerkhof, and Schokkerhaven-E170) in a considerable number of samples. Additionally, the finds have been derived from deposits consisting of peat, sandy or clayey peat and clay. In the case of finds from clay, long-distance transport could be the case, but this is less likely for samples from peaty sediment. The megaspores at the find locations Polderweg, Brandwijk-Kerkhof and Schokkerhaven-E170 were still covered by the reticulate sporangium wall, which would be less likely in the case of long-distance transport or reworking of material. (The presence of megasporangia is not always clear for other sites where megaspores have been found). At Brandwijk-Kerkhof and Schokkerhaven-E170, both micro- and megaspores have been identified. One sample series from Brandwijk-Kerkhof furthermore shows a curve of *Salvinia natans* that supports the (extra-)local growth of the species. Nevertheless, local occurrence of *S. natans* is not demonstrated for all of the sites, particularly not for Ternaard, Rotterdam Central Station, Goudriaan and Bergschenhoek, as these finds may represent single finds, transported by river water from elsewhere in the Dutch river area. Local occurrence is particularly unlikely for the find from Ternaard (see the section Results).

Former distribution in the Netherlands during the Holocene

Almost all Dutch Holocene finds of *Salvinia natans* are distributed from Rotterdam in the west to Wijk bij Duurstede in the east. Interestingly, the find location at Schokkerhaven-E170 (province of Flevoland) demonstrates that the occurrence *Salvinia natans* is not restricted to the Rhine/Meuse river area only but also occurred in more northern parts of the Netherlands. Furthermore, the two single finds at Rotterdam and Bergschenhoek show that remains of the species can also be found in the western part of the river area where marine influence occurred. Local occurrence of *S. natans* at these sites is, however, not demonstrated (see previous section). Furthermore, these finds do not imply that *Salvinia natans* tolerates brackish water since the local and contemporaneous occurrence of both the halophilous taxa and *Salvinia natans* is not demonstrated.

Age

The *Salvinia* records of Florschütz and Jonker (1940), Jelgersma (1961) and Zandstra (1966) all date to the Atlantic and were found in Rhine deposits. While Florschütz and Jonker (1940) stated that the finds are not necessarily restricted to the Atlantic, Zandstra (1966, p. 389, 393) suggested that it "would ... appear likely that *Salvinia natans* had a natural habitat in the Rhine delta in the Atlantic", and argued that "The Atlantic supplied the need of a warmer climate than that prevailing today" (despite *Salvinia* finds in a Sub-Boreal pollen zone). However, the youngest finds from Schokkerhaven-E170, Brandwijk-Kerkhof and Hoornaar-Lage Giessen date between 4000 and 3700/3630 cal BC, the transition from the Atlantic to the Sub-Boreal (cf. Weijdema et al. in prep.; see also Kuijper in van Hoof et al. 2008). The broad time range of most of the relevant deposits does not allow to draw a final conclusion on whether the species was present in the Netherlands during the Sub-Boreal. A single sample from Brandwijk-Kerkhof (layer 70) is nevertheless dated indirectly to the Sub-Boreal properly.

Acknowledgements

The author is grateful to Wim for the years of training in Archaeobotany, for sharing his knowledge and skills (also during the writing of this paper), and for the good atmosphere in the lab. The author would also like to thank O. Brinkkemper, who kindly provided suggestions including information on Schokkerhaven-E170, and M. Field for discussion of figure 1.

References

Bakels CC, Beurden LM van (2001) Archeobotanie. In: Louwe Kooijmans LP (ed.) Archeologie in de Betuweroute. Hardinxveld-Giessendam Polderweg. Rapportage Archeologische Monumentenzorg 83: 325-378

Bakels CC, Beurden LM van, Vernimmen TJJ (2001) Archeobotanie. In: Louwe Kooijmans LP (ed.) Archeologie in de Betuweroute. Hardinxveld-Giessendam De Bruin. Rapportage Archeologische Monumentenzorg 88: 369-434

Florschütz F, Jonker FP (1940) A botanical analysis of a Late-Pleistocene and Holocene profile in the Rhine delta. Recueil des Travaux Botaniques Néerlandais 36: 686-696

Guiran AJ, Brinkkemper O in cooperation with Brinkhuizen DC, Klink A (2007) Rotterdam-Randstadrail: archeologisch onderzoek 1 Emplacement Centraal Station. BOOR Rapport 318

Haaster H van, Brinkkemper O (1995) RADAR, a relational archaeobotanical database for advanced research. Vegetation History and Archaeobotany 4 (2): 117-125

Ham RWJM van der, Kuijper WJ, Kortselius MJH, Burgh J van der, Stone GN, Brewer JG (2008) Plant remains from the Kreftenheye Formation (Eemian) at Raalte, The Netherlands. Vegetation History and Archaeobotany 17 (1): 127-144

Hoof LGL van with contributions by Kuijper WJ, Knippenberg S (2008) Hoornaar-Lage Giessen. Neolithische bewoning op een donk in gemeente Giessenlanden. Archol Rapport 96

Jelgersma S (1961) Holocene sea level changes in the Netherlands. PhD thesis Leiden University (Mededelingen Geologische Stichting C6 (7))

Jong J de (1985) Pollenanalytisch- en C14-onderzoek aan boringen bij Goudriaan. National Geological Survey internal report 983

Louwe Kooijmans LP (1974) The Rhine/Meuse delta. Four studies on its prehistoric occupation and holocene geology. PhD thesis Leiden University

Louwe Kooijmans LP (1987) Neolithic settlement and subsistence in the wetlands of the Rhine/ Meuse delta. In: Coles JM, Lawson AJ (eds) European wetlands in Prehistory. Clarendon Press, Oxford, pp 227-251

Louwe Kooijmans LP (2001a) Archeologie in de Betuweroute. Hardinxveld-Giessendam Polderweg. Rapportage Archeologische Monumentenzorg 83

Louwe Kooijmans LP (2001b) Archeologie in de Betuweroute. Hardinxveld-Giessendam De Bruin. Rapportage Archeologische Monumentenzorg 88

Meijden R van der (1996) Heukels' Flora van Nederland. Wolters-Noordhoff, Groningen

Out WA (2008) Neolithisation at the site Brandwijk-Kerkhof, the Netherlands: natural vegetation, human impact and plant food subsistence. Vegetation History and Archaeobotany 17 (1): 25-39

Out WA (2009) Sowing the seed? Human impact and plant subsistence during the Late Mesolithic and Early and Middle Neolithic (5500-3400 cal BC). PhD thesis Leiden University (Archaeological Series Leiden University 18)

Statistics Netherlands (2003) BioBase 2003. Register biodiversiteit, Voorburg

Turner C (2000) The Eemian interglacial in the North European plain and adjacent areas. Netherlands Journal of Geosciences 79 (2-3): 217-231

Verbruggen M (in prep.) Neolithicum op de donken. RAAP Rapport 1234

Weijdema F, Brinkkemper O, Peeters H, Geel B van (in prep.) Early Neolithic human impact on the vegetation in a wetland environment in the 'Noordoostpolder', central Netherlands

Wiel AM van der (1982) A palaeoecological study of a section from the foot of the Hazendonk (Zuid-holland, the Netherlands), based on the analysis of pollen, spores and macroscopic plant remains. Review of Palaeobotany and Palynology 38: 35-90

Wolff P, Schwarzer A (2005) Der Schwimmfarn *Salvinia natans* (L.) All. (Salviniaceae) in der Pfalz. Pollichia 91: 83-96

Woude JD van der (1983) Holocene paleoenvironmental evolution of a perimarine fluviatile area. Geology and paleobotany of the area surrounding the archaeological excavation at the Hazendonk river dune (western Netherlands). PhD thesis VU University (Analecta Praehistorica Leidensia 16)

Zandstra KJ (1966) The occurrence of *Salvinia natans* (L.) All. in Holocene deposits of the Rhine delta. Acta Botanica Neerlandica 15: 389-393

Thanatocoenoses of seeds and fruits from Zone 1 at Lattara (Lattes, France) during the 5th-4th centuries BC: the preliminary results

Thanatocoenoses van zaden en vruchten uit Lattara Zone 1 (Lattes, Frankrijk) tijdens de vijfde en vierde eeuw v. Chr.: de eerste resultaten

Núria Rovira[1], Natàlia Alonso[2]

1 Associated to UMR 5140 "Archéologie des Sociétés Méditerranéennes" 390, avenue de Pérols 34970 Lattes, France nuriarovirab@yahoo.es

2 Grup d'Investigació Prehistòrica, Departament d'Història, Universitat de Lleida, Lleida, Spain. Associated to UMR 5140 "Archéologie des Sociétés Méditerranéennes", 390, avenue de Pérols 34970 Lattes, France nalonso@historia.udl.cat

Abstract

For the last 25 years archaeological excavations have been regularly conducted in Zone 1 of the ancient city of *Lattara*, a district of houses built against the north-eastern part of the city walls, in order to obtain the complete stratigraphic record of the site from its foundation to its abandonment. As the ground-water level is nowadays quite high, a steel sheet pile retaining wall has been built all around to keep the excavation dry.

A recent archaeobotanical study of the 5th and 4th centuries B.C. archaeological levels has shown the presence of the remains of seed and fruit preserved in different conditions. It is the first time that abundant waterlogged material has been found in habitat contexts connected with this city. In this work the taphonomy of these assemblages and their economic and ecological implications will be discussed.

Samenvatting

Een periode van 25 jaar opgraven in een woonwijk, zone 1, in het oude Lattara (Lattes, France) had tot doel de volledige stratigrafie van deze site vast te leggen, beginnend bij haar stichting tot en met het vertrek van de laatste bewoners.

De site wordt gekenmerkt door een hoge grondwaterstand en de opgraving moest daarom uitgevoerd worden in een met staalplaten afgeschermde bouwput die met pompen drooggehouden werd. De hoge grondwaterstand heeft ervoor gezorgd dat zaden en vruchten in zowel natte als verkoolde toestand bewaard zijn gebleven. Deze bijdrage presenteert de eerste resultaten over de periode 5^{e}-4^{e} eeuw v. Chr. Concentraties van specifieke soorten zijn niet gevonden. Alle resten zijn onderdeel van toevallig bijeengeraakte verzamelingen, zogenaamde thanatocoenoses. Zij laten zien dat het landschap in de onderzochte periode al in aanzienlijke mate door menselijk ingrijpen veranderd was. Open terrein domineert met daarin graanakkers, wijngaarden, weidegronden, verwilderde terreinen en paden. Aanwijzingen voor olijventeelt ontbreken.

Introduction

The ancient city of *Lattara* (Lattes, France) was founded around the end of the 6th century BC and was occupied until the end of the 2nd century AD. It was a trading post located at the mouth of the river Lez on the edge of the lagoon "*stagnum latera*", mentioned by Pliny in AD 70, on the plain within the territory of the present city of Montpellier (Jorda et al. 2008).

The results of the archaeobotanical, archaeozoological and geomorphological analysis conducted at the site for the last 20 years show the presence of a fluvio-lagoonal environment from the foundation of the city to its abandonment.

A recent archaeobotanical study of the seeds and fruits found in the archaeological contexts dating from 475 to 350 BC gives information about the organisation of production and the activities associated with the preparation and consumption of plant products in two quarters of the city, Zones 27 and 1 (Alonso and Rovira 2010). In one of these quarters (Zone 1), the archaeobotanical material was found in different states of preservation: charred, waterlogged and mineralised. We intend to discuss in this article the implications of this differential preservation and taphonomy for the interpretation of the ancient ecology and economy of *Lattara*.

Materials and methods

A total of 44 samples is analysed in this work. Concerning the archaeological contexts, several types of stratigraphic units (soils, concentrations of organic remains, and mounds) and structures (pits, fireplaces, ovens, receptacles, basins, and postholes) are represented. No primary deposits were found, so all the seed and fruit assemblages correspond to thanatocoenoses, that is plant materials with different origins that were deposited in the same spot (Marinval 1988; Behre and Jacomet 1991; Bouby 2000).

The majority of the archaeobotanical macro-remains are charred, especially in the upper levels. However, from a certain depth waterlogged material is also very important. This fact seems to show that the ground-water level was already high at the moment of deposition, which provided suitable anaerobic conditions for preservation. In addition, the area presumably subjected to ground-water level fluctuations yielded a significant amount of mineralised remains.

The possibility that some of the waterlogged seed and fruit remains were modern intrusions was taken into account. Nevertheless, precautions were taken while sampling and sieving in order to avoid or minimise the risk. On the other hand, the antiquity of these archaeobotanical remains can also be confirmed by simultaneous finds of uncharred wood (trunks and branches, but also manufactured objects) in the same archaeological levels.

Wild species grow in different habitats depending on numerous factors, such as climate, soils, geomorphology, but also animal and human action and natural accidents (Jacquat 1989). In addition, a complex of archaeological plant remains almost never equals one plant community (Küster 1991). For this reason, only very general groups are proposed, based however on present botanical and phytosociological data (Loret and Barrandon 1887; Bonnier and Layens 1975; Bolòs et al. 1993). We have only considered the principal habitat for each taxon, which would certainly cause the overrepresentation or underrepresentation of certain formations.

Results

In Lattara Zone 1, 2010 litre of sediment, dating from the period 450-350 BC, revealed a total number of 28 551 seed and fruit remains, which could be attributed to 159 taxa.

The main cultivated crops are *Triticum aestivum/durum* (naked wheat), *Hordeum vulgare* (hulled barley), *T. dicoccum* (emmer), *Vitis vinifera* (grape), *Ficus carica* (fig), *Panicum miliaceum* (common millet), and *Setaria italica* (foxtail millet). Other species less important but well represented are: *Lens culinaris* (lentil), *H. vulgare* var. *nudum* (naked barley), *Lathyrus sativus* (grass pea), *Secale cereale* (rye), *Vicia sativa* (common vetch), *T. monococcum* (einkorn), *Pisum sativum* (field pea), and *Linum usitatissimum* (flax). Finally, several remains of *Olea europaea* (olive), *Vicia faba* (broad bean), *Vicia ervilia* (bitter vetch), *Prunus avium/cerasus* (cherry), *Prunus dulcis* (almond), and *Pyrus communis/pyraster* (pear) were also sporadically found.

Cultivated plants represent 74% of the total number of remains, but only 15% of the taxa (Fig. 1). The majority of these seed and fruit remains are charred, except for *Vitis vinifera* and *Ficus carica*, which are also found waterlogged in high proportions especially during the most ancient periods (Fig. 2). Mineralisation is also quite frequent for *Vitis vinifera*.

Wild species have been classified into five general groups: crop weeds (including both winter and spring weeds), ruderals, wetland plants, meadow/pasture plants, and forest/forest edge plants. The percentages of the number of remains and taxa for each group and their preservation states can be seen in figure 1.

Weeds and ruderals, usually difficult to separate in anthropic contexts, are the most common species with regard to both the number of remains and the taxa. However, the higher amount of remains belong to weeds of winter cereals, especially wild Poaceae (such as *Lolium temulentum*, *Avena* sp. and *Phalaris* sp.) and Rubiaceae (such as *Galium* sp. and *Sherardia arvensis*), all of them charred. Concerning waterlogged material, the main species found are mostly ruderals or spring weeds, such as *Sambucus ebulus*, *Heliotropium europaeum*, *Portulaca oleracea*, *Chenopodium album*, and *Reseda lutea*.

Wetland plants are also well represented, particularly those associated with reed thickets such as *Bolboschoenus maritimus*, *Schoenoplectus lacustris*, different *Carex* species, and *Cyperus* sp. (together with *Phragmites* sp. and *Juncus* sp.). In this case, charred and waterlogged remains from the most important species are found in almost equivalent proportions. At the same time, several taxa found punctually, such as *Suaeda maritima*, *Ruppia maritima* and *Salicornia* sp., show the presence of salt-marsh vegetation. These seeds are predominantly charred.

Taxa indicative of open spaces other than cultivated fields, such as meadows or pastures, are also present in Zone 1 but to a lesser extent than elsewhere in this site (see Alonso and Rovira 2010). The main species are *Trifolium* sp. (charred) and *Thymelaea* sp. (waterlogged), followed by *Lolium perenne/rigidum*, *Rumex acetosa*, and *Silene vulgaris*. Both dry and wet-meadows are represented.

Finally, some species are related to forests and forest edges, especially wild fruits such as *Rubus fruticosus*, *Corylus avellana*, and *Sambucus nigra*. They can represent the boundaries between the forests and the open spaces (meadows, pastures and cultivated fields) mentioned above. An important quantity of remains of that group is waterlogged.

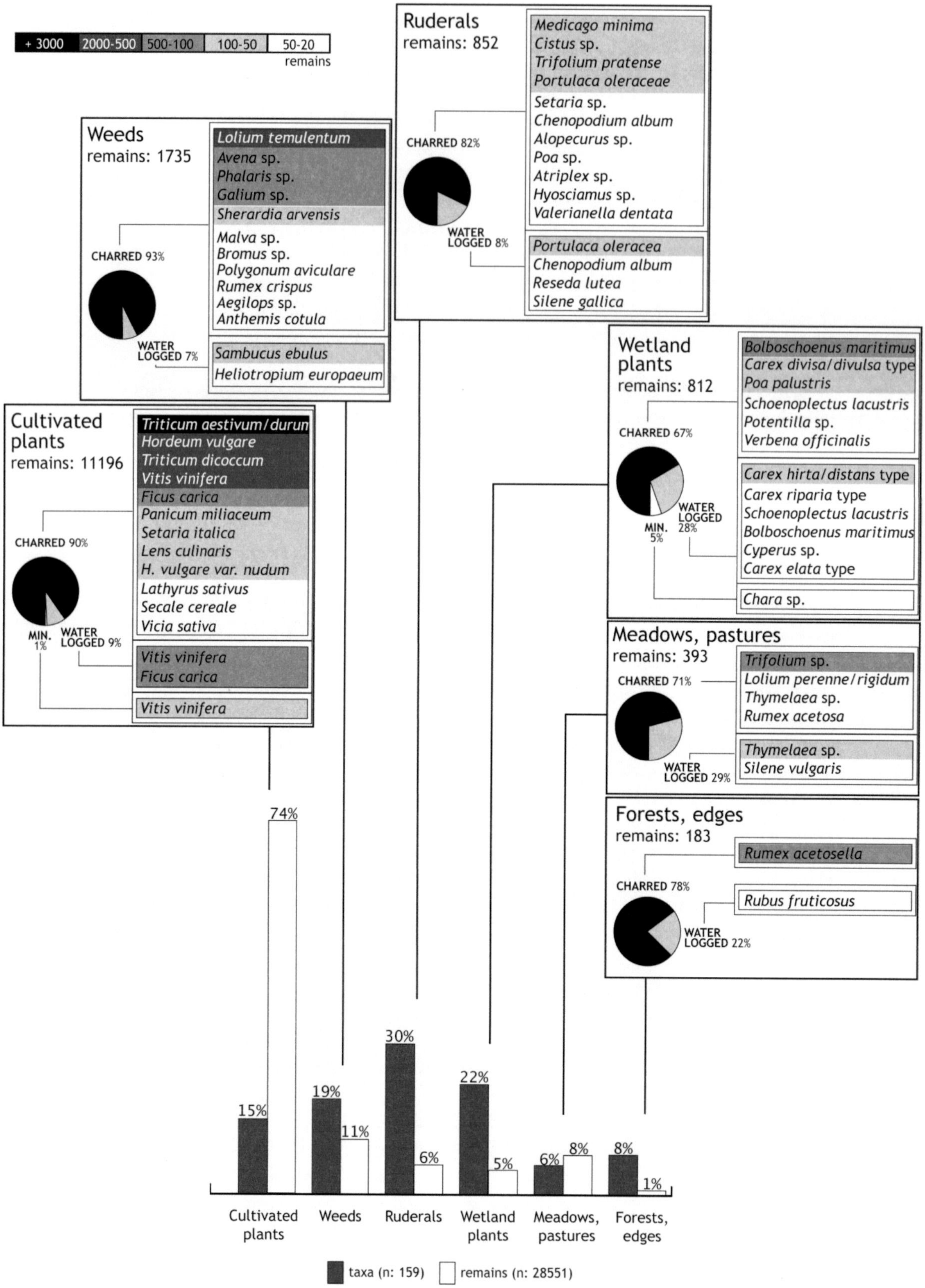

+ 3000
2000-500
500-100
100-50
50-20
remains
Ruderals
remains: 852
Medicago minima
Cistus sp.
Trifolium pratense
Portulaca oleraceae
Setaria sp.
Chenopodium album
Alopecurus sp.
Poa sp.
Atriplex sp.
Hyosciamus sp.
Valerianella dentata
CHARRED 82%
WATER LOGGED 8%
Portulaca oleracea
Chenopodium album
Reseda lutea
Silene gallica
Weeds
remains: 1735
Lolium temulentum
Avena sp.
Phalaris sp.
Galium sp.
Sherardia arvensis
Malva sp.
Bromus sp.
Polygonum aviculare
Rumex crispus
Aegilops sp.
Anthemis cotula
CHARRED 93%
WATER LOGGED 7%
Sambucus ebulus
Heliotropium europaeum
Cultivated plants
remains: 11196
Triticum aestivum/durum
Hordeum vulgare
Triticum dicoccum
Vitis vinifera
Ficus carica
Panicum miliaceum
Setaria italica
Lens culinaris
H. vulgare var. nudum
Lathyrus sativus
Secale cereale
Vicia sativa
CHARRED 90%
MIN. 1%
WATER LOGGED 9%
Vitis vinifera
Ficus carica
Vitis vinifera
Wetland plants
remains: 812
Bolboschoenus maritimus
Carex divisa/divulsa type
Poa palustris
Schoenoplectus lacustris
Potentilla sp.
Verbena officinalis
CHARRED 67%
WATER LOGGED 28%
MIN. 5%
Carex hirta/distans type
Carex riparia type
Schoenoplectus lacustris
Bolboschoenus maritimus
Cyperus sp.
Carex elata type
Chara sp.
Meadows, pastures
remains: 393
CHARRED 71%
Trifolium sp.
Lolium perenne/rigidum
Thymelaea sp.
Rumex acetosa
WATER LOGGED 29%
Thymelaea sp.
Silene vulgaris
Forests, edges
remains: 183
Rumex acetosella
CHARRED 78%
Rubus fruticosus
WATER LOGGED 22%
74%
15%
19%
11%
30%
6%
22%
5%
6%
8%
8%
1%
Cultivated plants
Weeds
Ruderals
Wetland plants
Meadows, pastures
Forests, edges
taxa (n: 159)
remains (n: 28551)

Fig. 1 (left page)
Representation of the importance of the six plant groups determined in Zone 1 (450-350 BC) on the basis of the total number of remains and taxa. The main species identified for each group and for every state of preservation, those having more than 20 remains, are presented in descending order

De zes plantengroepen in Zone 1 (450-350 BC) en hun belang op basis van het totaal aantal resten en taxa. Die soorten van elke groep en van elke conserveringstoestand waarvan meer dan 20 resten zijn aangetroffen, zijn weergegeven in aflopende volgorde

Vitis vinifera ssp. *vinifera* - grape

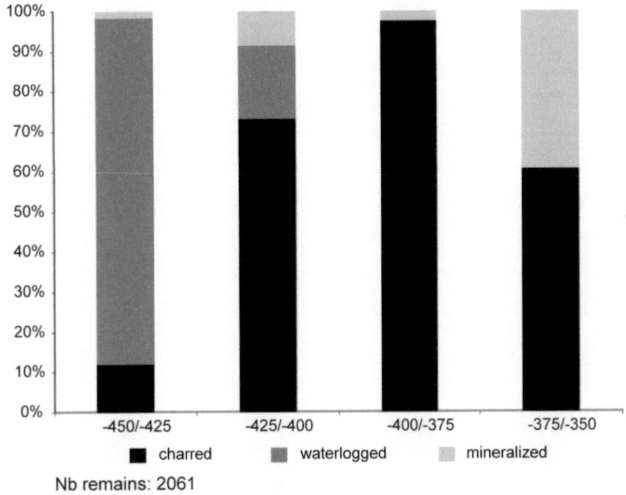

Ficus carica - fig

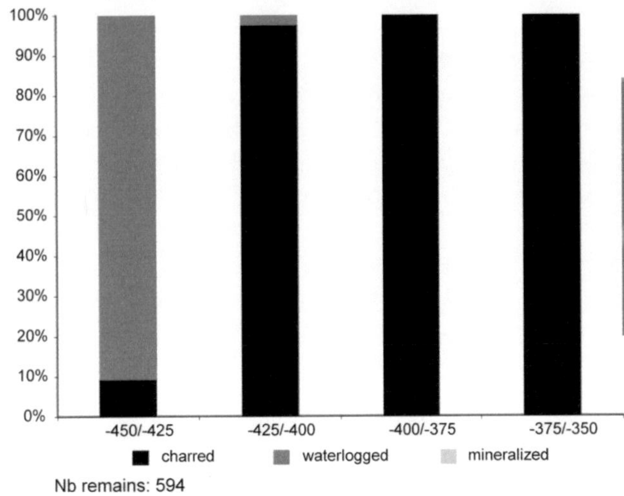

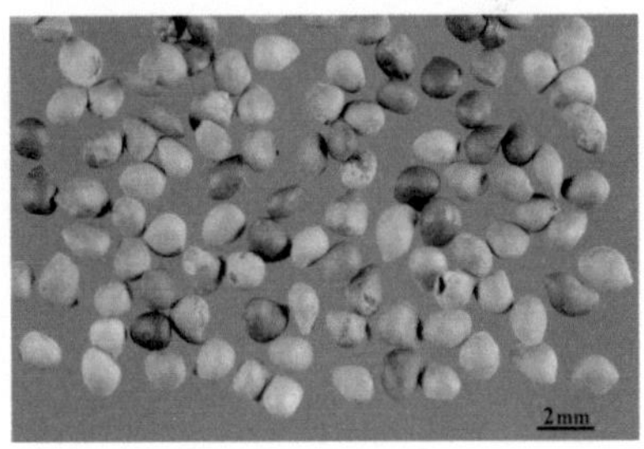

Fig. 2
Differential preservation of grape and fig seeds found in Zone 1 (450-350 BC)

Verschillen in conservering van druivenpitten en vijgenzaden afkomstig van Zone 1 (450-350 BC)

Discussion

So far, archaeobotanical waterlogged material had only been found at *Lattara* in very specific structures or places (in wells and in the basin of the port) and only for the Roman period (Buxó 1992, 2005). The results obtained in Zone 1 extend those finds to habitat contexts and ancient periods.

The simultaneous presence of charred, waterlogged and/or mineralised seed and fruit remains in the same stratigraphic units raises the question of the homogeneity and taphonomic origins of the assemblages. Obviously, the causes or activities that are at the root of each type of remains are not the same, nor the "modes of arrival" of the plants or plant products (Hillman 1991).

During the 5th and 4th centuries BC, the lagoon near *Lattara* was certainly bigger and deeper than at present, which allowed navigation from the sea through the inlet(s) that fragmented the coastal bar. The ancient city would have constituted an isthmus: to the south, the city walls were built into the lagoon and to the east and west they were surrounded by two branches of the river Lez which flowed to the lagoon (Fig. 3). Only to the north would a narrow strip of unflooded land have connected the city to the solid ground (Jorda et al. 2008).

The near surroundings of the city of *Lattara* included oak groves (*Quercus coccifera/ilex*) and alluvial forests with *Fraxinus* sp. and *Ulmus* sp. The constant presence of *Tamarix* sp. in the ancient levels supports the importance of brackish waters (Ambert and Chabal 1992; Puertas 1998; Chabal 2003). The presence of close-canopy forests is also supported by the discovery of red deer, roe deer, and wild boar bones (Gardeisen 1999, 2003, 2008). Bird remains show the presence of marshes as well (grebe, stork, pelican), sometimes of fresh water (grey heron, duck, moorhen) and sometimes of brackish water (oystercatcher, magpie, avocet) (Garcia 1999, 2003).

These last ecosystems are for the first time confirmed by seed and fruit remains analysis thanks to the presence of salt-marsh species (*Suaeda maritima*, *Ruppia maritima*, *Salicornia* sp.). They also prove the ancient formation of the coastal bar. In addition, the importance of wetland plants, especially related to reed thickets, supports the hypothesis of the settlement of the city in a fluvio-lagoonal context. It is important to note that a great number of seeds associated with this context are waterlogged but also charred and mixed with crops (specially *Bolboschoenus maritimus*, *Schoenoplectus lacustris*, and several *Carex* species). In this sense, we should also add that *Ruppia* and *Salicornia* are only charred and *Suaeda* both waterlogged and charred. Concerning *Juncus* sp. and *Phragmites* sp., we have only found these under charred conditions and usually in different assemblages than crops. Their use is rather related to building techniques.

With regard to agricultural production, could the land surrounding the city have been used for growing cereals, fruits and/or pulses during the 5th and 4th centuries BC? On the one hand, salt-marshes are not suitable for crop production because of the excess of salt, but on the other hand, a few seeds of these plant communities have been found together with crops. Do they thus reflect different origins and therefore come from different activities?

Nevertheless, the presence of numerous charred seeds of wetland plants mostly related to reed thickets in the same assemblages as crops (mainly cereals) could show at least the cultivation of fresh-water environments probably situated on solid terrain near the two branches of the river (see figure 3). At the same time, the presence of quite a number of waterlogged seeds of these wetland plants, together with other seeds of segetal and ruderal plants, could reflect wetland habitats close to the city. We have to consider that the houses of Zone 1 are

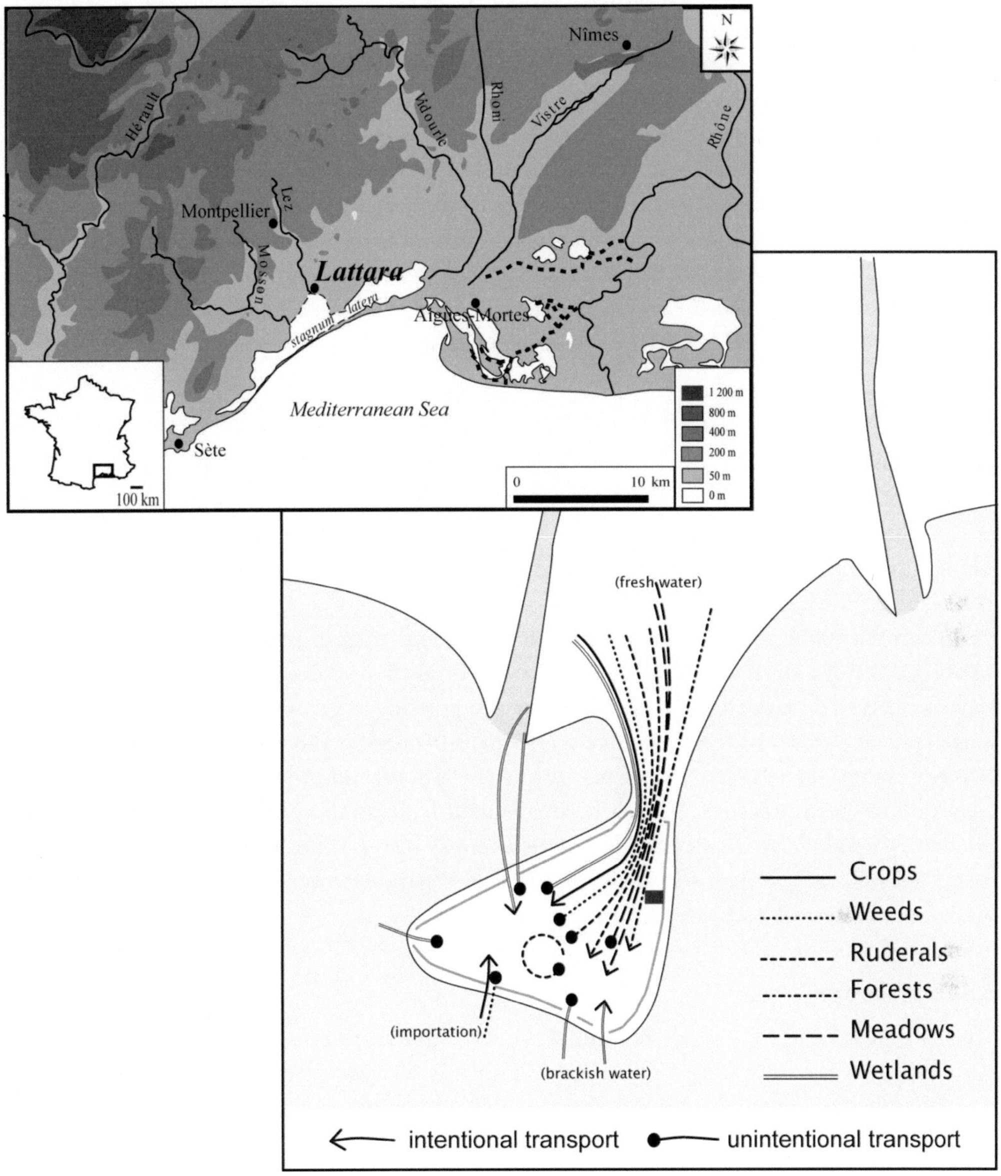

Fig. 3

Location of Lattara in France and reconstruction of the coastline and the lagoons of eastern Languedoc during the Iron Age and Roman period (Jorda et al. 2008) Reconstruction of the settlement of Lattara and the hypothetical origin ("modes of arrival") of the plants and plant products identified in Zone 1 (black rectangle on the eastern side of the peninsula)

De ligging van Lattara en de reconstructie van de kustlijn en lagunes van oostelijk Languedoc tijdens de IJzertijd en Romeinse tijd (Jorda et al. 2008) Reconstructie van de vindplaats Lattara en de hypothetische oorsprong ("wijze van aankomst") van de planten en plantaardige producten die zijn aangetroffen in Zone 1 (zwart rechthoekje aan de oostzijde van het schiereiland)

built against the north-eastern curtain of the city walls, which in turn could have run along one branch of the river or been settled on the lagoon banks. The simple existence of humid preservation in that zone proves that the ground-water level was already high during the 5th century BC, which explains the multiple and successive mounds and soils documented for this period (Roux 1999; Belarte et al. 2010).

In spite of all these possibilities, we cannot forget that the majority of the seed and fruit remains from Zone 1, deposited during the period 475-350 BC are charred and mostly associated with anthropised contexts. Indeed, they show the predominance of winter cereals weeds, but also the importance of ruderal plants related to spring crops and open areas, such as wastelands, paths, meadows or pastures. So, even if we take into account the exploitation of moist fields close to the city, we have to also consider the fact that other products came to the city from drier inland fields or from abroad (importation).

Conclusion

To date, no multivariate statistics have been conducted, but the preliminary interpretations of the Zone 1 archaeobotanical assemblages seem to follow current hypotheses about land-use by the inhabitants of *Lattara* during the 5th and 4th centuries BC (see for instance Ambert and Chabal 1992 or the Conclusions in the same volume; Alonso et al. 2008; Jorda et al. 2008; Alonso and Rovira 2010).

In summary, the dominant taxa as far as weeds and ruderal plants are concerned, show a strong anthropisation of the landscape characterised by the predominance of open spaces, such as cultivated fields (mainly of cereals but also possibly of grapes), meadows and pastures, wastelands or paths. However, we have very little information about the cultivation of pulses or other plants (such as flax), except for fruits such as grapes and figs. Olive-growing does not seem to have been practised. The gathering of wild fruits such as blackberries, apples, pears or cherries would have been complementary. In every instance both humid and dry environments are well represented, which suggests that both contexts were important and exploited by the inhabitants of *Lattara*.

Acknowledgements

We wish to dedicate this paper to Wim Kuijper (Laboratory of Palaeoethnobotany, Leiden University) on the occasion of the celebration of his 40 years in archaeobotanical research: many thanks for your hospitality and teaching!! This work was partially supported by the MCYT project HAR2008-05256/HIST.

References

Alonso N, Buxó R, Rovira N (2008) Archéobotanique des semences et des fruits de *Lattara*: bilan des recherches. In: Janin T, Py M (eds) La ville portuaire de Lattara (Lattes, Hérault) et son territoire: nouveaux acquis, nouvelles questions. CNRS, Paris (Gallia 65), pp 193-200

Alonso N, Rovira N (2010) Consommation et traitement de produits végétaux à *Lattara* entre - 475 et - 350. Lattara 21 (2): 329-386

Ambert M, Chabal L (1992) L'environnement de *Lattara* (Hérault): potentialités et contraintes. Lattara 5: 9-26

Behre K-E, Jacomet S (1991) The ecological interpretation of archaeobotanical data. In: Zeist W van, Wasylikowa K, Behre K-E with the assistance of Entjes-Nieborg G (eds) Progress in Old World Palaeoethnobotany. AA Balkema, Rotterdam, pp 81-108

Belarte MC, Gailledrat E, Roux JC (2010) Recherches dans la zone 1 de la ville de *Lattara*. Evolution d'un quartier d'habitation dans la deuxième moitié du Ve s. av. n. è. Lattara 21 (1): 7-134

Bolòs O, Vigo J, Masalles RM, Ninot JM (1993) Flora manual dels Països Catalans. Editorial Pòrtic, Barcelona

Bonnier G, Layens G (1975) Flore complète portative de la France, de la Suisse et de la Belgique. Librairie Générale de l'Enseignement, Paris

Bouby L (2000) Restituer les pratiques agraires par la carpologie archéologique.

(http://etudesrurales.revues.org/document10.html)

Buxó R (1991) Echantillonnage et enregistrement des prélèvements. Lattara 4: 101-114

Buxó R (1992) Cueillette et agriculture à Lattes: les ressources végétales d'après les semences et les fruits. Lattara 5: 45-90

Buxó R (2005) Étude carpologique des puits de Lattes, évaluation et comparaison avec l'habitat. Lattara 18: 199-220

Chabal L (2003) Étude anthracologique de la place 123 (Lattara, IVe s. av. n. è.): approche spatiale et diachronique. Lattara 16: 219-242

Gardeisen A (1999) Économie de production animale et exploitation du milieu à Lattes au cours du IVe s. av. n. è. Lattara 12: 537-568

Gardeisen A (2003) Contribution de l'archéozoologie des grands mammifères à l'étude d'un espace ouvert en contexte urbain. La zone 123 (Lattes/Saint-Sauveur, Hérault). Lattara 16: 169-184

Gardeisen A (2008) Terrestres ou volants: les animaux dans la ville antique de Lattes. In: Janin T, Py M (eds) La ville portuaire de Lattara (Lattes, Hérault) et son territoire: nouveaux acquis, nouvelles questions. CNRS, Paris (Gallia 65), pp 185-192

Garcia L (1999) Les oiseaux de Lattes et leur exploitation pendant l'Antiquité. Lattara 12: 635-640

Garcia L (2003) Les oiseaux de la zone 123. Lattara 16: 147-152

Hillman GC (1991) Phytosociology and ancient weed floras. Taking account of taphonomy and changes in cultivation methods. In: Harris DR, Thomas KD (eds) Modelling ecological change. Institute of Archaeology, London, pp 27-41

Jacquat C (1989) Hauterive-Champréveyres, 2. Les plantes de l'âge du Bronze. Contribution à l'histoire de l'environnement et de l'alimentation. Archéologie neuchâteloise 8

Jorda C, Chabal L, Blanchemanche P (2008) *Lattara* entre terres et eaux: paléogéographie et paléoboisements autour de l'agglomération protohistorique de Lattes (Hérault). In: Janin T, Py M (eds) La ville portuaire de Lattara (Lattes, Hérault) et son territoire: nouveaux acquis, nouvelles questions. CNRS, Paris (Gallia 65), pp 11-21

Küster H (1991) Phytosociology and archaeobotany. In: Harris DR, Thomas KD (eds) Modelling ecological change. Institute of Archaeology, London, pp 17-26

Loret H, Barrandon A (1887) Flore de Montpellier. Jean Martel Ainé, Montpellier

Marinval P (1988) L'alimentation végétale en France du Mésolithique jusqu'à l'Âge du Fer. CNRS, Toulouse

Puertas O (1998) Palynologie dans le delta du Lez. Contribution à l'histoire du paysage de Lattes. Lattara 11

Roux JC (1999) Histoire et évolution de l'habitat dans la zone 1 de Lattes, îlots 1B, 1C, 1D du IVe s. av. n. è. Lattara 12: 11-128

Form variability within the *Polygonum bistorta* pollen type: a comparison between Pliocene and recent material

Variabele vormkenmerken bij het *Polygonum bistorta* pollentype: een vergelijking tussen Plioceen en recent materiaal

Koen Verhoeven, Stephen Louwye

Research Unit Palaeontology, Ghent University
Krijgslaan 281/S8, 9000 Ghent, Belgium

Koen.Verhoeven@UGent.be
Stephen.Louwye@UGent.be

Abstract

The NAP component in pollen spectra obtained from marine and estuarine Pliocene sediments in northern Iceland reveals an important, continuous presence of aberrant Polygonaceae pollen. The pollen grains show the morphology typical of the *Polygonum bistorta*-type, but are conspicuously smaller and have only in three out of five cases clear endopori. As the deviation from the normal may be due to the high latitude of the habitat, the pollen is compared with recent reference material collected in Iceland and Western Europe. The sizes of recent pollen from Iceland are really found to be smaller than the values found in the literature concerning the *Polygonum bistorta*-type. The partly absence of endoapertures was not seen in the recent material.

Samenvatting

Pollenonderzoek op Pliocene moeras- en kustnabije mariene afzettingen uit het noorden van IJsland toont in het kruidensignaal een belangrijk en continu voorkomen aan van afwijkend pollen uit de Polygonaceae familie. Het aangetroffen pollen heeft de typische vormkenmerken van het *Polygonum bistorta*-type, maar is beduidend kleiner en heeft slechts in drie van de vijf gevallen duidelijk ontwikkelde endopori. Om na te gaan of deze afwijkingen te wijten zijn aan het voorkomen van de plant op hoge breedtegraden, werd een vergelijking gemaakt met recent referentiemateriaal uit IJsland en centraal West-Europa. De afmetingen en wanddiktes van 54 pollenkorrels van enerzijds *Persicaria vivipara* uit IJsland en anderzijds *Persicaria bistorta* uit België en Frankrijk werden opgemeten. Zowel het fossiel als het recent pollen vertoont een brede range van korrelgroottes, waarbij de gemiddelde groottes en diktes van de wanden van het fossiel pollen steeds kleiner uitvallen dan bij het recent pollen. De hoogte/breedte verhouding en de verhouding van de wanddikte van het fossiele materiaal is echter gelijk aan het referentiemateriaal. Dit gegeven, samen met de overeenkomsten in de wandstructuur, versiering en apertuursysteem laat ons toe het fossiel pollen aan het *P. bistorta*-type toe te wijzen. De kleine afmetingen en het brede grootte interval van het fossiel pollen is mogelijks toe te schrijven aan het variabele aantal chromosomen.

Introduction

Basin formation caused by fault activity in the vicinity of the Mid Atlantic Ridge near the Tjörnes fault in northern Iceland resulted in the deposition of fossil-bearing sediments during the Pliocene and the beginning of the Pleistocene (Thordarson and Hoskuldsson 2006, Fig. 1a). During this period, more than 1000 m of sediment accumulated in the Tjörnes and Breidavík Group (Símonarson and Eiríksson 2008, Fig. 1b). Palynological research in the Pliocene shallow marine and marsh sediments of the Tjörnes section in northern Iceland revealed in the herbaceous signal an important presence of pollen of the Polygonaceae family. During the Pliocene, a warmer-than-modern climate prevailed in Iceland. Willard (1994) described the former vegetation as a mixed conifer-hardwood vegetation. The pollen of the Polygonaceae family described here represents a major part of the non-arboreal pollen. Akhmiethev et al. (1978) recognised the same pollen in the Tjörnes section and described them as *Polygonum sp.* Although the pollen looks very similar to that of the *Polygonum bistorta*-type according to Van Leeuwen et al. (1988) and Beug (2004), it differs in size and in the continuous presence of the endopori. To ascertain whether the observed differences in the fossil material are absent or present in recent pollen of Iceland, we compared the Pliocene material with recent material from Iceland, Belgium and France (Fig. 1a, 1c).

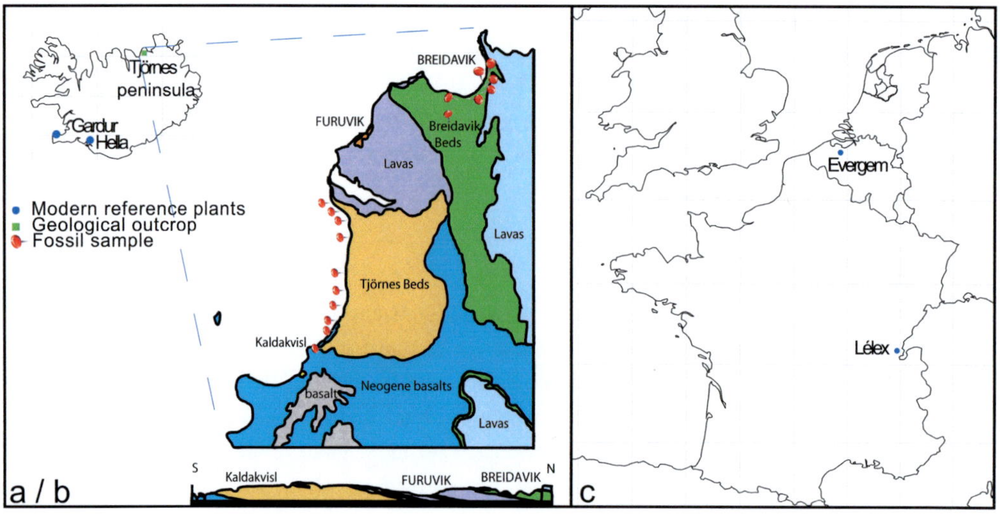

Fig. 1

a: map of Iceland; b: the geological outcrop of Tjörnes enlarged; c: map of Belgium and France with indication of sampling locations of the recent pollen material

a: kaart van IJsland; b: de uitvergrote geologische dagzoming van Tjörnes; c: kaart van België en Frankrijk waarop de monsterlocaties van het recente pollen materiaal zijn aangegeven

Material and methods

Origin of pollen material

Fifty-four pollen grains of the supposed *Polygonum bistorta*-type from the Pliocene Tjörnes Beds were biometrically measured. In order to compare the fossil material with recent material, the same amount of recent pollen of the *Polygonum bistorta*-type from four different localities were measured. Today only one species of the *P. bistorta*-type, e.g. *P. vivipara* (Alpine Bistort), occurs in Iceland. This plant is very common in very diverse Icelandic habitats (Kristinsson 1998). Two fresh *Persicaria vivipara* samples from Hella and Gadar (Iceland), one fresh sample of *Persicaria bistorta* from Evergem (Belgium), one herbarium species also of *Persicaria bistorta* from Lélex (France) were studied. To avoid taxonomic confusion, the used plant names follow the most recent Belgian taxonomic division of Lambimon et al. (2004).

Laboratory treatments

The lithology of the marine and estuarine Pliocene sediments consists of sand- and mudstones. The hard sediments were crushed and treated repeatedly with cold 10% HCl and cold 40% HF to dissolve the carbonates and silicates, respectively. In order to prevent selective loss of palynomorphs, each decantation was done over a nylon 10 µm sieve. The organic residue was stained with Safranine-O for contrast enhancement of the palynomorphs. For the crushing of the lignite samples, it was necessary to treat the sediment with 10% KOH and to acetolyse the material following the method described in Faegri and Iversen (Faegri and Iversen 1989). The mineral contents of these sediments were also dissolved with 40% HF and 10% HCl. Recent fresh and herbarium flower material was only briefly acetolysed.

A drop of residue was mounted with Kaiser's glycerol gelatin on a glass slide for light microscopy. For scanning electron microscope (SEM) analysis, a drop of residue was mounted on a cylindrical stub and subsequently coated with gold.

The material was studied with a Zeiss Axio Imager A1 light microscope (LM) equipped with an AxioCam MRc5 camera which allows digital length measurements. Specimens were measured on 1000x magnification with immersion oil (n=1.518). From the reference slides, the first 54 equatorially well-orientated and unfolded grains were measured. The samples used for the fossil measurements are from various stratigraphical levels of the Tjörnes section.

The Polygonum bistorta-type in the literature

Polygonum bistorta-type includes the pollen of *Persicaria amplexicaulis*, *Persicaria vivipara* and *Persicaria bistorta* (Van Leeuwen et al. 1988). This pollen-type is subprolate to slightly prolate (P/E: 1.13 < <1.38) and has a tricolporate aperture with slit-shaped outer colpi and large endopori (the range and terminology follows Punt et al. 1994). The colpi are relative short and occupy approximately 2/3-3/4 of the distance between the poles (Moore et al. 1991). Each endoporus is circular to transversely elliptic. The exine is thick to very thick and thickest in the apocolpium. The columellae are branched and coarser at the poles. The tectum shows scattered perforations situated above the branched columellae (Moore et al. 1991). The wall surface is psilate, but small scabrae are visible under SEM. The outline in equatorial view is elliptic to slightly rectangular. The outline in polar view is triangular with the apertures in the convex sides.

Moore et al. (1991) and Van Leeuwen et al. (1988) indicate that the grains of this pollen type are very variable in size (33-76 μm). However, the small sizes given by Van Leeuwen et al. (1988) derive entirely from the *P. amplexicaulis* species (33-37.5μm). This species originates from East-Asia and was recently introduced in Ireland and England (Jalas and Suominen 1979), but Pliocene occurrences of this species are not known for Western Europe. The Faegri and Iverson (1989) pollen identification key indicate a large size, e.g. more then 50 μm, of the pollen. This large size, > 47.5 μm, is also observed by Van Leeuwen et al. (1988) when we disregard *P. amplexicaulis*. In Van Leeuwen et al. (1988), the measured specimens of *P. bistorta* originates from Central Europe (France, England, Germany, and the Netherlands), but for *P. vivipara* also specimens of higher latitudes are measured (Iceland, Norway and Sweden apart from Austria, England, and France). Exceptional observations of pollen without apparent endopori are mentioned by Van der Knaap (personal communication in van Leeuwen et al. 1988). According to Van der Knaap, this aberrant pollen is found on plants with an arctic location.

Results

SEM photomicrographs of the fossil pollen show a psilate wall structure ornamented with small scabrae. Perforations occur towards the poles and the aperture system is located in the middle of the sides (see photomicrograph 8). The outer colpus is slit-shaped and rather long (±3/4 of the polar axis P). LM photomicrographs show a thick exine which is thickest in the apocolpium. The endopori of the fossil pollen are in approximately 60% of the cases distinct (photomicrographs 1-3). Sometimes, they are poorly developed (photomicrographs 6-7, 10-11) or absent (photomicrographs 5, 9).

Measurements of the total length P of the pollen shows for the Icelandic fossil and fresh material an unimodal distribution with a rather broad range (Fig. 3a).

The pollen from Lélex and Evergem display a bimodal distribution. The smaller specimens are more abundant in Lélex than in Evergem. The fossil pollen is clearly smaller than the recent pollen of *P. vivipara* from Iceland which in turn is smaller than known from the literature (van Leeuwen et al. 1988). The average value of the fossil Tjörnes pollen is 37 μm compared to ±46 μm for the recent material from Iceland and Lélex. Evergem has the largest pollen with an average of 54 μm.

Fig. 2 (right page)
1-12: Pliocene Icelandic pollen of the P. bistorta-type. *1: WP 56, Mactra biozone; 2-3: WP 88, Tapes biozone; 4: WP56, Mactra biozone; 5, 9: WP 62, Tapes biozone; 6-7: WP 49, Mactra biozone; 8: WP 56, Mactra biozone; 10-11: WP 98, Tapes biozone; 12: WP 96, Tapes biozone;* ***13-20: Recent pollen of the P. bistorta-type.*** *Row 4: P. bistorta. (13-14) Lélex, France; 15-16: Evergem, Belgium; Row 5: P vivipara. 17-18: Gardar, Iceland; 19-20: Hella, Iceland. Scale bars indicate 20 μm. All pictures are taken with a light microscope with differential interference contrast at a magnification of 1000x, except for the right-hand column that shows SEM photos*

1-12: Pliocene IJslandse pollen van het P. bistorta-type. *1: WP 56, Mactra biozone; 2-3: WP 88, Tapes biozone; 4: WP56, Mactra biozone; 5, 9: WP 62, Tapes biozone; 6-7: WP 49, Mactra biozone; 8: WP 56, Mactra biozone; 10-11: WP 98, Tapes biozone; 12: WP 96, Tapes biozone;* ***13-20: Recente pollen van het P. bistorta-type.*** *Rij 4: P. bistorta. 13-14: Lélex, Frankrijk; 15-16: Evergem, België; Rij 5: P vivipara. 17-18: Gardar, IJsland; 19-20: Hella, IJsland. De schaalstok geeft 20 μm weer. Alle figuren zijn gemaakt met een licht microscoop met differentieel interferentiecontrast bij een vergroting van 1000x, behalve voor de rechter kolom die SEM foto's laat zien*

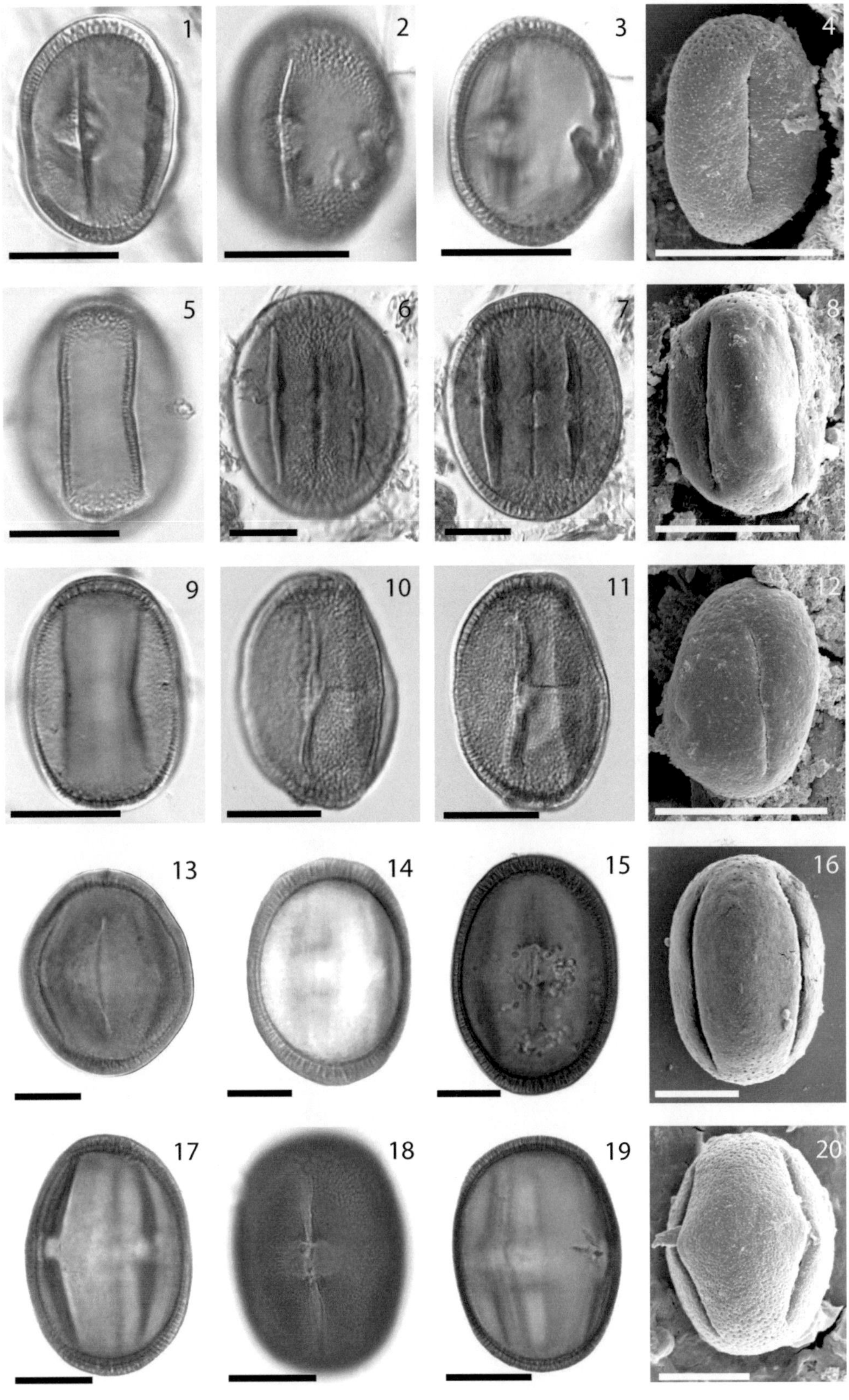

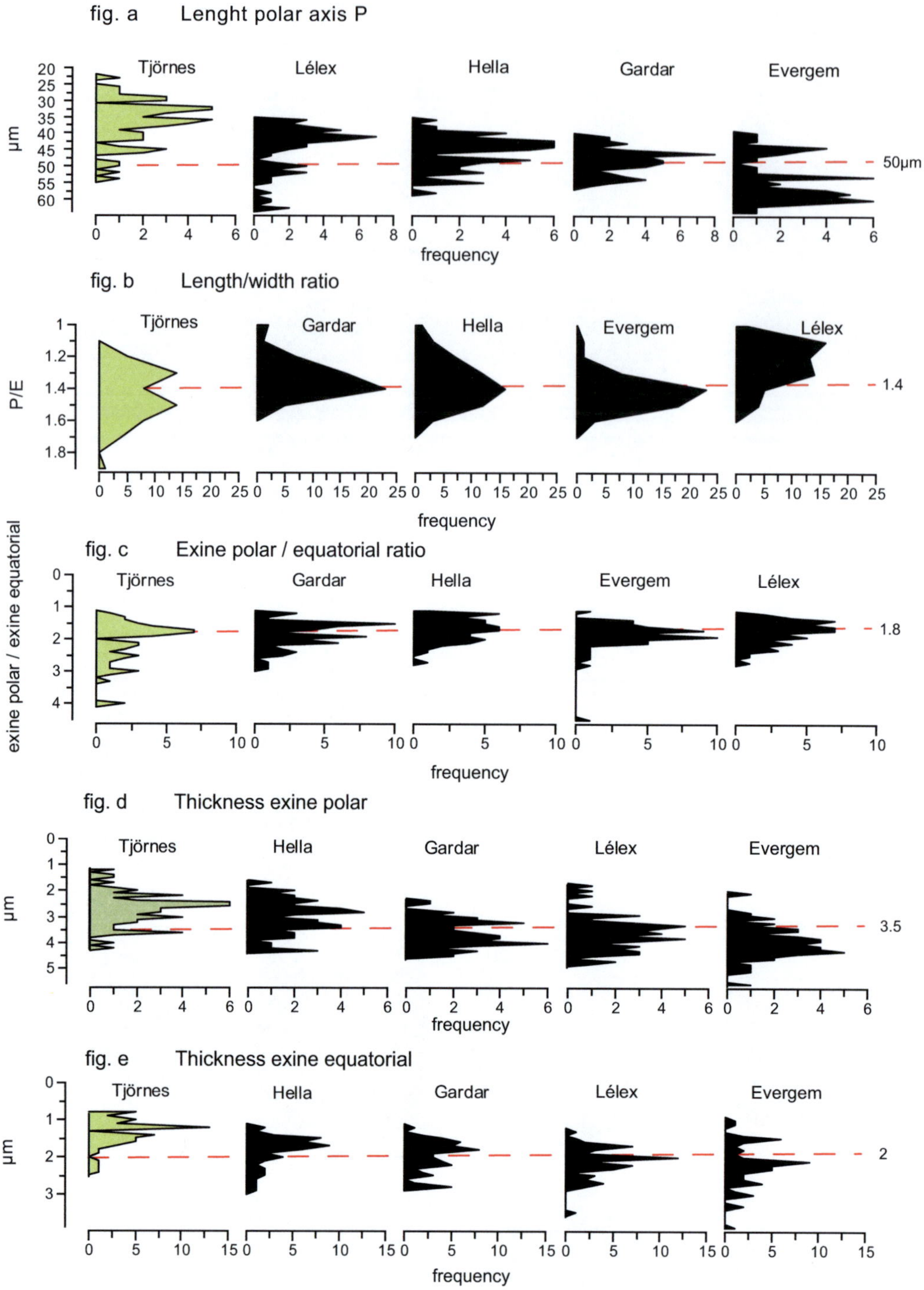

Fig. 3

Graphic representation of the measured characteristics of the pollen grains. The frequencies are based on 54 measurements of each sample/location

Grafische weergave van de kenmerken van de pollenkorrels. De frequenties zijn gebaseerd op 54 metingen van elk(e) monster/plaats

		P			E			P/E		
		min.	max.	average	min.	max.	average	min.	max.	average
	Tjörnes	23	54	37	18	42	26	1.2	1.9	1.4
Persicaria vivipara	Gardar	41	56	48	30	46	36	1	1.5	1.3
Persicaria vivipara	Hella	36	58	46	27	43	34	1	1.6	1.4
Persicaria bistorta	Evergem	40	64	54	28	46	38	1.1	1.6	1.4
Persicaria bistorta	Lélex	36	63	45	26	56	37	1	1.5	1.2
▼		33	76		27	60		1.13	1.38	
P. amplexicaulis		33	37.5	35	27	30.5	29	1.13	1.22	1.29
P. bistorta		49.5	68.5	58.5	37.5	50.5	44.5	1.24	1.38	1.31
P. vivipara		47.5	76	55	36	60	43.5	1.16	1.28	1.37

		thickness exine polar			thickness exine equatorial			exine polar/exine equatorial		
		min.	max.	average	min.	max.	average	min.	max.	average
	Tjörnes	1.2	4.2	2.7	0.8	2.4	1.3	1.2	4	2.1
Persicaria vivipara	Gardar	2.4	4.5	3.6	1.2	2.8	2	1.2	2.9	1.9
Persicaria vivipara	Hella	1.7	4.3	3	1.2	2.9	1.8	1.1	2.7	1.7
Persicaria bistorta	Evergem	2.1	5.6	3.9	1	3.9	2.2	1.1	4.5	1.9
Persicaria bistorta	Lélex	1.8	4.8	3.6	1.3	3.5	2.1	1.2	2.7	1.7

Table 1
Measurements of different characteristics of the pollen grains; the measurements of three taxa published by van Leeuwen et al. (1988) are indicated below the symbol ▼

Metingen van verschillende kenmerken van de pollen korrels; de maten van drie taxa gepubliceerd door van Leeuwen et al. (1988) zijn te vinden onder het teken ▼

The pollen form based on the length/width ratio is for the fossil and the recent pollen slightly prolate with a mean P/E value of 1.4. The pollen from Lélex is more rhombic than spherical and shows a more subprolate form with an average P/E value of 1.2 (photomicrographs 13, 14).

Thickness measurements of both the equatorial and the polar exine show a broad range in values (Fig. 3d, 3e). The value of the Tjörnes specimens is for both proxies smaller than for the recent ones, e.g. smaller than 3.5 µm for the polar thickness and smaller than 2 µm for the equatorial thickness. The ratio between both wall thicknesses is the same for all the measured samples with an average 1.8 thicker polar wall than the equatorial wall (Fig. 3c).

Discussion

SEM and LM study allowed the investigation of the different characteristics of the pollen. Comparison of the wall surface/structure, aperture system and shape of the fossil pollen with recent material and literature data justifies the assignment of the fossil pollen to the *P. bistorta*-type as described in Van Leeuwen et al. (1988) and Beug (2004). However, the small size and the sporadic lack of well-expressed endopori are noteworthy, and differ distinctly from the general description of the pollen type.

Although it is suggested that the lack of endoapertures is characteristic of arctic plants, the recent Icelandic *P. bistorta* pollen do not show this feature contrary to the Pliocene ones. Such aberrant pollen is nevertheless not an exception within the *P. bistorta-type* (van Leeuwen et al. 1988).

The small size and the broad size range of the pollen grains may be caused by the presence of different chromosome numbers (Beug, personal communication). As Áskell Löve (Icelandic botanist, °1916-†1994) shows a variable chromosome number of P. vivipara varying between 2n = 66-132, this is plausible.

Of the 54 measurements of Pliocene pollen, 16 measurements were done on lignite samples which were processed with acetolysis, while the other 38 measurements were only processed with cold HF and HCl. Within the results, there is no difference in size measured caused by the different laboratory treatment.

Conclusions

1. Although the size of the Pliocene pollen of the Polygonaceae family is smaller than known from literature data and measurements of recent pollen of the *Polygonum bistorta*-type, it has the form and all the characteristics of this pollen type. Because of this, the Pliocene pollen can be ascribed to the *P. bistorta*-type.
2. The endopori of the Pliocene material are in 40% of the cases not or badly developed. Although this lack of development of endopori can be caused by the arctic location, as suggested in the literature, this feature was not observed in the recent reference pollen from Iceland.
3. The studied recent Icelandic reference pollen of *P. vivipara* is smaller than known from the literature.

Acknowledgements

Ghent University is thanked for making this palynological study possible within the framework of an assistantship. Prof. emeritus Hans-Jürgen Beug and dr. Margéreth Hallsdottir are kindly thanked for sampling fresh flower material from Iceland. The Ghent division of the plant workgroup of the Belgian wildlife association "Natuurpunt" is thanked for helping to determine *Polygonum* species during summer walks. Prof. Paul Goetghebeur (Ghent University) is thanked for making pollen available from the herbarium of the Biology Department.

Last but not least, Wim Kuijper is thanked to introduce me into the wonderful world of pollen and spores. His never-ending enthusiasm and devotion to (palaeo-)ecological research and education will always be a stimulus to me.

References

Akhmetiev, MA, Bratoeva, GM, Giterman, RE, Golubeva, LV, Moiseyeva, AI (1978) Late Cenozoic stratigraphy and flora of Iceland. Trans. USSR Acad. Sci. Sov. Geophys. Comm. 316 pp.

Beug H-J, (2004) Leitfaden der Pollenbestimmung für Mitteleuropa und angrenzende Gebiete. München: Verlag Dr. Friedrich Pfeil. 542 pp.

Faegri K, Iversen J (1989) Textbook of Pollen Analysis. John Wiley & sons. Chichester. 328 pp.

Kristinsson H (1998) A guide to the flowering plants and ferns of Iceland. Mál og menning. 311 pp.

Jalas, J, Suominen, J (1979) Atlas Florae Europeae, Part 4: Polygonaceae. Helsingin Liikerkirjapaino Oy, Helsinki. 71 pp.

Lambinon J, Delvosalle L, Duvigneaud J (2004) Nouvelle Flore de la Belgique du Grand-Duché de Luxembourg du Nord de la France et des Régions voisines. (Ptéridophytes et Spermatophytes). Cinquième édition. Jardin botanique national de Belgique, Meise. 1167 pp.

Leeuwen P van, Punt W, Hoen PP (1988) Polygonaceae. In The Northwest European Pollen Flora, 43. Review of Palaeobotany and Palynology 57: 81-151

Moore PD, Webb JA, Collinson ME (1991) Pollen Analysis. Second edition. Blackwell Scientific Publications, Oxford. 205 pp.

Punt W, Blackmore S, Nilsson S, Le Thomas A (1994) Glossary of pollen and spore terminology. LPP contributions Series No.1, 71 pp.

Símonarson LA, Eiríksson J (2008) Tjörnes – Pliocene and Pleistocene sediments and faunas. Jökull, 58. pp. 331-342

Thordarson T, Hoskuldsson A (2006) Iceland. Classic Geology in Europe 3. 200 pp.

Willard DA (1994) Palynological record from the North Atlantic region at 3 Ma: vegetational distribution during a period of global warmth. Review of Palaeobotany and Palynology 83, pp. 275-297

Industriële, medicinale of sierplanten? Vondsten van stokroos (*Alcea rosea* L.), goudsbloem (*Calendula officinalis* L.) en weverskaarde (*Dipsacus sativus* [L.] Honck.) uit 15e-eeuws Den Haag

Industrial, medicinal or ornamental plants? Finds of hollyhock (*Alcea rosea* L.), pot marigold (*Calendula officinalis* L.) and Fuller's teasel (*Dipsacus sativus* [L.] Honck.) from 15th century The Hague

Caroline Vermeeren, Kirsti Hänninen, Liesbeth van Beurden

BIAX *Consult*
Hogendijk 134
1506 AL Zaandam
The Netherlands

vermeeren@biax.nl
hanninen@biax.nl
beurden@biax.nl

Samenvatting

Deze bijdrage is gewijd aan drie zeldzame plantenvondsten, te weten stokroos, goudsbloem en kaardenbol. De vondsten zijn afkomstig uit Den Haag en dateren in de 15e eeuw.

In eerste instantie werd gedacht dat de resten van kaardenbol van grote kaardenbol afkomstig waren. Zodoende werd aan de bovengenoemde soorten een gebruik als sierplant toegewezen. Ook medicinaal gebruik van de soorten kon niet worden uitgesloten. Al in de 16e eeuw werden immers door de Vlaamse arts Dodoens diverse toepassingen van de gevonden planten in zijn "Cruijdeboeck" genoemd.

Bij nadere bestudering van het materiaal werd echter duidelijk dat het eerder gebruikte determinatiekenmerk voor de zaden van grote kaardenbol herzien moet worden. De aangetroffen zaden en bloemhoofden blijken van weverskaarde afkomstig te zijn. Bloemhoofden van weverskaarde hebben in het verleden een belangrijke rol in de lakenindustrie gespeeld. De vondst van weverskaarde in het 15e-eeuwse Den Haag wijst vermoedelijk op industrieel gebruik.

Abstract

Our contribution concerns three rare finds of plant remains. In particular they are hollyhock (*Alcea rosea*), pot marigold (*Calendula officinalis*) and teasel (*Dipsacus*). They were discovered in The Hague and date back to the 15th century. The seeds of teasel were initially thought to be from the wild species *Dipsacus fullonum*, which led to the supposition that the above mentioned plants may have been used as ornamental plants.

Medicinal usage was also considered likely, as various medicinal applications of these plants have been described by the 16th century Flemish physician Dodoens in his "Cruydeboeck".

However, closer inspection of the material eventually revealed that the identification feature initially used to identify the seeds of wild teasel, would need to be revised. The seeds and flower heads that were discovered turned out to be from the Fuller's teasel (*Dipsacus sativus*). In the past, Fuller's teasel flower heads have played an important role in the woollen industry. The discovery of remains from Fuller's teasel in 15th century The Hague may therefore point to industrial use.

Inleiding

In 2000 zijn ter hoogte van de Gedempte Gracht in Den Haag een aantal 15e-eeuwse kuilen opgegraven. Bij de inventarisatie van 113 botanische monsters afkomstig uit deze kuilen zijn onder andere zaden van stokroos (*Alcea rosea;* één monster), goudsbloem (*Calendula officinalis;* vier monsters) en kaardenbol (*Dipsacus;* 28 monsters) gevonden. Ook zijn resten van bloemhoofden van kaardenbol aangetroffen. Resten van bovengenoemde soorten worden maar zelden in archeologische contexten in ons land aangetroffen.

Stokroos (*Alcea rosea* L., syn. *Althaea rosea* (L.) Cav.)

Van stokroos (Fig. 1) is slechts één eerdere vondst gedaan. Deze vondst is gedaan door Wim Kuijper en is afkomstig uit het 16e-eeuwse Leidse Agnietenklooster (Kuijper 1986).

Volgens Dodoens helpt stokroos (maluwe) bij maag- en darmklachten, nier- en blaasproblemen, vrouwenklachten, maar ook tegen "fenijn en vergiftheid" (Dodoens 1554, p. 618-620):

> *Maluwe met den wortelen ghesoden es seer goet tseghen alle fenijn ende verghiftheyt/ alsmen terstont naer datmen dat sop van Maluwe ghedroncken heeft tselve wederom overgheeft.*

Daarnaast helpt het tegen insectenbeten, splinters en gezwellen:

> *Maluwe gheneest die beten van den bien ende wespen/ ende treckt alle dorenen ende splinters uut/ daer op gheleyt ofte ghestreken.*

> *Maluwe rouw oft ghesoden/ alleen ghestooten oft met verckens liese vermenght versuet/ rijpt ende doet sincken alle coude ende heete gheswillen.*

Goudsbloem (*Calendula officinalis* L.)

Goudsbloem (Fig. 2) is drie keer eerder gevonden, te weten in Gouda-Bolwerk (1500-1700) (Kok en Kuijper 2001), Dordrecht-Groenmarkt (1600-1625) (Kooistra et al. 1998) en Tiel-Koornmarkt (1701-1778) (R. de Man 1996).

Voor goudsbloem zijn het met name vrouwenklachten die volgens Dodoens kunnen worden genezen, maar ook klachten als "kwade luchten" en de pest kunnen ermee worden verdreven (Dodoens 1554, p. 199-200):

> *Die bloemen alleene oft met den cruyde in wijn ghesoden ende ghedroncken doen den vrouwen huer naturlijcken cranckheyt comen.*

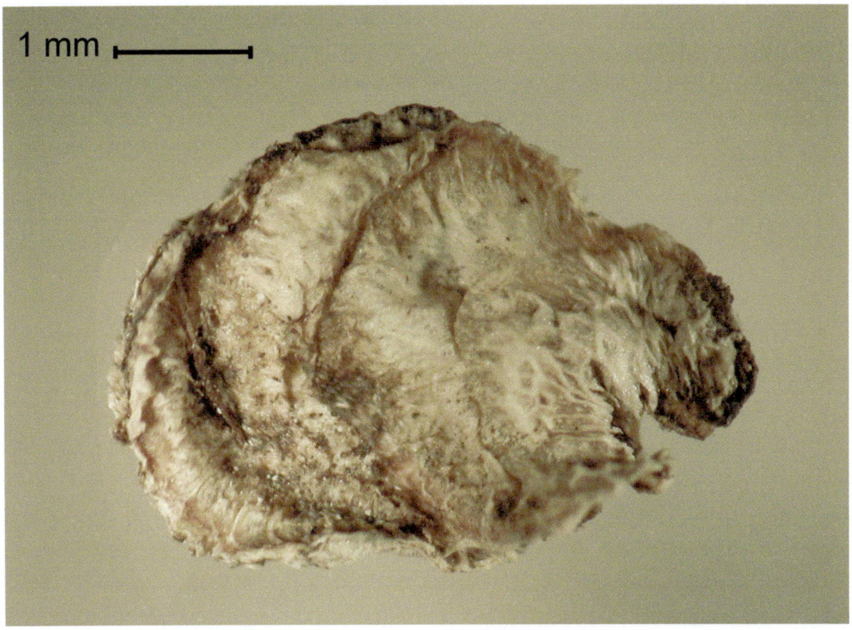

Fig. 1
Den Haag-Gedempte Gracht, zaad van stokroos (Alcea rosea)
Foto BIAX Consult

Seed of hollyhock (Alcea rosea), The Hague-Gedempte Gracht

Fig. 2
Den Haag-Gedempte Gracht, zaad van goudsbloem (Calendula officinalis)
Foto BIAX Consult

Seed of pot marigold (Calendula officinalis), The Hague-Gedempte Gracht

Die selve bloemen ende dat cruyt ghedroocht ende op gloeyende colen geleyt treckt die secondine ende doode vruchten sterckelijck af/ als den roock daer af comende van onder ontfanghen wordt.

Dwater van desen bloemen ghedistilleert gheneest die roode ooghen alst daer inne ghedruypt wordt.

Die Conserve van den bloemen gheneest die bevinghe ende cloppinghe aen therte tsmorghens nuchter inghenomen/ zy es oock goet tseghen die pestilentie ende quade lochten ghebruyckt.

Grote kaardenbol (*D. fullonum* L., syn. *D. sylvestris* Huds.) en weverskaarde (*D. sativus* (L.) Honck.)

De zaden van weverskaarde (*D. sativus*) en grote kaardenbol (*D. fullonum*) zijn moeilijk van elkaar te onderscheiden. In de literatuur worden de volgende determinatiekenmerken genoemd. Zowel weverskaarde als grote kaardenbol hebben langwerpige zaden met een vierkante doorsnede en ribben op de hoeken. Ook hebben ze in het midden van de vier zijden een rib. In de literatuur wordt het voorkomen van een dubbele middenrib bij weverskaarde als het meest betrouwbare determinatiekenmerk genoemd, al komt deze dubbele rib niet altijd op elke zijde voor (Hall 1992). Wat betreft het kenmerk van de lengte-breedteverhouding van de zaden worden door de verschillende auteurs tegenstrijdige conclusies getrokken. Zo vinden Stika en Küster weverskaarde slanker dan grote kaardenbol, terwijl volgens Hall, van Zeist et al. en Hellwig dit juist andersom geldt (van Zeist et al. 1987; Hellwig 1990; Hall 1992; Küster 1995; Stika 1996). Hieruit kan geconcludeerd worden dat er een grote variatie is in de lengte-breedteverhouding en dat het niet gebruikt kan worden als determinatiekenmerk.

Behalve de zaden vertonen ook de bloemhoofden van beide soorten verschillen. De bracteeën of schutbladen van het bloemhoofd van grote kaardenbol zijn recht en wijzen in het bloemhoofd omhoog. Bij weverskaarde buigt de punt van de bractee terug en wijst omlaag. Dit wordt mooi afgebeeld in Hall (Hall 1992, p. 10, 15) en is een betrouwbaar kenmerk. De bracteeën worden echter zelden gevonden en kunnen beschadigd of gebroken zijn.

Op grond van de inventarisatie van het Haagse materiaal waarbij per monster alleen enkele zaden zijn bekeken, werd door het ontbreken van dubbele ribben in eerste instantie gedacht dat de zaden afkomstig zijn van grote kaardenbol. Bij nadere bestudering van het Haagse materiaal bleken de aanwezige bloemhoofden (Fig. 3 en 4) en bracteeën (Fig. 5) van weverkaarde afkomstig te zijn en werd duidelijk dat de zaden uit één bloemhoofd van weverskaarde nul tot vier dubbele ribben kunnen hebben. Vermoedelijk zijn daarom ook de zaden die eerder als grote kaardenbol werden gedetermineerd van weverskaarde afkomstig. Uit het onderzoek is gebleken dat het determineren van één of enkele losse zaden van kaardenbol soms niet goed mogelijk is. De aanwezigheid van minimaal één dubbele rib blijft wijzen op weverskaarde, afwezigheid van dubbele ribben blijkt echter bij beide soorten voor te komen.

Zaden van weverskaarde zijn op negen plaatsen in Nederland gevonden (zie tabel 1), maar de in Den Haag aangetroffen bloemhoofden van weverskaarde zijn uniek. Ook bloemhoofden van grote kaardenbol worden nauwelijks gevonden. Alleen uit Romeins Leiden-Roomburg is een vondst bekend (van Amen en Brinkkemper 2009).

De bloemhoofden met de scherpe, stevige, terugbuigende bracteeën van de weverskaarde werden tot voor kort in de lakenindustrie gebruikt om vilt op te ruwen (Fig. 6) (Eigen waarnemingen Knörzer (1984) in de *Walkemühle* (viltfabriek) te Schladming, Steiermark, C. Vermeeren in 1992 in de *Lodenwalke* (viltfabriek) te Ramsau in Oostenrijk en W.J. Kuijper

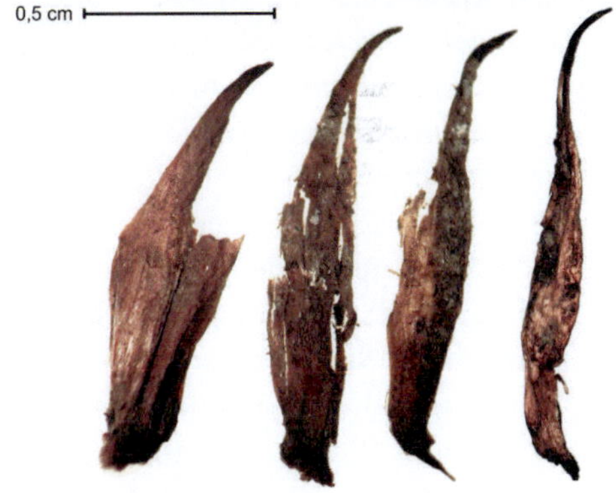

Fig. 3 (links)
Den Haag-Gedempte Gracht, deel van het bloemhoofd van weverskaarde (Dipsacus sativus)
Foto BIAX Consult

Part of the flowerhead of Fuller's teasel (Dipsacus sativus), The Hague-Gedempte Gracht

Fig. 4 (rechtsboven)
Den Haag-Gedempte Gracht, detail van bloemhoofd van weverskaarde (Dipsacus sativus) met gekromde bracteeën en een zaad waarop de dubbele rib te zien is (midden)
Foto BIAX Consult

Detail of the flower head of Fuller's teasel (Dipsacus sativus) with curved bracts, and a seed showing the double rib, The Hague-Gedempte Gracht

Fig. 5 (rechtsonder)
Den Haag-Gedempte Gracht, bracteeën van weverskaarde (Dipsacus sativus)
Foto BIAX Consult

Bracts of Fuller's teasel (Dipsacus sativus), The Hague-Gedempte Gracht

vindplaats	datering	referentie
Leeuwarden-Gouverneursplein	900-1000	van Zeist et al. 1987
Leeuwarden-Speelmanstraat	1000-1100	van Zeist et al. 1987
Groningen-Martinikerkhof	1100-1200	van Zeist et al. 2000
Beetgumermolen-Groot Aijsma	1150-1200	van Haaster 2005
Zierikzee-Korte Nobelstraat	1350-1475	van Haaster 2006
Amsterdam-Nieuwendijk	1300-1550	Paap 1983
Middelburg-Berghuijskazerne	1550-1600	van Haaster en Hänninen 2004
Groningen-Martinikerkhof	1550-1600	van Zeist et al. 2000
Gorinchem-Blijenhoek	1600-1650	van Haaster en Cavallo 1997
Maastricht-Markt Maas	1800-1950	Bakels 2007

Tabel 1
Overzicht van de vondsten (zaden) van weverskaarde in Nederland
Overview of the finds (seeds) of Fuller's teasel in the Netherlands

in Oostenrijk, jaar en plaats onbekend). Door het opruwen gaan de haren van het weefsel overeind staan zodat ze geschoren konden worden.

In het verleden werden mogelijk ook de bloemhoofden van grote kaardenbol voor dergelijke doeleinden gebruikt. De soortsnaam *fullonum* is afgeleid van het Latijnse woord *fullo* wat volder of voller betekent. Een volder of voller is een persoon die laken volt (vervilt) (Backer 2000, p. 224). Knörzer verwijst naar een bericht van Kaufmann uit 1835 dat vermeldt dat beide soorten in de weverij konden worden gebruikt voor het kaarden van wollen doeken, maar dat de minder stevige, grote kaardenbol bij veel soorten doek niet gebruikt kon worden (Knörzer 1984). Volgens Dodoens werd alleen "tamme Caerden" (weverskaarde) gebruikt in de lakenindustrie. Hij noemt verder voor beide kaardensoorten de volgende verwerking van de wortel of de wormen (!) uit het bloemhoofd tot zalf (Dodoens 1554, p. 556-557):

Fig. 6
Bloemhoofden (kaardenbollen) van weverskaarde op een pin gestoken voor gebruik in de lakenindustrie
Foto J. Steinder
Flower heads (teasel heads) of Fuller's teasel stuck on a pin for use in the woollen cloth industry

Die wortel van Caerden in wijn ghesoden ende daer naer wel cleyn ghestooten tot dat zy eenen saelfken ghelijck es/ gheneest die cloven ende fistulen in dat fondament. Ende om dit salfken goet te behouwe zoo moetment in een coperen busse bewaeren.

Die wormkens diemen in die bollekens van den Caerden vint sijn goet tseghen die vierdedaechse cortse aen den hals oft arm ghedraghen als Dioscorides scrijft.

Kaardenbol als voorbeeld van het belang van goede determinatie als basis voor een interpretatie

De in Den Haag aangetroffen resten van kaardenbol werden in eerste instantie toegeschreven aan gewone kaardenbol. Behalve eventueel medicinaal gebruik van deze soort, leek in combinatie met de vondsten van stokroos en goudsbloem ook het gebruik als sierplant in 15e-eeuws Den Haag een mogelijke interpretatie.

Bij nadere bestudering van het materiaal werd echter duidelijk dat het ontbreken van dubbele ribben op de zaden niet als determinatiekenmerk voor grote kaardenbol kan worden gebruikt en dat tenminste een deel van het materiaal afkomstig is van weverskaarde. De

Fig. 7
Grote kaardenbol (Dipsacus fullonum) in de tuin van Wim Kuijper
Foto BIAX Consult

Wild teasel (Dipsacus fullonum) in Wim Kuijper's garden

vondst van weverskaarde lijkt te wijzen op een industriële toepassing in 15e-eeuws Den Haag, hoewel medicinaal gebruik niet kan worden uitgesloten.

We dienen ons daarnaast toch ook bewust te zijn van een eventuele sierfunctie van de aangetroffen soorten. Goudsbloem en stokroos waren vroeger en zijn ook nu nog veelgebruikte tuinplanten. De sierwaarde van kaardenbollen is tegenwoordig voor veel mensen onbekend. De bloeiwijze van kaardenbol is uniek: de bloei van de bloemen start als een ring in het midden van de bloeiwijze en schuift vervolgens zowel naar boven als beneden op, zoals goed te zien is in figuur 7. Ook uitgebloeid heeft de kaardenbol nog een sierwaarde in droogboeketten.

Om de fraaie combinatie van de drie in Den Haag gevonden planten aanschouwelijk te maken heeft Wim Kuijper in de zomer van 2007 in zijn volkstuin te Noordwijk tussen de bonen en de sla een combinatie van deze planten uitgezaaid (in de volkstuin is grote kaardenbol gebruikt omdat weverskaarde niet verkrijgbaar was. Beide soorten hebben een overeenkomstige bloeiwijze). Het resultaat hiervan is te zien in figuur 8. De stokroos is er in verschillende kleuren, waarvan in figuur 8 twee varianten te zien zijn, de roze en de donkerrode. De oranje kleur van de goudsbloem steekt erg mooi af tegen het lila van de kaardenbol.

Fig. 8

Boeket met stokroos, goudsbloem en grote kaardenbol uit de volkstuin van Wim Kuijper
Foto BIAX Consult

Bouquet with hollyhock, pot marigold and wild teasel from Wim Kuijper's allotment

Fig. 9
Wim aan het werk in zijn volkstuin — *Wim working in his allotment*
Foto BIAX Consult

Dankbetuiging

Hierbij willen de auteurs Wim Kuijper danken voor zijn hulp bij het aanschouwelijk maken van de sierwaarden van stokroos, goudsbloem en grote kaardenbol (Fig. 9), maar vooral ook voor het enthousiasme waarmee hij aan ons de liefde voor het vak heeft overgedragen en ons altijd heeft uitgedaagd om nog eens opnieuw naar een determinatie te kijken.

Literatuur

Amen I van, Brinkkemper O (2009) De plantenresten uit de Romeinse sporen. In: Polak T, Groot T de (eds) Vondsten langs de *Limes*. Rapportage Archeologische Monumentenzorg 167: 32-68

Backer CA (2000) Verklarend woordenboek van wetenschappelijke plantennamen. Veen, Amsterdam/Antwerpen

Bakels CC (2007) Maastricht-Marktmaas, resten van zaden en vruchten. Intern rapport Universiteit Leiden geschreven voor Becker en van de Graaf

Dodoens R (1554) Cruydeboeck, Antwerpen

Haaster H van, Hänninen K (2004) Tiepels, Boberellen, Stekelbesien en Struyskoeck. Resultaten van het archeobotanisch onderzoek op het terrein van de Berghuijskazerne in Middelburg (1375-1725). BIAXiaal 197

Haaster H van (2005) Voedingsgewoonten en Milieuomstandigheden op en rond twee nederzettingen uit de 12e-13e eeuw bij Beetgumermolen (Fr.). BIAXiaal 229

Haaster H van (2006) Archeobotanisch onderzoek in (post)middeleeuws Zierikzee. BIAXiaal 268

Haaster H van, Cavallo C (1997) Plantaardige en dierlijke resten uit de opgraving Blijenhoek te Gorinchem. BIAXiaal 45

Hall H (1992) The last teasel factory in Britain, and some observations on teasel (*Dipsacus fullonum* L. and *D. sativus* (L.) Honckeny) remains from archaeological deposits. Circaea 9 (1): 9-14

Hellwig M (1990) Paläobotanische Untersuchungen an mittelalterlichen und frühneuzeitlichen Pflanzenarten aus Braunschweig. Dissertationes Botanicae, Band 156

Knörzer K-H (1984) Textilpflanzfunde aus dem mittelalterlichen Aachen. Decheniana 137: 226-233

Knörzer K-H (1987) Geschichte der synanthropen Vegetation von Köln. Kölner Jahrbuch für Vor- und Frühgeschichte 20, pp 271-388

Kok R, Kuijper WJ (2001) Krullen van de timmerman, boekweit voor de pijpen en een Goudse goudsbloem. Botanisch onderzoek van de opgraving Gouda-Bolwerk. Westerheem 50: 109-116

Kooistra LI, Hänninen K, Haaster H van, Vermeeren C (1998) Voedselresten in beer en afval. Botanisch onderzoek aan beerputten, afvalkuilen en ophogingslagen van de steden Dordrecht en Nijmegen uit de 12e-20e eeuw. BIAXiaal 52

Kuijper WJ (1986) Planten- en dierenresten in laatmiddeleeuwse beerputten op het terrein van het St. Agnietenklooster in Leiden. Bodemonderzoek in Leiden, Jaarverslag 1984, 131-142

Küster H (1995) Postglaziale Vegetationsgeschichte Südbayerns. Geobotanische Studien zur Prähistorischen Landschaftkunde. Akademie, Berlin

Man R de (1996) Botanische resten uit een viertal L.M.E. beerputten te Tiel. Intern Verslag Archeobotanie, Rijksdienst voor Oudheidkundig Bodemonderzoek, Amersfoort

Paap NA (1983) Economic plants in Amsterdam: qualitative and quantitative analysis. In: Jones M (ed.) Integrating the subsistence economy. Symposia of the Association for Environmental Archaeology 4 (BAR International Series 181): 315-325

Stika HP (1996) Römerzeitliche Pflanzenreste aus Baden-Württemberg. Materialhefte zur Archäologie in Baden-Württemberg 36

Zeist W van, Cappers RTJ, Neef R, During H (1987) A palaeobotanical investigation of medieval occupation deposits in Leeuwarden, the Netherlands. Proceedings of the Koninklijke Nederlandse Akademie van Wetenschappen Series B 90 (4): 371-426

Zeist W van, Cappers RTJ, Ouderkerken MG, Palfenier-Vegter RM, Roller GJ de, Vrede F (2000) Cultivated and wild plants in late- and post-medieval Groningen. A study of archaeological plant remains. Groningen Institute of Archaeology, Groningen

Taxus vroeger en nu: de veelzijdige naaldboom

Taxus then and now: the versatile coniferous tree

Henk Woldring[1], Piet Cleveringa[2], Dirk G. van Smeerdijk[3]

1 Groninger Instituut voor Archeologie , Rijksuniversiteit Groningen
Poststraat 6, 9712 ER Groningen, H.Woldring@rug.nl

2 WMC Kwartair Consultants, Clarissenhof 15
1115 CA Duivendrecht, P.Cleveringa@kpnplanet.nl

3 Schellingwouderdijk 265, 1023 NG Amsterdam
Dirkvansmeerdijk@planet.nl

Samenvatting

Palynologisch onderzoek toont aan dat taxus (*Taxus baccata*) vanuit het zuidwestmediterrane gebied naar Midden- en Westeuropa is gemigreerd. Dit proces begon in het Midden-Atlanticum. Naast klimatologische factoren speelde de mens daarbij een belangrijke rol. Grotere oceaniteit en een toenemende invloed van de landbouwende mens op de natuurlijke vegetatieontwikkeling hebben de vestiging en uitbreiding van taxus mogelijk gemaakt. De latere achteruitgang van taxus in Westeuropa kan in hoge mate toegeschreven worden aan een intensivering van de veeteelt. In Midden-Europa is dit verschijnsel gerelateerd aan de areaaluitbreiding van de beuk en de haagbeuk.

Abstract

Palynological evidence shows that taxus (*Taxus baccata*) migrated from the southwest Mediterranean into the lowlands, hills and mountains of Western and Central Europe from mid-Atlantic times onward. Beside more oceanic conditions at this latitude, also the concurrent appearance of species connected with farming activity suggests local man-induced disturbance to have favoured its establishment. In Central Europe climatic and/or natural vegetation changes largely generated the slight increase of pollen frequencies from the late Atlantic and a gradual decline since the Subboreal. Several sites in the coastal zone of the southern North Sea Basin and Ireland show a significant expansion of taxus in response to major forest clearance in the (early) Subboreal. At sea-level sites hydrological changes relative to improved drainage and regular inundation as a consequence of upland deforestation provided favourable conditions for the establishment of taxus. Waterlogged conditions put an end to this primarily natural expansion of taxus. At sites above sea level in the coastal area taxus values rapidly decline in response to intensified farming, in which cattle contributed a substantial part.

Inleiding

De familie van de Taxaceae wordt in Europa door slechts één geslacht en soort vertegenwoordigd, te weten taxus (*Taxus baccata*), ook bekend als ijf of venijnboom. Alle fossiele resten van deze naaldboom die in afzettingen van het Holoceen zijn aangetroffen behoren tot deze soort. De opvallende uitbreiding die taxus in de pollendiagrammen van het Westeuropese kustgebied laat zien, bepaalde onze keuze van het onderwerp voor deze bundel. Deze expansie valt met name op door de substantiële pollenwaarden die gedurende langere of kortere tijd in het Subboreaal (5000-2500 BP) worden bereikt. Al vroeg in de vorige eeuw trok dit fenomeen de aandacht, niet in het minst vanwege de aangetroffen houtrestanten, die bewijs leverden dat de als kalkbehoeftig beschouwde taxus ook op veen kon groeien (Godwin et al. 1935; Hayen, 1960; Averdieck 1971; Overbeck 1975).

Deforce en Bastiaens (2007) geven een gedetailleerde verhandeling over de uitbreiding van taxus op het veen in het zuidwestelijke kustgebied van Nederland en Vlaanderen. Zij constateren dat de uitbreiding in deze regio steeds plaats heeft in elzen-/berkenbroek, dat onder invloed van een stijgende zeespiegel en hoge grondwaterstanden in het kustgebied tot ontwikkeling is gekomen. Ook op andere plaatsen is door pollen, hout en andere botanische resten de vestiging van taxus op veen in het mariene bereik vastgesteld (Munaut 1967; van Smeerdijk 2006; Woldring en de Boer 2009). De door Deforce en Bastiaens gesignaleerde uitbreiding van taxus in het elzen/berkenbroek in het Schelde-gebied is zeker geen regel. De pollendiagrammen van Ipweger Moor, een veengebied bij Oldenburg, en Doel-Deurganckdok bij Antwerpen, geven pas een uitbreiding van taxus te zien na de aftakeling van het elzenbroek (Hayen 1960; Gelorini et al. 2006). Op andere plaatsen ontbreekt de relatie met elzenbroek. In het pollendiagram van An Loch Mór, een meer op het eiland Inis Oírr voor de westkust van Ierland, valt de kortstondige taxus-expansie in een door dennen gedomineerde fase. Die uitbreiding, omstreeks 3000 v.Chr., gaat samen met sterk afgezwakte agrarische activiteit (Molloy en O'Connell 2004). Buiten het kustgebied van West-Europa is de uitbreiding in het mariene bereik vastgesteld in het kustgebied van Dalmatië (Beug 1977).

Verschillende pollendiagrammen van boven zeeniveau gelegen locaties in het laagland van West-Europa, het noorden van Duitsland en Polen geven een stijging van de percentages te zien in het eerste deel van het Subboreaal (Hayen 1961; van Zeist 1964; van Zeist en van der Spoel-Walvius 1980; Wiethold 2000; Peglar et al. 1989; Ralska-Jasiewiczowa et al. 1998). In andere delen van dat laagland laat taxus duidelijk verstek gaan, zoals in de *Siedlungskammer* Flögeln in het noorden van Duitsland, de Oder-vallei in het noordoosten van Duitsland, de noord- en westkust van Denemarken en de Baltische staten (Behre en Kučan 1994; Hackens et al. 1996; Kolstrup 1988; Jahns 2000; Kolstrup 2009). Behoudens een enkele uitzondering manifesteren de pollendiagrammen van het heuvel- en bergland van Midden-Europa voor de periode van het Subboreaal ten hoogste een iets grotere frequentie van taxus (Stalling 1987; Knipping 1989; Rösch 1993; Küster 1995; Mitchell et al. 2001).

Sinds het Neolithicum ontstonden in het steeds opener landschap potentieel gunstige condities voor pioniersoorten zoals taxus. Desondanks verdwijnt taxus op veel plaatsen nog voor het einde van de eerste helft van het Subboreaal of ten minste gaan de pollenwaarden substantieel omlaag. Averdieck noemt de uitbreiding van beuk en de gevolgen van menselijke aanwezigheid als mogelijke oorzaken voor de afname van taxus in Midden-Europa. In het kustgebied, waar de beuk geen overheersende rol heeft gespeeld, zou een combinatie van factoren verantwoordelijk zijn voor de afname (Averdieck 1971).

Uit de beginfase van het pollenonderzoek (vóór 1950) zijn geen waarnemingen van taxus bekend. Deze afwezigheid kan worden teruggevoerd op de toenmalige stand van zaken in de microscooptechnologie, de nog weinig geavanceerde bereidingsmethoden en de niet erg opvallende pollenkorrels. Exemplarisch is het onderzoek van Godwin et al. van de veenafzettingen ten noorden van Cambridge in Engeland waar ondanks de vele houtrestanten en bloeiwijzen geen pollen van taxus werd geregistreerd (Godwin et al. 1935).

Geografische verspreiding en ecologie

Het huidige verspreidingsareaal (Fig. 1) kenmerkt taxus als een oceanische tot suboceanische, droogte- en vorstgevoelige soort. Omvangrijke populaties komen voor in het zuiden van Groot-Brittannië, delen van Ierland en in Midden-Europa, vooral Tsjechië en Slowakije en het beneden 250 m gelegen merengebied in het noorden van Polen.

De tegenwoordige areaalgrenzen vallen grotendeels samen met het verspreidingsgebied van de beuk (*Fagus sylvatica*). Het sterk verbrokkelde areaal van taxus zou samenhangen met de concurrentie van beuk en haagbeuk (*Carpinus betulus*), eveneens soorten met standplaatsen op kalkhoudende bodems. In Midden-Europa kwam taxus nog in de 17ᵉ en 18ᵉ eeuw algemeen voor en ging deze soort pas in de 18ᵉ en 19ᵉ eeuw sterk achteruit door roofbouw en veranderingen in het bosbeheer, ondermeer de overgang van *Mittelwald* naar dicht, gesloten *Hochwald* (Zoller 1981). Droogte-gevoeligheid is de reden dat taxus in het zuiden van haar verspreidingsgebied is beperkt tot de neerslagrijke delen van de Alpen, de Apennijnen en het Atlasgebergte in Noord-Afrika. In deze gebieden groeit taxus onder bomen op noordwest- en noordoosthellingen, waar de luchtvochtigheid relatief hoog is. In Engeland komt 80% van de populaties voor in gebieden met > 1000 mm neerslag per jaar. In de berggebieden van Tsjechië en Slowakije komt taxus voor in zilverspar- en beukenbossen en in de lagere zones ook in eiken- en haagbeukenbos. In Polen groeit taxus onder beuken op podsol-bodems en in een door kalkrijk water gevoed essen- en elzenbroek (Thomas en Polwart 2003). In

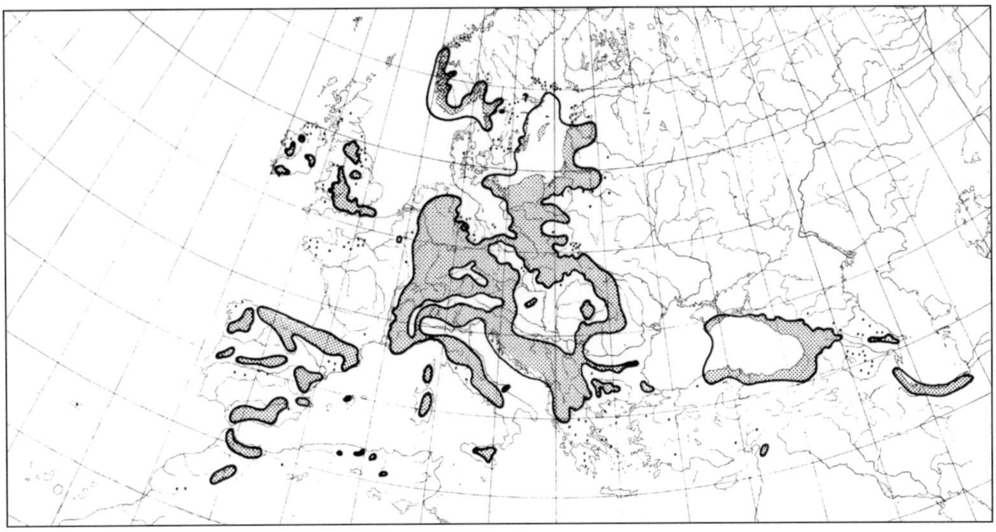

Fig. 1
Verspreidingsareaal van Taxus baccata (naar Zoller 1981)

Distribution area of Taxus baccata (after Zoller 1981)

het meest continentale deel van het verspreidingsgebied, zoals de Baltische staten, is taxus vooral te vinden in bijzondere niches, zoals moerassen en venen, rotsspleten, e.d. (Thomas en Polwart 2003). In Scandinavië komt taxus voornamelijk voor langs beken en op plaatsen met bewegend grondwater (Jonsell 2000). Taxus ontbreekt vrijwel in kalkloze gebergteformaties (Zoller 1981). In Engeland en Midden-Europa komen hier en daar omvangrijke populaties voor op ontoegankelijke hellingen.

Taxus groeit optimaal op diepe, vochtige, zandige leem en goed gedraineerde klei en is gewoonlijk afwezig op nat, zuur veen en natte klei (Ellenberg 1963; Zoller 1981; Weeda et al. 1985; Thomas en Polwart 2003). Browicz (1982) noemt taxus "*a very shade-loving species, needing dampish, fertile and calcareous soils*". De meest vitale exemplaren zijn echter te vinden op lichte, open standplaatsen (Zoller 1981; Thomas en Polwart 2003, p. 494). In Greta Gorge, in het noordoosten van Engeland, handhaaft zich sinds het vellen van het beukenbos in de jaren '30 van de vorige eeuw een omvangrijke taxus-populatie (Hulme 1996). Taxus moet derhalve niet als een obligate schaduwplant, maar eerder als een lichtminnende soort worden beschouwd.

Taxus behoort tot de weinige naaldbomen met besachtige vruchten (arillen). De zaadvorming begint rond het dertigste levensjaar. De zaden kiemen traag en blijven jaren kiemkrachtig. Het kiemingspercentage ligt tussen de 47-70%. "*Most of the natural germination of T. baccata is from seeds that have passed through the digestive tracts of birds such as nutcrackers*" (Rudolf 1989 p. 801). Een belangrijke voorwaarde voor de kieming van de zaden en optimale ontwikkeling in de eerste levensfase van taxus is de aanwezigheid van een licht scherm van bomen dat direct zonlicht en uitdroging van de bodem tegengaat (Iszkuło en Boratyński 2004). In de bosbouw wordt als substraat voor de zaaibedden een *mulching* van dennennaalden, houtschilfers of vermalen maiskolven toegepast (Rudolf 1989).

De bessen vormen in het najaar een belangrijke voedselbron voor lijsterachtigen en spreeuwen, maar overvloedige consumptie leidt bij deze vogels snel tot het uitbraken van de kropinhoud (Williamson 1978). In het najaar vormen op de grond gevallen (giftige) zaden de belangrijkste voedselbron voor verschillende knaagdieren, zoals bosmuis en rosse woelmuis (Hulme 1996). Het door Gesner vermelde gebruik van taxusloof ter bestrijding van ongedierte zal misschien wat relativering behoeven: *...wo die es sind, soll kein ratz od musz blyben im gmach...* (Gesner 1561: citaat in Zoller 1981). Verschillende herbivoren eten taxus en daarom wordt de regeneratie van taxus in grote mate bepaald door de intensiteit van begrazing. Weliswaar zijn bij wilde grazers incidenteel vergiftigingsverschijnselen vastgesteld, maar zijn deze van voorbijgaande aard en ogenschijnlijk zonder schadelijke gevolgen. Door het geleidelijk opvoeren van de doses wordt een hoge immuniteit tegen de gifstoffen opgebouwd. Een éénmalige gift van een partij taxusloof aan paarden en runderen heeft echter vrijwel onmiddellijk de dood tot gevolg (Wiliamson 1978). Intensieve vraat van reewild onderdrukt de regeneratie van taxus in de voedselarme beukenbossen van Midden-Europa (Zoller 1981). In Noorwegen herstelden populaties van taxus plaatselijk aantoonbaar als gevolg van toegenomen predatie van reewild door de gunstige ontwikkeling van de lynxenstand (Mysterud en Østbye 2004). De afname van taxus in de jongste fase van het pollendiagram Camillan Woods in Killarney zou het gevolg zijn van sterk gereduceerde regeneratiemogelijkheden door de introductie van het Sika hert in 1865 (Mitchell 1988). In de *South Downs* in het zuiden van Engeland overleven alleen in het stekelige struikgewas van jeneverbes (*Juniperus communis*) en meidoorn (*Crataegus*) opgeslagen zaailingen de intensieve vraat van konijnen (Watt 1926). In Poolse natuurreservaten (ingericht voor taxus) is vastgesteld dat de zaailingen in de eerste 2-3 jaar na kieming verdwijnen (Iszkuło en Boratyński 2004). Ook andere (wintergroene) naaldhoutgewassen vormen een aantrekkelijke voedselbron voor wilde grazers. In de Schotse hooglanden heeft houtkap gepaard aan een hoge begrazingsdruk het bestand aan grove den (*Pinus sylvestris*) in de laatste eeuwen gedecimeerd (Watkins 1990, p 113). De begrazing van (jong) naaldhout zal met name in de winter toenemen wanneer andere voedselbronnen schaars zijn.

Het hout van taxus is vanwege de buitengewone eigenschappen (duurzaam, soepel) voor velerlei doeleinden bruikbaar. Een speer uit het Holstein interglaciaal is waarschijnlijk het oudste voorwerp gemaakt van taxushout (Godwin 1975, p. 116). Sinds het Neolithicum is het hout voor de meest uiteenlopende zaken gebruikt, ondermeer voor het maken van bogen voor de jacht (zie Godwin 1975). Met de groei van de bevolking in de middeleeuwen en Nieuwe tijd en toename van het houtgebruik werd taxus allengs zeldzamer (Zoller 1981). De schaarste aan hoogwaardig taxushout in Engeland maakte eind 13e eeuw import noodzakelijk uit Midden- en Oost-Europa (Averdieck 1971; Williamson 1978). Dit hout was voornamelijk bestemd voor de productie van de z.g. *longbows*, in die tijd het nationale wapen van het Engelse leger. De slag om Agincourt in 1415 zou feitelijk zijn gevoerd om het bezit van een taxusbos in de omgeving van Calais (Vedel en Lange 1967). De explosieve groei van het houtgebruik sinds de middeleeuwen, aanhoudende ontbossing, veranderingen in het bosbeheer en vermoedelijk ook beperkte regeneratie als gevolg van een hogere wildstand hebben taxus de tegenwoordige status van 'bedreigde' soort bezorgd.

Resumerend: het jeugdstadium vormt de meest kritische periode in de levenscyclus van taxus. De volgende factoren leveren de meest optimale omstandigheden voor de overleving van deze fase; (*i*) een licht scherm van bomen of struiken, dat intensieve belichting (insolatie) en verdroging van de bodem verhindert, (*ii*) afwezigheid van concurrerende vegetatie en (*iii*) afwezigheid van intensieve begrazing. De belangrijkste bedreigingen voor oudere populaties zijn commerciële exploitatie, de concurrentie van grote loofbomen (beuk, eik) en activiteit van herbivoren (vraat en vernieling van de bast).

Een met *Taxus baccata* vergelijkbare soort is de in het westen van Noord-Amerika voorkomende *Taxus brevifolia* (*Pacific* of *Western yew*). Vanwege de morfologische en ecologische verwantschap wordt deze soort taxonomisch ook wel als een variëteit van *Taxus baccata* (*T. baccata* var. *brevifolia*) beschouwd (Rudolf 1989). Het verspreidingsareaal van *T. brevifolia* omvat het kustgebied van westelijk noord-Amerika, van zuidelijk Alaska tot California. "*Western yew makes the best growth on deep soils beside streams and on moist flats at low elevations near the coast. In the interior at high altitudes, up to 4,000 feet, the trees are stunted, frequently sprawling over the ground*" (Canadian Department of Forestry 1963). *T. brevifolia* overleeft zelfs branden van geringe intensiteit niet. Populaties van hoge ouderdom of omvang duiden op langdurige afwezigheid van brand (Crawford en Johnson 1985). Ook *T. brevifolia* is feitelijk een *secondary colonizer*: de vestigingscondities zijn het meest optimaal in de beschutting van andere boomsoorten (McCune en Allen 1985).

Palynologische representatie van taxus in het Holoceen

Deze paragraaf geeft een beknopt overzicht van de pollendiagrammen waarin de presentie van taxus door de tijd middels ^{14}C-datering globaal vastligt. Er zijn drie categorieën onderscheiden: locaties in het bereik van de kust, locaties in het laagland boven zeeniveau en locaties in het heuvel- en bergland. Deze lijst omvat vermoedelijk het merendeel van de pollendiagrammen waarin taxus meer of minder significante waarden bereikt. Pollendiagrammen met sporadische presentie van taxus zijn buiten beschouwing gebleven. De tussen haakjes geplaatste initialen achter de pollendiagrammen worden gebruikt in de volgende paragrafen.

In het mariene bereik:

An Loch Mór (ALM), Inis Oirr, Aran Islands, Ierse westkust (Molloy en O'Connell 2004). Zwak brak meer (ca. 5 ‰) door dagelijkse instroom van zeewater. Vanaf ca. 4500 v.Chr. (ca. 5700 BP) komt taxus incidenteel voor. Voorafgegaan door dominantie van grove den, jeneverbes, iep (*Ulmus*) en eik (*Quercus*), domineert taxus vanaf 3150 v.Chr. gedurende ca. 200 jaar (Zone 3: max. 37%). Met taxus neemt ook es (*Fraxinus excelsior*) sterk toe. In deze tijd bereiken de AP-percentages een Holoceen maximum (ruim 90%). Deze toename gaat samen met sterk verminderde menselijke activiteit, zoals de daling van smalle weegbree (*Plantago lanceolata*) van 10% naar bijna nul aangeeft. De daling van boompollen naar ca. 60% en drastische teruggang van taxus omstreeks 2950 v.Chr. gaat vergezeld van een piek in micro-

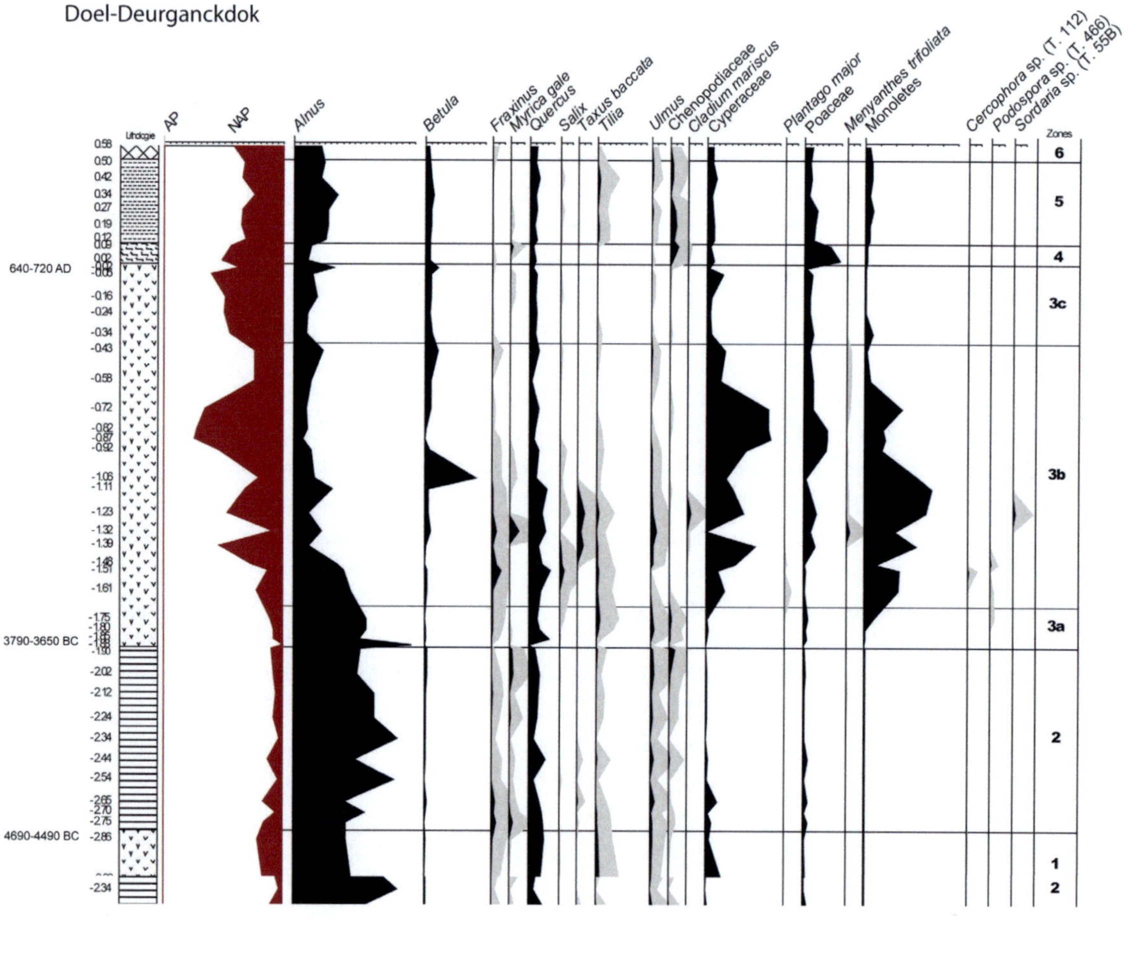

Fig. 2
Pollendiagram Doel-Deurganckdok met een selectie van pollentypen (Gelorini et al. 2006)

Pollen diagram of Doel-Deurganckdok with a selection of pollen types (Gelorini et al. 2006) scopisch houtskool en hoge waarden van cultuurindicatoren. Taxus blijft (met steeds lagere waarden) vertegenwoordigd, maar verdwijnt vrijwel na een kortstondige toename omstreeks 500 n.Chr. Substraat: kalksteen.

Terneuzen I en III (TE), Zeeuws-Vlaanderen (Munaut 1967). Op de monsterlocatie talrijke houtrestanten van grove den, eik en berk (*Betula*). In het late Atlanticum volgt na de drastische afname van hazelaar (*Corylus avellana*) een toename van eik, grove den en hulst (*Ilex aquifolium*). Ook taxus komt in deze tijd spaarzaam voor. Na sterke daling van grove den en geleidelijk lagere AP-waarden volgt toename van taxus: in TE III vanaf ca. 2600 v.Chr. (max. 4%) en in TE I vanaf 2300 v. Chr. (max. 7,5%). Enige tijd na de daling van grove den vallen ook berk en in mindere mate eik terug. In beide diagrammen gaat de stijging van taxus vergezeld van een toename van es, iep, kraaiheide (*Empetrum*) en veenmos (*Sphagnum*). Nog in de eerste helft van het Subboreaal verdwijnt taxus. Iep, es en linde (*Tilia*) nemen halverwege het Subboreaal sterk af. Cultuurindicatoren zijn onregelmatig en in lage aantallen vertegenwoordigd. Substraat: veen.

Ellewoutsdijk (EL), Zeeland (van Smeerdijk 2003) (Fig. 2). Na het afzwakken van de mariene invloed wordt vanaf ca. 3000 v.Chr. (4400 BP) korte tijd rietveen gevormd. In deze fase stijgen de AP-waarden naar ruim 80% (eik: 40%, taxus:15%). Aanvankelijk zijn ook iep (8%) en esdoorn (*Acer*: 2%) goed vertegenwoordigd. In deze periode daalt els (*Alnus*) substantieel. Cultuurindicatoren zeldzaam. Substraat: veen.

Doel-Deurganckdok (DD), Wase Scheldepolders in het Antwerpse havengebied, Noord-België (Gelorini et al. 2006) (Fig. 3). In het late Atlanticum komt taxus in een drietal spectra voor. De uitbreiding van taxus (max. 5%) volgt na de aftakeling van het elzenbroek, een ontwikkeling die zich waarschijnlijk in de eerste helft van het Subboreaal afspeelt. Varens en zeggen (Cyperaceae) domineren in deze tijd de lokale vegetatie. De plaatselijke en kortstondige uitbreiding van ondermeer gagel (*Myrica gale*), galigaan (*Cladium mariscus*) en waterdrieblad (*Menyanthes trifoliata*) duidt op kwelwaterinvloed. Voor de afname van het elzenbroek (basis Zone 3b) zijn sporen van verschillende mestschimmels in kleine aantallen present. Substraat: vermoedelijk veen.

Hempens (HE), Leeuwarden, Friesland (van Smeerdijk 2006). Het ca. 1m dikke veenpakket heeft een datering van ca. 4500 tot 4000 BP. De AP-waarden zijn meer dan 80%, maar dalen tijdelijk juist boven het midden van de sectie tot minder dan 40% door (mogelijk lokale) toename van heideachtigen (Ericales). De hoogste taxus-waarden tot max. 15% komen voor in het onderste, relatief natte deel. In deze fase domineren eik, els, berk, hazelaar, linde en hulst. Ook tijdens de dominantie van heideachtigen bereikt taxus waarden tot ca. 5%. Na de daarop volgende stijging van de AP-waarden door toename van vooral eik en linde verdwijnt taxus. Tijdens de opgravingen zijn houtresten van taxus aangetroffen. Antropogene taxa zijn zeer schaars.

Zwartdam (ZW), gem. Slochteren, Groningen (Woldring en de Boer 2009) (Fig. 4). De locatie (-1,9 m NAP) ligt in de lage randzone van het Drents Plateau, ten westen van de keileemrug Siddeburen-Slochteren. De in 2006 opgeploegde houtrestanten van grove den (GrN-29593: 4350 ± 25 BP) en taxus (GrN-29597: 4480 ± 25 BP) zijn vermoedelijk afkomstig uit na 4500 BP gevormd en door zeewater geërodeerd veen. Het resterende door klei afgedekte veen heeft een datering van ca. 3600 v.Chr. tot ca. 3300 v.Chr. In deze tijd wordt op

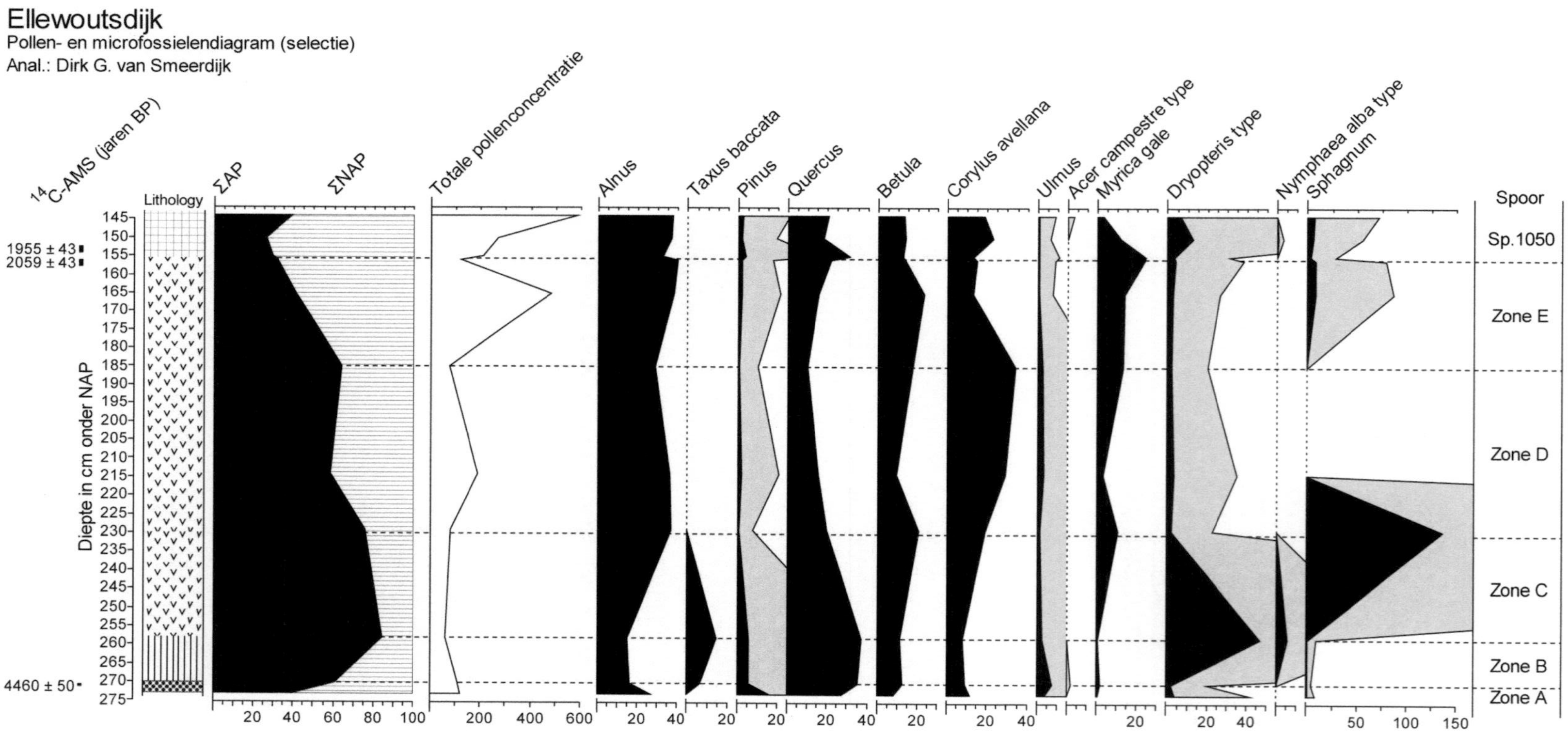

Fig. 3
Pollendiagram Ellewoutsdijk met een selectie van pollentypen (van Smeerdijk 2003)

Pollen diagram of Ellewoutsdijk with a selection of pollen types (van Smeerdijk 2003)

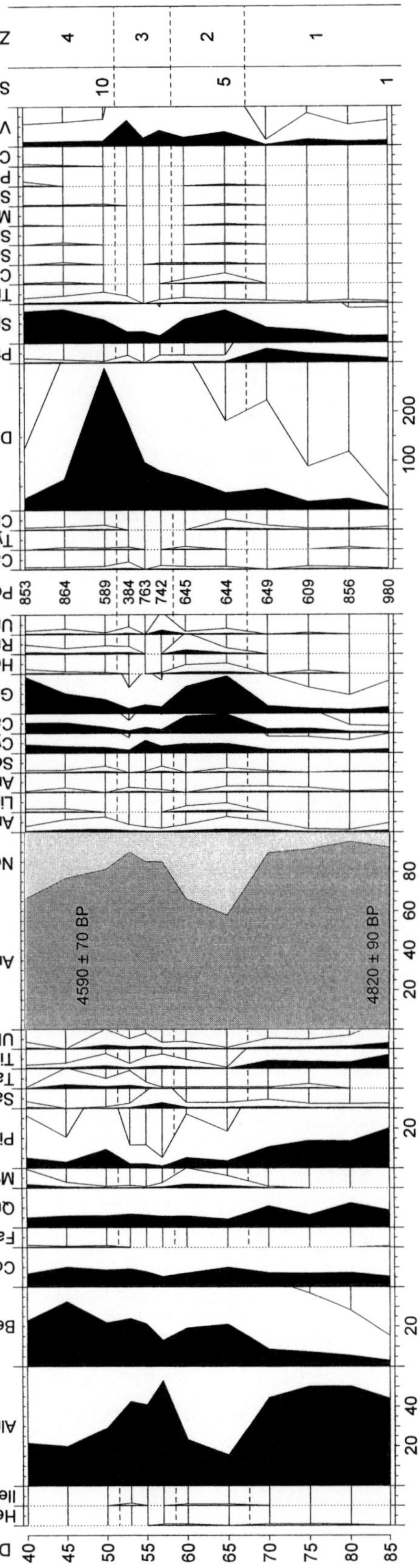

Fig. 4
Pollendiagram Zwartdam met een selectie van pollentypen (Woldring en de Boer 2009)

Pollen diagram of Zwartdam with a selection of pollen types (Woldring and de Boer 2009)

kleine schaal akkerbouw en veehouderij uitgeoefend met een onderbreking van (ten minste) enkele decennia. Het begin van de taxus-curve valt samen met de eerste agrarische activiteit op het veen, omstreeks 3500 v.Chr. Taxus stijgt omstreeks 3350 v.Chr. naar ca. 1%, na afname van els. Substraat: veen.

Ipweger Moor (IM) (-0,5 NAP), Oldenburg, Duitsland (Hayen 1960). In ca. 100 jaar tijds (1800-1700 v. Chr.) bereikt taxus maxima van 50% (pollensom = Σ boompollen) in een fase met relatief lage percentages van els, eik, den en grassen (Gramineae). In het profiel bevond zich op het niveau van de uitbreiding een stam van taxus. In het veen werden ook stammen van eik (tot 100 cm diameter) aangetroffen. Antropogene taxa zijn steeds met lage waarden present, maar nagenoeg afwezig tijdens de toename van taxus. Substraat: veen. Ook in andere (vroegere) veengebieden bij Oldenburg zijn (ongedateerde) resten van taxus gevonden. **Ihorster Moor**: taxus met stamdoorsnee van ruim 1 m en **Wildenlohs Moor**: houtrestanten en zaden van taxus in *Scheuchzeria*-veen. In het pollendiagram **Bareler Moor** (Kreis Oldenburg) verschijnt taxus van 3200-2400 v. Chr. in lage waarden (tot 0,5%), na sterke daling van de *Pinus*-curve (Hayen 1961).

Lake Palu (LP), Istria, noordelijke Adriatische kust (Beug 1977). Pollensom exclusief grassen en ganzevoetachtigen (Chenopodiaceae). Hoogste taxus-waarden (2 à 3%) in de tijd onmiddellijk voor 4500 BP (3300 v.Chr.), echter vrijwel gesloten curve tot dichtbij het begin van de jaartelling. In de periode voor 4500 BP enkele spectra met *Juniperus*-percentages tot 5%. Het dominerende bladverliezende eikenbos (*Quercus robur/pubescens*) neemt na 4500 BP vrij snel af, waarna haagbeuk stijgt, gevolgd door een toename van iep, Oosterse haagbeuk (*Carpinus orientalis*) en beuk (15-20%). Nadat deze taxa deels het veld hebben geruimd ten gunste van steenlinde (*Phillyrea*) en jeneverbes, verdwijnt ook taxus. De toename van beuk en haagbeuk is waarschijnlijk antropogeen, gezien de gelijktijdige toename van de kleine pimpernel (*Sanguisorba minor*-type), een pollentype dat geldt als een cultuurvolger in het Mediterrane gebied. Waarden tot 5% bereikt taxus in het pollendiagram van **Bokanjačko Blato**, een voormalig meer (30m +NAP) in het kustgebied van Dalmatië (Krüger 1996). De hoogste taxus-waarden alterneren met twee perioden waarin het *Quercus robur/pubescens*-type naar maximaal 70% stijgt. Taxus verdwijnt na het begin van de jaartelling. Het is waarschijnlijk dat deze ontwikkelingen zich (mede op grond van de enige ^{14}C-datering) grotendeels in het Subboreaal afspelen, maar een (veel) oudere datering van de eerste toename van taxus is niet uitgesloten. Vanwege de onzekere datering blijft dit pollendiagram buiten beschouwing.

In het laagland boven zeeniveau:

Diss Mere (DM), Norfolk, UK. (Peglar et al. 1989). Diss Mere ligt ca. 30 km landinwaarts. Het door een kalkplateau omgeven meer wordt begrensd door tamelijk steile hellingen. Diss Mere is de enige locatie in de noordelijke helft van Europa waar taxus al vanaf het Preboreaal incidenteel zou voorkomen. Vanaf 3000 v. Chr. stijgen de waarden naar ca. 15% omstreeks 1500 v.Chr., juist voor de eerste AP-daling. De afname van taxus vanaf 1500 v. Chr. gaat gepaard met een sterke daling van linde (10% → bijna nul), een toename van els, klimop (*Hedera helix*) en hulst, en enige stijging van antropogene indicatoren, zoals granen (*Hordeum*-type), alsem (*Artemisia*), smalle weegbree en adelaarsvaren (*Pteridium aquilinum*). Van ca. 1000 tot 500 v.Chr. volgt nogmaals een stijging van taxus naar ruim 20%. Vanaf 500 v.Chr. dalen de percentages naar minder dan 5% en daalt ook het aandeel van de boompollen definitief van ca. 80% naar ca. 40%. Onder de antropogene taxa valt vooral de sterke toename tot 10% van smalle weegbree op. Na het begin van de jaartelling verdwijnt taxus vrijwel.

Bretagne, Frankrijk (van Zeist 1964).

Spézet (SP). Σ AP = 100%. In de periode voor 2000 v.Chr. komt taxus (< 1%) in vier opeenvolgende spectra kort voor, vóór en tijdens de eerste afname van het *Quercetum mixtum*. In deze tijd stijgen ook de waarden van lijsterbes (*Sorbus*, tot 2%), klimop en vuilboom (*Frangula alnus*). Na het verdwijnen van taxus nemen smalle weegbree en adelaarsvaren toe. Overige cultuurindicatoren zeer schaars. Ook kort voor de tweede daling van boompollen, rond 800 v.Chr., is taxus in enkele spectra vertegenwoordigd. Na de AP-afname volgt stijging van smalle weegbree (max. ca. 10%).

(Tourbière de) Saint-Michel-de-Brasparts I (SMB). Σ AP = 100%. Taxus is sporadisch aanwezig in het late Atlanticum. Een gesloten curve begint (geëxtrapoleerd) ca. 2800 v.Chr., kort voor de tijdelijke afname van iep, hazelaar en eik en toename van els en berk. Na het begin van de AP-daling ca. 2000 v.Chr. verdere stijging tot ca. 3%. Al snel na 2000 v.Chr. dalen de waarden van taxus (met iep en berk) en stijgen smalle weegbree en adelaarsvaren substantieel.

Bekken van Parijs, noordwest-Frankrijk

(van Zeist en van der Spoel-Walvius 1980). De diagrammen met de hoogste taxus-percentages zijn:

Fréchencourt (FR) (Fig. 5). Ca. 4500 v.Chr. komt taxus met lage waarden in vier opeenvolgende spectra voor. Verdere toename van taxus (tot max. ca. 5%) volgt omstreeks of kort na 4000 v.Chr. Hazelaar daalt in deze tijd naar relatief lage waarden, terwijl es, berk en esdoorn een duidelijke toename laten zien. Smalle weegbree heeft voor en na de toename van taxus iets hogere waarden. De tweede uitbreiding van taxus omvat een langere periode, waarschijnlijk van ca. 3500 tot 2000 v.Chr. De waarden lopen in deze periode geleidelijk op tot ca. 5% rond 2300 v.Chr., waarna ze vrij snel dalen, samen met iep en linde. Rond 2300 v.Chr. vertoont els een duidelijke afname en nemen cultuurindicatoren zoals smalle weegbree en alsem licht toe. Tijdens de definitieve daling van de boompollen (ca. 1600 v.Chr.) neemt taxus voor de laatste keer toe (max. 1%). Deze toename gaat gepaard met fors hogere percentages van adelaarsvaren, smalle weegbree en alsem.

Silly-La-Poterie (SLP) (Fig. 6). Onderbroken en vervolgens vanaf 4000 v.Chr. gedurende enkele honderden jaren gesloten taxus-curve (max. 1%). Met de eerste presentie van taxus nemen es en linde snel toe. Vanaf 4000 v.Chr. dalen linde en iep substantiëel en neemt es verder toe. Op deze eerste taxus-fase volgt een zeer geringe toename van cultuurindicatoren. Een tweede uitbreiding valt in de tijd voor en rond 1500 v.Chr. met maxima tot ca. 3%. Daarna verdwijnt taxus en gaan ook de AP-waarden definitief omlaag. Beuk en tal van antropogene taxa, zoals adelaarsvaren nemen fors toe.

Belauer See (BS), Kreis Plön, Flensburg, oostelijk Schleswig-Holstein (Wiethold 1998). Rond 5800 v.Chr. (7000 BP) komt taxus incidenteel voor. Een bijna gesloten taxus-curve begint ca. 5500 v.Chr. (6500 BP), gelijktijdig met substantieel hogere waarden van es.

FRÉCHENCOURT

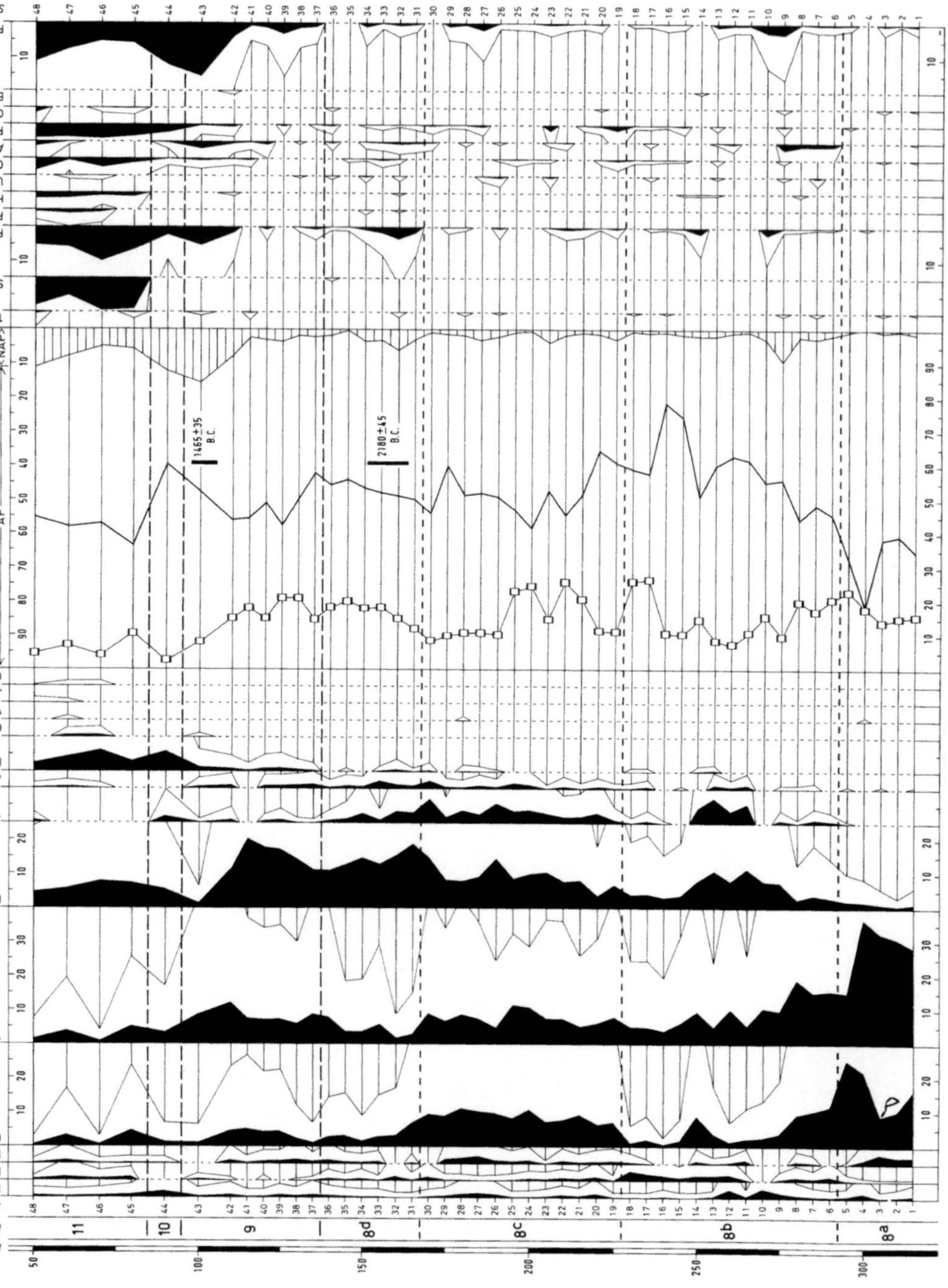

Fig. 5

Pollendiagram Fréchencourt met een selectie van pollentypen uit het Quercetum mixtum (van Zeist en van der Spoel-Walvius 1980)

Pollen diagram of Fréchencourt with a selection of pollen types of the Quercetum mixtum (van Zeist and van der Spoel-Walvius 1980)

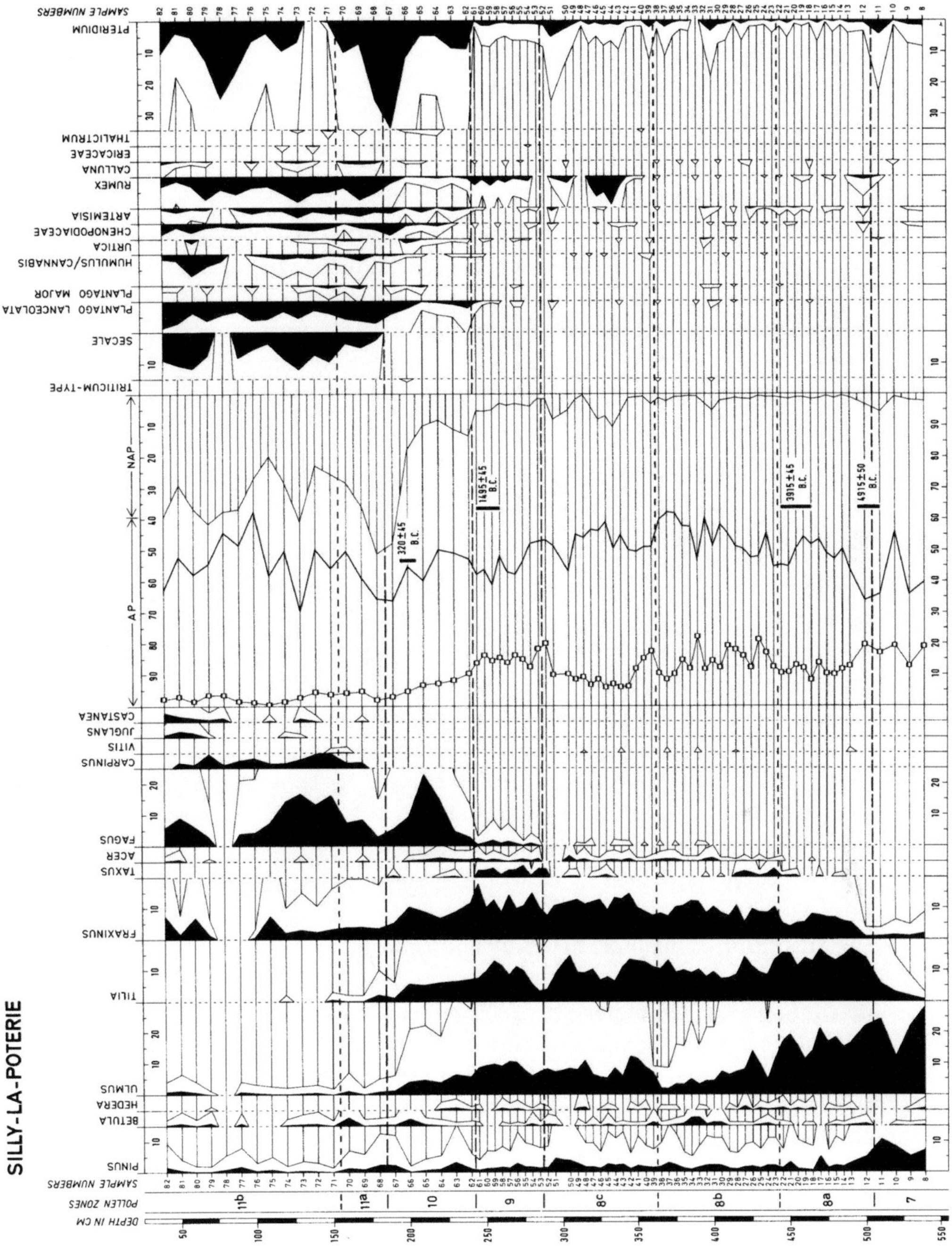

Fig. 6

Pollendiagram Silly-le-Poterie met een selectie van pollentypen (van Zeist 1964)

Pollen diagram of Silly-le-Poterie with a selection of pollen types (van Zeist 1964)

Taxus stijgt vanaf 4300 v.Chr. (5500 BP) tot rond 0,5% na zeer geleidelijke afname van de AP-waarden door daling van iep en linde. Dan ook sterke reactie van antropogene taxa, zoals smalle weegbree, schapenzuring (*Rumex acetosella*-type) en alsem (= midden-neolithische landnam-fase). Taxus neemt met de eerste toename van beuk en haagbeuk vanaf 2500 v.Chr. (4000 BP) geleidelijk af. Vanaf de vroege IJzertijd in steeds minder spectra voorkomend en definitief afwezig vanaf ca. 500 AD, als de percentages van beuk en haagbeuk naar respectievelijk ca. 30% en 20% stijgen.

Lake Gościąż (LG), centraal Polen (Ralska-Jasiewiczowa et al. 1998). Geleidelijk toenemende frequentie van taxus vanaf ca. 4800 v.Chr. (6000 BP), met de hoogste waarden (tot ca. 1%) van ca. 3800-1800 v.Chr. (5000-3500 BP), vervolgens steeds geringere frequentie en vanaf 2500 BP in slechts enkele spectra vertegenwoordigd. In deze tijd slechts kleine en geleidelijk verlopende veranderingen in het curvenverloop met ongeveer gelijkblijvende AP-waarden. Eik domineert van 5000-3500 BP. Vanaf 5000 BP enige toename van zuring en smalle weegbree. Sterke toename van haagbeuk en afname van hazelaar omstreeks 3500 BP, dan ook lichte daling van de AP-waarden.

Heuvel- en bergland van centraal Europa

In meerdere diagrammen van het Oberpfälzer Wald komt taxus met lage percentages voor (Knipping 1989).

Kulzer Moos XIV/XV (KM). In de tweede helft van het Atlanticum is taxus in enkele spectra vertegenwoordigd (ca. 0,5%) tijdens een kortdurende daling van de AP-waarden naar ca. 70%. In het vroege Subboreaal stijgen de AP-waarden naar bijna 100% (KM XIV). In deze tijd komt taxus met een onderbroken curve voor (max. ca. 0,5%), daarna afname en verdwijning voor het einde van het Subboreaal. In de tweede helft van het Subboreaal dalen de AP-waarden enkele procenten en stijgen zilverspar (*Abies alba*) en beuk licht. Cultuurindicatoren nemen vanaf het laat-Atlanticum zeer geleidelijk toe met de hoogste waarden in het laatste deel van het Subboreaal en Subatlanticum. Ook in enkele andere diagrammen van het Oberpfälzer Wald is taxus present. **Windbruch** V: onderbroken curve met lage waarden van (mogelijk) laat-Boreaal tot midden Subboreaal. Een kortstondige terugval in de AP-waarden naar ca. 80% voor de overgang naar het Atlanticum. Hoogste taxus-waarden (ca. 0,5%) op de overgang Atlanticum-Subboreaal. In het Subboreaal worden AP-waarden bereikt van bijna 100%, daarna daling tot rond 90%. **Herrenteich**: van ca. 3300 v.Chr. tot 1800 v.Chr. in vier spectra present (< 0,5%). Voorafgaand treden enkele snelle veranderingen in het bosbestand op (afname linde, toename eik en es), zonder duidelijke veranderingen in de AP-waarden. Diverse plaatsnamen wijzen op de (vroegere) aanwezigheid van taxus in het Oberpfälzer Wald. Taxus ontbreekt in de pollendiagrammen van het zuidelijker gelegen Bayerische Wald (Stalling 1987).

Pilsensee (PI) en ***Görbelmoos*** (GÖ), ten zuidwesten van München, Beieren (Küster 1995). Geen vermelding van de Σ boompollen-percentages.

Pilsensee: taxus komt voor vanaf het vroege Atlanticum tot vroege middeleeuwen (max. 0,3%). Omstreeks 4800 v.Chr. (6000 BP) neemt eik af ten faveure van beuk en zilverspar. Na de spaarzame aanwezigheid in een groot deel van het Atlanticum, neemt vanaf ca. 4300 v.Chr. het aandeel van cultuurindicatoren geleidelijk toe.

Görbelmoos: ca. 4800 v.Chr. komt taxus in enkele spectra voor en stijgt de frequentie licht in de tweede helft van het Holoceen (waarden < 0,3%). Eik domineert vanaf begin Atlanticum, met vanaf begin Subboreaal een lichte toename van beuk. Indicatoren van zowel akkerbouw als veeteelt zijn vanaf midden-Atlanticum incidenteel present met een duidelijke toename vanaf begin Subboreaal.

Hornstaad (HO), Bodenmeer, in het Duits-Zwitserse grensgebied (Rösch 1993). Gedurende de hele periode (ca. 6400 tot 700 v. Chr.) komt taxus met veelvuldige onderbrekingen voor (max. 0,5%). Van ca. 4400 tot 3800 v.Chr. stijgen de frequenties licht, vertonen de AP-waarden een nauwelijks waarneembare daling en zijn de percentages van beuk relatief laag. Cultuurindicatoren zoals granen, alsem en smalle weegbree komen iets meer voor. Vanaf ca. 1700 v.Chr. nemen deze verder toe en dalen de AP-waarden naar ca. 90%.

Praz Rodet (PR), Zwitserse Jura (Mitchell et al. 2001). Lage waarden (max. 1%) vanaf ca. 5800 v.Chr. tot (vermoedelijk) 1200 v.Chr. (^{14}C-dateringen indiceren een hiaat). In deze tijd lopen de AP-waarden nog op, tot bijna 100% omstreeks 1200 v.Chr. Vanaf 4800 v.Chr. bereikt zilverspar percentages tot 40%, waarna deze ca. 4100 v.Chr. afneemt, gevolgd door een substantiële stijging van beuk en fijnspar (*Picea abies*). In de taxus-fase is het (grond)waterniveau relatief laag. Cultuurindicatoren zijn vanaf 5800 v.Chr. schaars aanwezig met een duidelijke stijging vanaf 1200 v.Chr.

Lago di Ledro (LL), 10 km noordwest van het Gardameer in het noorden van Italië (Beug 1964). Vanaf het vroeg-Atlanticum komt taxus incidenteel voor. In het Subboreaal vervolgens sterke toename (meerdere spectra > 5%) en afname tot bijna 0 juist voor de scherpe, tijdelijke AP-daling van ca. 80% naar 20%. Beuk neemt even voor de definitieve daling van taxus toe. De daling van boompollen zal verband houden met de meeroevernederzetting, die een waarschijnlijke datering heeft van ca. 1400-1200 v.Chr. Bijna 10.000 palen zijn aangetroffen, merendeels van naaldhout, waaronder taxus. De frequent onderbroken Cerealia-curve duidt op akkerbouwactiviteit vanaf het midden-Atlanticum. Vanaf de AP-daling nemen cultuurindicatoren nog iets toe. Taxus komt tegenwoordig nog sporadisch in het gebied voor. Ook in het pollendiagram **Las Pardillas Lake**, een meer ten zuiden van Burgos in het Iberische gebergte is taxus vanaf ca. 6000 BP tot mogelijk het begin van de jaartelling in 8 spectra vertegenwoordigd (Sánchez Goñi and Hannon 1999). De AP-waarden gaan in deze tijd met slechts enkele procenten omlaag en in de meeste spectra is smalle weegbree present.

Taxus in andere perioden van het Holoceen

Het bovenstaand overzicht omvat de pollendiagrammen met de hoogste taxus-waarden in het midden-Holoceen. Ook buiten dit tijdvak komen waarden van betekenis voor. Opmerkelijk is de vroeg-Holocene toename in het pollendiagram van **Lac de Creno**, in de bergen van Corsica (Reille et al. 1999). De auteurs interpreteren de dominantie van taxus van ca. 8500-6000 BP (ca. 7500-4800 v.Chr.) als een regionale uitbreiding. Opmerkelijk is echter dat zwarte els (*Alnus glutinosa*) de hoogste waarden (30-40%) bereikt omstreeks 5900 v.Chr. wanneer taxus enige tijd naar bijna nul afneemt. Dat lijkt een indicatie voor het lokale voorkomen van taxus langs de venige rand van het meer. Daarentegen wijst de dominantie van zowel bladverliezende als wintergroene eiken (*Quercus ilex/coccifera*) tijdens de finale daling van taxus op een regionale ontwikkeling. Met uitzondering van de Adriatische kust (LP) en het noorden van Italië (LL) heeft het palynologisch onderzoek van Holocene afzettingen in het Mediterrane gebied geen taxus-waarden van betekenis opgeleverd.

In enkele pollendiagrammen van Ierland komt een toename van taxus voor na het Subboreaal. In **Reenadinna Wood**, Killarney, Ierland (Mitchell 1990) lopen de taxus-waarden in de vroege IJzertijd op tot 50%. Het begin van de curve ligt rond 4400 v.Chr., maar de ontwikkelingen in de tussenliggende periode zijn niet duidelijk door de onregelmatige en onderbroken sedimentopbouw. In **Camillan Wood**, in Killarney Valley, neemt taxus na de middeleeuwen toe tot 20% na de afname van vooral hazelaar en els. Hulst stijgt in deze fase naar ca. 20% (Mitchell 1988). Killarney behoort tot de gebieden met de hoogste dichtheden van taxus in Europa. Ook in pollendiagrammen van het Deense kustgebied is taxus vanaf het Subboreaal met lage aantallen vertegenwoordigd (Kolstrup 1988; Kolstrup 2009).

Analyse en interpretatie van de gegevens

In dit hoofdstuk wordt nagegaan welke factoren hebben bijgedragen aan de uitbreiding en de achteruitgang, respectievelijk het verdwijnen van taxus. Vanwege de verschillen tussen het Westeuropese kustgebied en aangrenzende laagland ten opzichte van Midden-Europa (inclusief Lake Palu) worden deze gebieden afzonderlijk besproken.

Het kustgebied/laagland

In het laat-Atlanticum en Subboreaal bereikt taxus hoge waarden op een aantal locaties in het Westeuropese kustgebied (ALM, DM, FR, SLP, TE, EL, DD, HE, IM, LP). De afstand van de locaties tot de kust bedraagt maximaal enkele tientallen kilometers tot ca. 60 km in DD en 130 km in SLP. Op de resterende locaties (SP, SMB, ZW) liggen de percentages veel lager (tot ca. 1%). Buiten het Westeuropese kustgebied komt taxus met lage waarden (veelal < 1%) voor in oostelijk Schleswig-Holstein, het laagland van Polen en het Adriatische kustgebied. Ook landinwaarts zijn de pollenwaarden op bijna alle locaties laag of ontbreekt taxus. Van een 'explosieve' toename (> 5%) is sprake in ALM, DM, TE, EL, HE en IM, die met uitzondering van DM alle in het mariene bereik liggen. De duur van de uitbreiding, de plaatselijke omstandigheden (bodem, water) en de ontwikkeling van de vegetatie lopen op deze locaties sterk uiteen.

Tijdsduur: in ALM, EL, ZW en IM beslaat de expansie maximaal ca. 200 jaar, in HE en ZW ten minste 300 jaar, in TE mogelijk zo'n 700 jaar en in DM ten minste ca. 1000 jaar. In FR weet taxus zich, met een korte onderbreking, voor ca. twee millennia te handhaven. De twee keer piekende curve in DM, en in mindere mate ook in TE, veronderstelt twee generaties van deze boom. Het verloop van de curve in FR duidt op meerdere generaties.

Plaatselijke omstandigheden: houtrestanten van taxus in het veen (HE, ZW en IM) leveren het overtuigende bewijs voor lokale vestiging. Daarnaast zijn de pollenwaarden in EL, TE, DD en FR zo hoog dat ook hier een lokale uitbreiding kan worden verondersteld. In DM maakte taxus deel uit van de regionale vegetatie op de minerale, sterk kalkhoudende bodems in de omgeving. Het regionale karakter van de uitbreiding blijkt ondermeer uit de interactie met andere taxa van minerale bodems. Door de vorm van het meer en de vrij steile hellingen rondom is omvangrijke veenvorming langs de randen ook vrijwel uitgesloten. Ook in het relatief dynamische milieu van ALM met dagelijkse in- en uitstroom van zeewater is vestiging in de randzone van het meer niet waarschijnlijk. Ondermeer de interactie met smalle weegbree, een soort die zure en brakke bodems mijdt, geeft aan dat taxus de kalksteenhellingen rond het meer koloniseert.

Vegetatieontwikkeling: tijdens de uitbreiding van taxus nemen de AP-waarden in ALM, EL en IM toe. In EL, IM, DD en ZW vindt de vestiging van taxus plaats in een situatie waarin het elzenbroek degradeert. Cultuurindicatoren zijn schaars in TE, DD en HE, en afwezig in EL en IM. In het gezelschap van taxus komen ondermeer eik (IM) en grove den (ZW) tot uitbreiding, soorten die net als taxus geen permanent hoge waterstanden verdragen. De vestiging van deze taxa en gelijktijdige afname van elzenbroek zijn duidelijke signalen voor lagere grondwaterstanden ter plaatse. In DD wijst de toename van gagel en waterdrieblad op een daling van het waterniveau. De hernieuwde uitbreiding van elzenbroek (EL, IM) en veenmosvegetatie (IM) geeft aan dat taxus door toenemende vernatting het veld ruimt. In ZW verdwijnt taxus als dit gebied uiteindelijk binnen de mariene invloedssfeer komt. In HE verdwijnt taxus vermoedelijk door de grotere concurrentie van eik en linde. Gecompliceerd is de situatie in Terneuzen, waar taxus toeneemt na een scherpe AP-daling als gevolg van een snelle terugval van grove den en berk. De gelijktijdige en sterke toename van veenmos en kraaiheide wijst uit dat een stijging van het grondwater de oorzaak is van de AP-daling. Deze vernatting betekende niet alleen het einde van de dennen en berken, maar zorgde ook voor gunstige conserveringsomstandigheden van het hout (zie ook Woldring en Zomer 2009). Overigens lijkt de vestiging van taxus in dit natte en vrij zure milieu niet waarschijnlijk, al is de gelijktijdige afname van taxus en veenmossen opvallend. Met pollenwaarden tot ruim 7% is het waarschijnlijk dat taxus in de directe omgeving van het veen heeft gegroeid. Aan deze uitbreiding komt een einde na de terugkeer van drogere condities en hernieuwde uitbreiding van het bos kort voor het midden-Subboreaal.

De scherpe daling van grassen en smalle weegbree in de taxus-fase van ALM is het gevolg van sterk gereduceerde menselijke activiteit. Omdat van akkerbouw en aantasting van het bestaande bos nauwelijks sprake is, voltrekt de expansie van taxus zich mogelijk op voorheen door het vee begraasde plaatsen. Daarentegen lijkt de toename van taxus in DM samen te gaan met de door de mens in gang gezette grootschalige ontbossing. Ook in FR, SLP en in mindere mate in ZW, is een duidelijk verband met menselijke activiteit waar te nemen. De achteruitgang van taxus op deze locaties valt samen met een omvangrijke uitbreiding van agrarische activiteit, met name veehouderij.

Kort samengevat: op de locaties in het mariene bereik is ten tijde van de uitbreiding van taxus sprake van een min of meer natuurlijke vegetatieontwikkeling, die in hoofdzaak wordt bepaald door tijdelijke veranderingen in de waterhuishouding. Lagere grondwaterstanden en degradatie van het elzenbroek (EL, DD, IM) leveren de gunstige voorwaarden voor de vestiging van taxus. Door hogere grondwaterstanden komt een einde aan deze uitbreiding. TE is de uitzondering op de regel. Hier komt taxus onder toenemend natte omstandigheden tot uitbreiding. In de andere gebieden profiteert taxus van de door de Neolithische mens in gang gezette ontbossing en uitbreiding van de landbouwgronden. Intensivering van de agrarische activiteit, met name de uitbreiding van de veestapel, is de belangrijkste oorzaak van de afname, respectievelijk verdwijning van taxus.

Midden-Europa

De pollendiagrammen van Midden-Europa (BS, LG, KM, GÖ, PI, HO, PR, LL, LP) kenmerken zich door een veelal langere duur van de taxus-presentie (midden-Atlanticum tot rond de jaartelling of later), een tamelijk vlak, al dan niet onderbroken curvenverloop en (zeer) lage pollenwaarden. In deze tijd stijgen de frequenties geleidelijk om na de eerste helft van het Subboreaal weer af te nemen. Van dit algemene beeld wijkt LP af door de gemiddeld lagere AP-waarden en LL af door de hoge pollenwaarden van taxus. Ook in andere aspecten is LL een 'buitenbeentje'. In de volgende paragraaf wordt daar nader op ingegaan.

Behoudens kleine, kortdurende dalingen blijven de AP-waarden in het Atlanticum en vroeg-Subboreaal in de meeste diagrammen onveranderlijk hoog of lopen ze zelfs nog op (BS, KM, HO, PR). De eerste incidentele aanwezigheid van cultuurindicatoren doet zich voor in het midden-Atlanticum, min of meer gelijktijdig met de vroegste vestiging van taxus. Vanaf die tijd nemen ze zeer geleidelijk in aantal toe, om de hoogste waarden in de jongste fasen van de diagrammen te bereiken. Van een extra toename in het Subboreaal is nauwelijks sprake. In tegenstelling tot het laagland van West-Europa lijkt de hogere frequentie van taxus in het Subboreaal in Midden-Europa overwegend te zijn bepaald door vegetatieontwikkeling en klimaat. Het aandeel van de mens in de afname, respectievelijk verdwijning van taxus laat zich door het stijgende aandeel van cultuurindicatoren lastiger herleiden. In enkele diagrammen (BS, PR , LG) loopt de afname van taxus parallel met de (sterke) toename van beuk en/of haagbeuk, soorten van kalkhoudende bodems. Deze ontwikkeling suggereert dat de neergang van taxus een gevolg is van de toenemende concurrentie van deze bomen, die qua formaat de meerdere zijn van taxus.

Algemene conclusie

In het vroege Holoceen (tot het vroege Atlanticum) omvat het verspreidingsgebied van taxus voornamelijk het westelijke Middellandse Zeegebied. In de loop van het Atlanticum (7000-6000 BP) weet taxus zich op tal van plaatsen in West- en Midden-Europa te vestigen. Aannemelijk is dat deze migratie vanuit het westelijke Mediterrane gebied heeft plaatsgehad, waar de populaties in dezelfde tijd sterk in omvang afnemen. De min of meer gelijktijdige presentie in grote delen van west- en Midden-Europa maakt waarschijnlijk dat de areaaluitbreiding onder invloed van meer oceanisch condities tot stand komt. Het gelijktijdig verschijnen van cultuurindicatoren suggereert daarnaast een zekere bijdrage van de mens in de areaaluitbreiding. Met de schaarse vertegenwoordiging in het midden-Atlanticum manifesteert taxus zich als component van de ondergroei in het Atlantische bos, een gevolg van de krachtige concurrentie op de potentiële groeiplaatsen van taxa zoals eik, linde, beuk, haagbeuk, fijnspar en zilverspar (de laatste vier hoofdzakelijk in Midden-Europa). Door de weinig gunstige bloeicondities en verspreidingsmogelijkheden van het pollen op deze standplaatsen is het werkelijke aandeel van taxus in de vegetatie mogelijk groter geweest dan de pollenpercentages aangeven.

In de meeste pollendiagrammen van het laagland van West-Europa komt taxus al voor de daling van de boompollen tot hogere waarden. Waarschijnlijk ontstaan door menselijke activiteit kleinere of grotere openingen in het Atlantische bos, zonder dat dit gevolgen heeft voor de productie van boompollen. De door deze activiteit verstoorde plaatsen vormden kennelijk geschikte niches voor taxus. Plaatselijk profiteren ook andere pioniersoorten. In het gebied van Spézet, bijvoorbeeld, breiden lijsterbes, esdoorn en sporkehout uit. Aannemende dat lokale ontbossing de lichtminnende taxus voordeel oplevert, dan kan daaruit voor het midden-Atlanticum het bestaan van een gesloten, dicht loofbos worden afgeleid. Dit pleit tegen het op theoretische gronden beredeneerde parkachtige karakter van het Atlantische bos (Vera 1997).

Een bijzondere positie neemt het Lago di Ledro in. De vegetatieontwikkeling in dit diagram vertoont overeenkomsten met de pollendiagrammen van West-Europa, met als bijzonderheid dat de expansie van taxus zich geheel en al afspeelt voor de definitieve daling van boompollen. Vermoedelijk vormde deze Mediterrane enclave in het noorden van Italië een bijzonder gunstig leefmilieu, waar de menselijke bewoning al in het Atlanticum begint, zoals ook de door pollenanalyse aangetoonde aanwezigheid van graansoorten aangeeft.

Taxus komt rond het begin van de grootschalige ontbossing en de daarop aansluitende periode tot de grootste uitbreiding. Afgaande op de pollenwaarden zijn de condities voor uitbreiding in een smalle kuststrook in het zuidelijke Noordzeegebied en de Ierse westkust het gunstigst. In het noordelijke Noordzeegebied schijnt taxus in deze tijd te ontbreken. Landinwaarts en vanaf het Seine-gebied zuidwaarts nemen de populaties snel in omvang af.

Tegenover deze 'antropogene' uitbreiding staat de schijnbaar spontane vestiging van taxus op veen in het kustgebied. De vestiging op het relatief kalkarme veen is moeilijk verenigbaar met de vermoede kalkbehoeftigheid van taxus. Soortgelijke drasse groeiplaatsen van taxus in de Baltische staten worden door Thomas en Polwart gemunt met de omschrijving "near marshes and bogs" (Thomas en Polwart 2003). De kalkbehoefte zal op deze groeiplaatsen niet kleiner zijn, maar suggereert dat de kalkopname in nattere omstandigheden gemakkelijker verloopt en ergo droogte de kalkopname limiteert.

Ondanks de schaarse aanwezigheid van antropogene taxa is het waarschijnlijk dat de uitbreiding van taxus in het mariene bereik indirect samenhangt met menselijk ingrijpen, namelijk de ontbossing van de hogere gronden. De grotere inzijging van hemelwater die deze ontbossing meebrengt zorgt niet alleen voor een zekere eutrofiëring van het afgevoerde water, maar ook de totale waterafvoer naar de lagere gebieden stijgt sterk. Piekafvoeren in winter en voorjaar leiden tot regelmatige overstroming van het veen waardoor het substraat wordt verrijkt met nutriënten en carbonaten. Deze 'bemesting' in combinatie met gunstige hydrologische omstandigheden ter plaatse maken de vestiging van taxus mogelijk.

In het Subboreaal komt taxus in het zuidelijke Noordzeegebied zowel in het mariene bereik als boven zeeniveau in uiteenlopende biotopen tot een explosieve uitbreiding. Deze ontwikkeling duidt zondermeer op een (voor taxus) bijzonder gunstig klimaat, dat wil zeggen hoge(re) neerslaghoeveelheden en wellicht ook een lagere vorstintensiteit. Landinwaarts neemt de invloed van de oceaan snel af en levert dit voordeel op voor de directe concurrenten van taxus zoals beuk, haagbeuk en zilverspar. In het Holoceen van het Westeuropese kustgebied spelen deze soorten slechts een kleine rol. In Midden-Europa daarentegen komen beuk en haagbeuk, mede door toedoen van de mens, in de tweede helft van het Holoceen tot een substantiële vergroting van hun areaal, waardoor taxus gaandeweg het onderspit delft.

Samenvattend kan worden gesteld dat grotere oceaniteit en toenemende invloed van de mens op de natuurlijke vegetatieontwikkeling de vestiging en uitbreiding van taxus in West- en Midden-Europa hebben bewerkstelligd. Met uitzondering van enkele locaties in het kustgebied, waar de hydrologische ontwikkelingen ten nadele van taxus verlopen, levert met name de intensivering van de veehouderij in West-Europa een belangrijke bijdrage in de ondergang van taxus. In Midden-Europa is de teruggang van taxus in hoge mate gerelateerd aan de areaaluitbreiding van beuk en haagbeuk.

Literatuur

Averdieck F.-R (1971) Zur postglazialen Geschichte der Eibe (*Taxus baccata* L.) in Nordwestdeutschland. Flora, Bd. 160: 28-42

Behre K-E, Kučan D (1994) Die Geschichte der Kulturlandschaft und des Ackerbaus in der Siedlungskammer Flögeln, Niedersachsen, seit der Jungzeit. Probleme der Küstenforschung im südlichen Nordseegebiet 21

Beug H-J (1964) Untersuchungen zur spät- und postglazialen Vegetationsgeschichte im Gardaseegebiet unter besonderer Berücksichtigung der mediterranen Arten. Flora, Bd. 154: 401-444.

Beug H-J (1977) Vegetationsgeschichtliche Untersuchungen im Küstenbereich von Istrien (Jugoslawien). Flora, Bd. 166: 357-381

Browicz K (1982) Chorology of Trees and Shrubs in South-West Asia and Adjacent regions, Vol. I. Warszawa-Poznan

Crawford RC, Johnson FD (1985) Pacific yew dominance in tall forests, a classification dilemma. Canadian Journal of Botany, Vol. 63: 592-602

Deforce K, Bastiaens J (2007) The Holocene history of *Taxus baccata* (yew) in Belgium and neighbouring regions. Belgian Journal of Botany. Vol 140, 2: 222-237. Royal Botanical Society of Belgium

Department of Forestry (1963) Native trees of Canada. Bulletin 61 (6th edition)

Ellenberg H (1963) Vegetation Mitteleuropas mit den Alpen. Stuttgart

Gelorini V, Verleyen E, Verbruggen C, Meersschaert L (2006) Paleo-ecologisch onderzoek van een Holocene sequentie uit het Deurganckdok te Doel (Wase Scheldepolders, Noord-België). Belgeo 2006-3, 243-264

Godwin H, Godwin ME, Clifford MH (1935) Controlling factors in the formation of fen deposits, as shown by peat investigation at Wood Fen, near Ely. Journal of Ecology, Vol. 23: 509-535

Godwin H (1975) The History of the British Flora. A Factual Basis for Phytogeography. Cambridge

Hackens T, Hicks S, Lang V, Miller U, Saarse L, eds. (1996) Coastal Estonia. Recent Advances in Environmental and Cultural History. Pact 51. Unesco – Stockholm University

Hayen H (1960) Vorkommen der Eibe (Taxus baccata L) in oldenburgischen Mooren. Oldenburger Jahrbuch, Band 59, Teil 2: 51-67

Hayen H (1961) Zur Kenntnis des Bareler Moores (Gem. Dötlingen, Landkreis Oldenburg) und des dortigen Moorleichenfundes von 1784. Oldenburger Jahrbuch, Band 60: 69-102

Hulme PE (1996) Natural regeneration of yew (*Taxus baccata* L.): microsite, seed or herbivore limitation? Journal of Ecology, Vol. 84, 6: 853-861

Iszkuło G, Boratyński A (2004) Interaction between canopy tree species and European yew *Taxus baccata* (Taxaceae). Polish Journal of Ecology, Vol 52, 4: 523-531

Jahns S (2000) Late-glacial and Holocene woodland dynamics and land-use history of the Lower Oder Valley, north-eastern Germany, based on two, AMS ^{14}C-dated, pollen profiles. Vegetation History and Archaeobotany, Vol 9, 2: 111-123

Jonsell B (2000) Lycopodiaceae-Polygonaceae. Flora Nordica, Vol 1. Royal Swedish Academy of Sciences, Stockholm

Knipping M (1989) Zur spät-und postglacialen Vegetationsgeschichte des Oberpfälzer Waldes. Dissertationes Botanicae, Band 140. Cramer, Berlin-Stuttgart

Kolstrup E (1988) Late Atlantic and Early Subboreal Vegetational Development at Trundholm, Denmark. Journal of Archaeological Science, 15: 503-513

Kolstrup E (2009) Vegetational and environmental history during the Holocene in the Esbjerg area, west Jutland, Denmark. Vegetation History and Archaeobotany, Vol. 18: 351-369

Krüger E (1996) Vegetational change. In: Chapman, J., R. Shiel en Š. Batović (eds.), The Changing Face of Dalmatia. Archaeological and Ecological Studies in a Mediterranean Landscape, pp 33-44

Küster H (1995) Postglaciale Vegetationsgeschichte Südbayerns. Geobotanischen Studien zur Prähistorischen Landschaftskunde. Akademie Verlag Berlin

McCune B, Allen TFH (1985) Forest dynamics in the Bitterroot Canyons, Montana. Canadian Journal of Botany, Vol 63: 377-383

Mitchell FJG (1988) The vegetational history of the Killarney Oakwoods, SW Ireland: evidence from fine spatial resolution pollen analysis. Journal of Ecology, Vol. 76: 415-436

Mitchell FJG (1990) The history and vegetation dynamics of a yew wood (*Taxus baccata* L.) in S.W. Ireland. New Phytologist Vol. 115: 573-577

Mitchell EAD, Knaap WO van der, Leeuwen JFN van, Buttler A, Warner BG, Gobat J-M (2001) The palaeological history of the Praz-Rodet bog (Swiss Jura) based on pollen, plant macrofossils and testate amoebae (Protozoa). The Holocene, Vol. 11, 1: 65-80

Molloy K, O'Connell M (2004) Holocene vegetation and land-use dynamics in the karstic environment of Inis Oírr, Aran Islands, western Ireland: pollen analytical evidence evaluated in the light of the archaeological record. Quaternary International, Vol. 113, 1: 41-64

Munaut AV (1967) Etude paléo-écologique d' un gisement tourbeux situé à Terneuzen (Pays-Bas). Berichten van de Rijksdienst voor Oudheidkundig Bodemonderzoek. Jaargang 17: 7-28

Mysterud A, Østbye E (2004) Roe deer (*Capreolus capreolus*) browsing pressure affects yew (*Taxus baccata*) recruitment within nature reserves in Norway. Biological Conservation Vol. 120, 4: 545-548

Overbeck F (1975) Botanisch-geologische Moorkunde

Peglar SM, Fritz SC, Birks HJB (1989) Vegetation and land-use history at Diss, Norfolk, U.K. Journal of Ecology, Vol. 77: 203-222

Peglar SM (1993) The development of the cultural landscape around Diss Mere, Norfolk, UK, during the last 7000 years. Review of Palaeobotany and Palynology, Vol. 76: 1-47

Ralska-Jasiewiczowa M, Geel B van, Demske D (1998) Holocene regional vegetation history recorded in the Lake Gościąż sediments. In: Ralska-Jasiewiczowa, M., T. Goslar, T Madeyska en L. Starkel (eds.), Lake Gościąż, central Poland. A monographic study, Part 1

Reille M, Gamisans J, Andrieu-Ponel V, Beaulieu J-L de (1999) The Holocene at Lac de Creno, Corsica, France: a key site for the whole island. New Phytologist 141: 291-307

Rösch M (1993) Prehistoric land-use as recorded in a lake-shore core at Lake Constance. Vegetation History and Archaeobotany 2: 213-232

Rudolf PO (1989) Taxus. In Schopmeyer (techn. coordinator): Seeds of woody plants of the United States. Agricultural Handbook No. 450. Forest Service, U.S., Department of Agriculture, Washington, D.C.

Sánchez Goñi MF, Hannon G (1999). High altitude vegetational pattern on the Iberian Mountain Chain (north-central Spain) during the Holocene. The Holocene, Vol. 9, 1: 39-57

Smeerdijk DG van (2003) Palaeo-ecologisch onderzoek. In: M.M. Sier (red.), Ellewoutsdijk in de Romeinse tijd. ADC-Rapport 200: 148-166

Smeerdijk DG van (2006) Archeobotanisch onderzoek van de vindplaats Hempens, gemeente Leeuwarden. Biaxiaal 286

Stalling H (1987) Untersuchungen zur spät- und postglacialen Vegetationsgeschichte im Bayerischen Wald. Dissertatione Botanicae, Band 105. Cramer, Berlin-Stuttgart

Thomas PA, Polwart A (2003) *Taxus baccata*. Biological flora of the British Isles. Journal of Ecology, Vol. 91, 3: 489-524

Vedel H, Lange J (1967) Bomen en struiken in bos en veld (Vertaling J.P. Hage). Moussault Natuurgidsen, Amsterdam

Vera FWM (1997) Metaforen voor de wildernis: eik, hazelaar, rund en paard. Dissertatie Landbouwuniversiteit Wageningen

Watkins C (1990) Britain's ancient woodlands. Woodland management and conservation. London (Nature Conservancy Council)

Watt AS (1926) Yew Communities of the South Downs. Journal of Ecology, Vol 14, 2: 282-316

Weeda EJ, Westra R, Westra C, Westra T (1985) Nederlandse oecologische flora: wilde planten en hun relaties, deel 1. Haarlem/Hilversum

Wiethold J (1998) Studien zur jüngeren postglacialen Vegetations- und Siedlungsgeschichte im östlichen Schleswig-Holstein. Universitätsforschungen zur prähistorischen Archäologie, Band 45

Williamson R (1978) The Great Yew forest-The natural history of Kingsley Vale. Macmillan, London

Woldring H, Zomer J (2009) Houdbaarheid van hout; het laat-Boreale dennenbos van Roderwolde (Dr.) als case study naar de conserveringsomstandigheden van hout in veen. Grondboor en Hamer Jaargang 63, 3/4: 103-109

Woldring H, Boer P de (2009) Neolithische boeren in het Groninger kustgebied. Paleo-aktueel 20: 51-57

Zeist W van (1964) A palaeobotanical study of some bogs in western Brittany (Finistère), France. Palaeohistoria X: 157-180

Zeist W van, Spoel-Walvius MR van der (1980) A palynological study of the Late-glacial and Postglacial in the Paris Basin. Palaeohistoria XXII: 67-109

Zoller H (1981) *Taxus* L. In: Markgraf, F. (red.), Gustav Hegi. Illustrierte Flora von Mittel-Europa, Band 1, Teil 2: pp 128-134. Berlin

Periode	datering v.Chr./heden	BP (uncal)
Preboreaal	9800-8400 v.Chr.	10.500-9150
Boreaal	8400-6950 v.Chr.	9150-8000
Atlanticum	6950-3800 v.Chr.	8000-5000
Subboreaal	3800-800 v.Chr.	5000-2500
Subatlanticum	800 v.Chr.-heden	2500 BP-heden

Tabel 1
De chronostratigrafische perioden van het Holoceen *The chronostratigraphic periods of the Holocene*

The introduction of a new weed in northern France during the Roman period: identification of *Myagrum perfoliatum* in several sites of the Champagne, Lorraine and Ile-de-France regions

De introductie van een nieuwe onkruidsoort in Noord-Frankrijk gedurende de Romeinse tijd: *Myagrum perfoliatum* aangetoond op meerdere plaatsen in de Champagne, Lotharingen en Ile-de-France

Véronique Zech-Matterne

CNRS, UMR 7209, National Museum of Natural History, 55 rue Buffon, 75005, Paris
veronique.zechmatterne@mnhn.fr

Abstract

Myagrum perfoliatum is nowadays referred to as a weed in the cereal fields located on calcareous soils in southern, western and central regions of France. The presence of the species is not reported north of the Loiret, Jura and Côte d'or departments (according to Tela Botanica, Base de données de la flore de France-BDDFF, B. Bock). In northern France, and Belgium, the plant is considered as a casual alien species, native to the Mediterranean, which does not establish itself durably (Lambinon et al. 1992; DAISIE-Delivering Aliens Invasive Species Inventories for Europe). However, during the Roman period, the distribution of the plant possibly covered a wider area, including at least the Champagne-Ardenne, Lorraine and Ile-de-France regions, as indicated by the discovery of seeds and pods in five archaeological sites dating from this period. Could the plant have naturalised thanks to milder climatic conditions? An alternative consideration is that the presence of *Myagrum* results from long-distance trade and, potentially, from the introduction of new varieties of cereals by Gallo-Roman farmers.

Samenvatting

Myagrum perfoliatum groeit tegenwoordig als onkruid in graanvelden op kalkgronden in de zuidelijke, westelijke en centrale gebieden in Frankrijk. De soort wordt niet vermeld voor streken ten noorden van de departementen Loiret, Jura en Côte d'or (volgens Tela Botanica, Base de données de la flore de France-BDDFF, B. Bock). In het noorden van Frankrijk en België wordt de plant beschouwd als een toevallige, uitheemse soort, afkomstig uit het Middellandse zeegebied, die zich niet duurzaam vestigt (Lambinon et al. 1992; DAISIE-Delivering Aliens Invasive Species Inventories for Europe). Nochtans had de plant in de Romeinse periode misschien een ruimere verspreiding, tot en met minstens de regio's Champagne-Ardenne, Lorraine en Ile-de-France, zoals blijkt uit de ontdekking van zaden en silicula in vijf archeologische vindplaatsen uit die tijd. Kon de plant zich aanpassen als gevolg van mildere weersomstandigheden? Een alternatief antwoord luidt dat de aanwezigheid van *Myagrum* het gevolg is van handel over lange afstanden en mogelijk van het invoeren van nieuwe graansoorten door Gallo-Romeinse landbouwers.

Description of *Myagrum perfoliatum* and criteria applied to the identification of archaeobotanical remains

Bird's-eye cress, mite cress, muskweed (*Myagrum perfoliatum* L., *syn. M. littorale* Scop.) belongs to the Brassicaceae family. Molecular data (Beilstein et al. 2006) show that the genera *Isatis* and *Myagrum* form a monophyletic group (93% bootstrap support), included in the Isatideae tribe (Al Shehbaz et al. 2006).

Myagrum perfoliatum is an annual herb, 30 to 80 cm high, erect, glabrous and glaucous. Basal leaves are oblanceolate and sagittate with sinuate-dentate margins; the entire cauline leaves oblong-lanceolate and stem clasping. The pale yellow flowers are clustered in elongating racemes. Later on, these long racemes bear fruit on short pedicels, 4–5.5 mm long, appressed to the stem. The fruit are non-dehiscent, sub-triangular silicula, 3.5–5.0 x 8–10 mm long (with pedicel), 5 mm wide, slightly compressed, 3-locular. The upper two locules (shoulders of fruit) are empty, the lower one bears one seed, displaying a ridged and slightly rugose surface. The locule inner walls are smooth. The seeds are oboval-ovoid, 3 mm long.

Our archaeobotanical material displays the same features. Both silicula and seeds have been discovered. They were preserved thanks to carbonisation (Longjumeau, St Mémmie, and Liéhon) as well as to waterlogging (Plichancourt, Troyes). The broken silicula show, very clearly, the lower part of the two empty locule walls (Fig. 1-e, f). The thick and suberose pedicel, quite characteristic of the modern reference material, is well observable, even on the archaeological items (Fig. 1-e). The seeds are less typical. They are oval in shape, with a somewhat shrivelled and rough surface. The cell pattern is almost invisible (Fig. 1-b, c). Seed measurements of the archaeobotanical material give the following indications: L max 2.8, L average 2.45, L min 2. (Table 1, ten items; carbonised seeds only).

Length mm	Width mm	Thickness mm
2.4	1.2	1
2.1	1	1
2	1	1
2.7	1.3	1.2
2.5	1.4	1.3
2.5	1.4	1.2
2.6	1.5	1.4
2.6	1.3	1.2
2.8	1.2	1
2.3	1.2	1.2
average	average	average
2.45	12.5	11.5

Table 1
Measurements of ten carbonised seeds of Myagrum perfoliatum L. from the settlement of Liéhon (Moselle)

Afmetingen van tien verkoolde zaden van Myagrum perfoliatum L. uit de nederzetting Liéhon (Moselle)

Fig. 1

Seeds and siliculae of Myagrum perfoliatum. a: modern seed (length 2.6 mm); b, c: carbonised seeds from the Gallo-Roman villa of Liéhon, dept. Moselle, northern France (length 2.4 and 2.5 mm); d: modern siliculae (length without pedicel 6.3 mm); e: waterlogged broken silicula from the urban site of Troyes, dept. Aube (length 6.1 mm, width 4.6 mm); f: carbonised silicula from Liéhon (length 4.3 mm)

Photos V. Matterne

Zaden en siliculae van Myagrum perfoliatum. a: recent zaad (lengte 2,6 mm); b, c: verkoolde zaden van de Gallo-Romeinse villa te Liéhon, dept. Moselle, Noord- Frankrijk (lengte 2,4 en 2,5 mm); d: recente siliculae (lengte zonder pedicel 6,3 mm); e: onverkoold gebroken silicula uit de stad Troyes, dept. Aube (lengte 6,1 mm, breedte 4,6 mm); f: verkoolde silicula uit Liéhon (lengte 4,3 mm)

Location and context of the discoveries in France

The species *Myagrum perfoliatum* has been encountered in five sites, all dating to the Roman period: Longjumeau (department of Essone, île de France region, southwest of Paris); Plichancourt and Saint-Mémmie (Marne department, Champagne-Ardenne region), Troyes "Place de la Libération" (Aube department, same region) and Liéhon (Moselle department, Lorraine region). The earliest discoveries date back to the beginning of the first century AD, based on dendrochonological analyses (W. Tegel). Indeed, the excavation of the urban site of Troyes "Place de la Libération" took place in a waterlogged context; wood preservation was excellent, due to anoxic conditions, and timber had been broadly used for the lining of the wells, cesspits and basins. According to the available data, the most ancient find of *Myagrum* in France dates very precisely back to AD 5-25 (Table 2).

The archaeological structures listed above consist of rubbish pits or abandoned wells, filled with any kind of domestic refuse. The wild species spectra are very diverse (184 taxa at Troyes). The status of the five sites is very different from one another. The urban settlement of Troyes, excavated inside the ancient city walls, revealed three archaeological phases: the first one interpreted as a craft sector devoted to tanning activities, followed by the building of a large domestic residence of the so-called "*domus*" type, replaced in the second century AD by a complete *insula,* where commercial activities and wine production took place. The rural settlements of Longjumeau, Plichancourt and Saint Mémmie are ordinary farms intended for crop, especially cereals, production. The site of Liéhon is a Mediterranean *villa*, of high status, with mosaics and wall-painting decoration, a private balnear place and gardens, 80 habitation rooms, covering a total surface of 1.5 ha. In this site, *Myagrum* has been encountered in an occupation layer, preserved *in situ* in a room paved with a *terrazzo* soil. This room opened onto the main courtyard, in the centre of which a basin had been dug. A pile of carbonised material lay on this soil, up to a square-delimited, rubefacted area. The archaeologist involved suggested that this could evoke the place of a wooden trunk. 3.5 kg of the stored product were sampled for archaeobotanical analysis. The destruction of the building, by fire, took place in c. AD 250-260.

Longjumeau	end of the IId-IIId c.	pit	-	1 f. of silicula	C
Plichancourt	IId century	well	-	silicula	W
Saint Mémmie	end of the Ist c. AD	pit	-	5 f. silicula	C
Troyes	5-25 AD	basin/tank	1 seed	1 f. silicula	W
Troyes	40-65 AD	well	-	1 f. silicula	W
Liéhon	IIId-IVth centuries	occupation layer	28 seeds	3+8 f. of silicula	C

Table 2

Context and dating of the discoveries of Myagrum perfoliatum L. in France. f.: fragment, C: carbonised, W: waterlogged

Context en datering van vondsten van Myagrum perfoliatum L. in Frankrijk. f.: fragment, C: verkoold, W: onverkoold

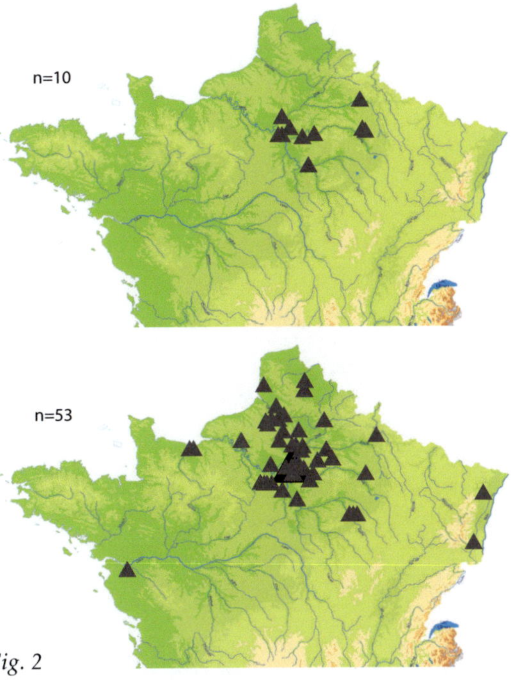

Fig. 2

Agrostemma githago

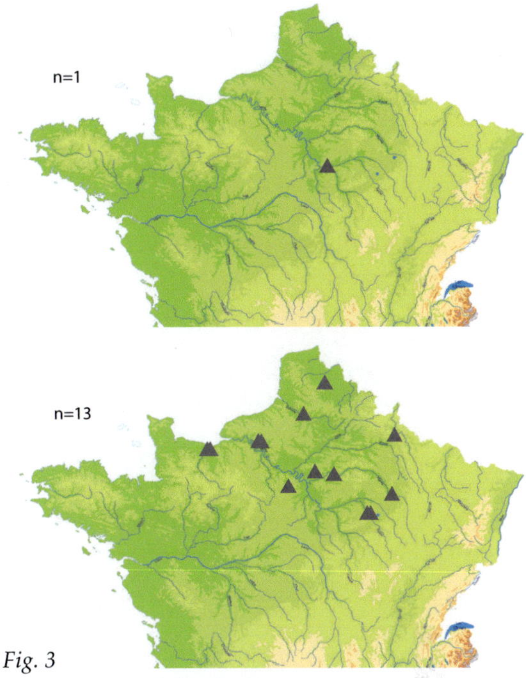

Fig. 3

Orlaya grandiflora

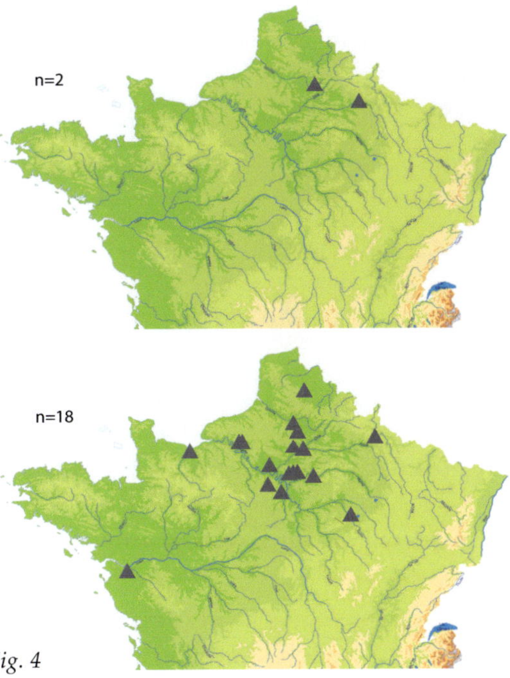

Fig. 4

Torilis japonica

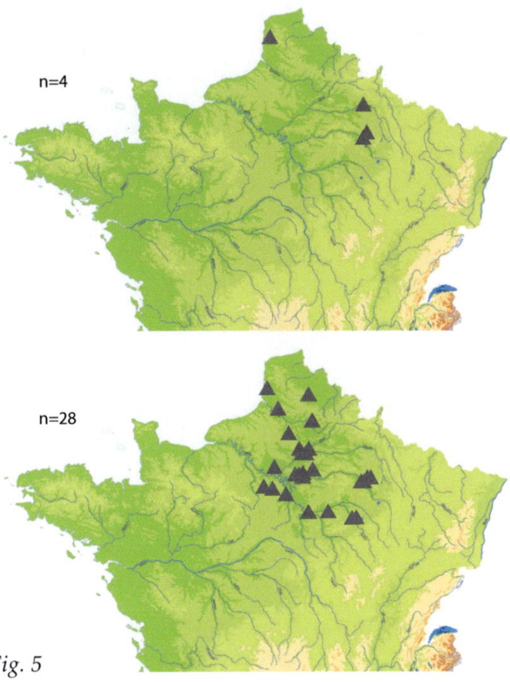

Fig. 5

Lithospermum arvense

Fig. 2-5. Captions on next page.

Fig. 2
Occurrences of Agrostemma githago L. in the second Iron Age (La Tène period) (above) and Roman period (below). Black triangle: Roissy ADP project, six sites

Vondsten van Agrostemma githago L. uit de Late IJzertijd (La Tène periode) (boven) en Romeinse tijd (onder). Zwarte driehoek: Roissy ADP project, zes vindplaatsen

Fig. 3
Occurrences of Orlaya grandiflora (L.) Hoffm. in the second Iron Age (La Tène period) (above) and Roman period (below)

Vindplaatsen van Orlaya grandiflora (L.) Hoffm. in de Late IJzertijd (La Tène periode) (boven) en Romeinse tijd (onder)

Fig. 4
Occurrences of Torilis japonica (Houtt.) DC. in the second Iron Age (La Tène period) (above) and Roman period (below)

Vindplaatsen van Torilis japonica (Houtt.) DC. in de Late IJzertijd (La Tène periode) (boven) en Romeinse tijd (onder)

Fig. 5
Occurrences of Lithospermum arvense L. in the second Iron Age (La Tène period) (above) and Roman period (below)

Vindplaatsen van Lithospermum arvense L. in de Late IJzertijd (La Tène periode) (boven) en Romeinse tijd (onder)

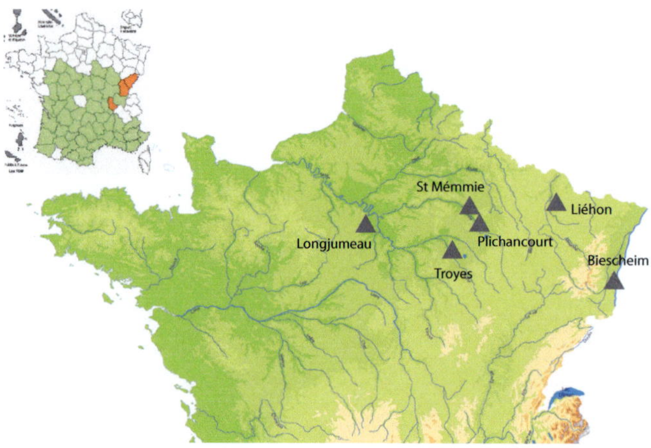

Fig. 6
Current distribution of Myagrum perfoliatum L. (after Tela-botanica.org) and occurrences of the plant during the Roman period. The plant is unknown in northern France for the Iron Age period

Huidige verspreiding van Myagrum perfoliatum L. (naar Tele-botanica.org) en vindplaatsen van de plant tijdens de Romeinse tijd. De plant is in de IJzertijd onbekend voor Noord-Frankrijk

Discussion: does the presence of *Myagrum* reveal long-distance cereal trade or the introduction of new varieties of cereals?

As the weed *Myagrum perfoliatum* is clearly today an alien species in northern France, especially in the regions considered here, its exogenous origin can be suspected for ancient times. The species has been encountered for the first time in France during the Roman period. It is completely lacking from protohistoric plant assemblages, in contrast to other typically Gallo-

Roman weeds, like *Agrostemma githago*, *Orlaya grandiflora*, *Torilis japonica*, *Lithospermum arvense* or *Onopordon acanthium* which are already present, though rare, during the Bronze or Iron Ages (Figs. 2-6).

The dispersal of these "archaeophytes" adventives, among the flora of cultivated fields, reaches a peak during the Roman period, while the cultivation of bread wheat replaces hulled barley, emmer wheat and spelt wheat in the same time (fig. 7-a, b, c, d). Shifts in cultural practices are probably the reason for the sudden modifications in the composition of weed assemblages, rather than climatic changes, because the emergence of specific species can be noticed all across northern France, whatever the local edaphic conditions – such as rain precipitations or soil categories.

The five mentions of *Myagrum* reported for the Gallo-Roman period are all located outside the present-day dispersal area of the species. The earliest evidence comes from the urban site of Troyes, where exotic food and Mediterranean products (figs, wine) had already been

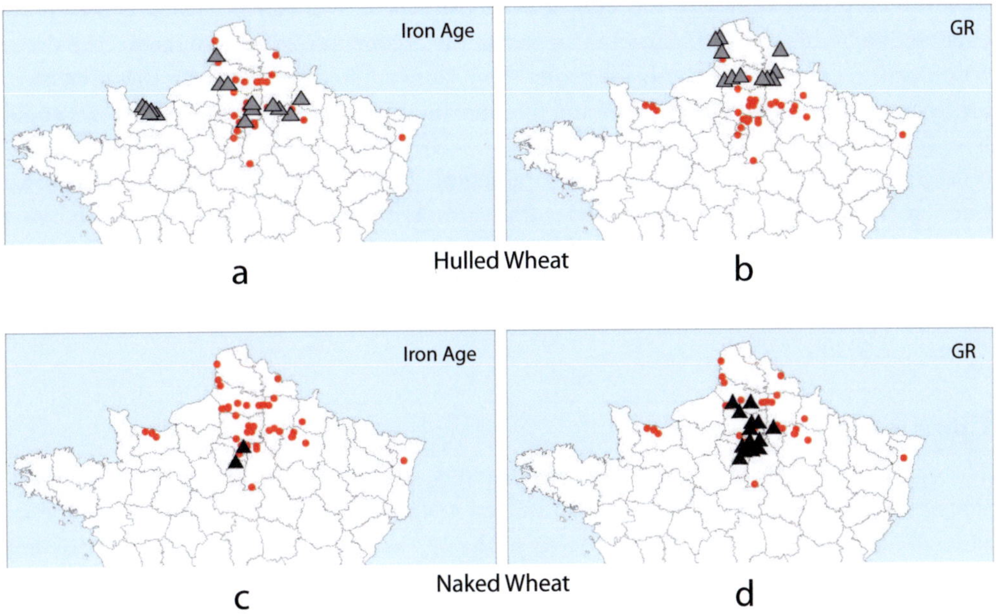

Fig. 7
Occurrences of wheat types in northern France. Left: La Tène C-D (Iron Age: second/first centuries BC); right: the beginning of the Roman period (GR: first/second centuries AD). Above (a, b): hulled wheats (Triticum dicoccum/monococcum/spelta) in grey; below (c, d): naked wheats (Triticum aestivum/durum/turgidum) in black. Only sites with the number of remains > 100 seeds of domesticated plants (NMI > 100). Triangles represent sites for which hulled wheat or naked wheat represent 25% and more of the domestic plants remains (seeds only). Red dots represent sites where botanical investigations were carried out

Vindplaatsen van graansoorten in Noord-Frankrijk. Links: La Tène C-D (IJzertijd: tweede/eerste eeuw BC); rechts: het begin van de Romeinse tijd (GR: eerste/tweede eeuw AD). Boven (a, b): bedekte granen (Triticum dicoccum/monococcum/spelta) in grijs; onder (c, d): naakte granen (Triticum aestivum/durum/turgidum) in zwart. Alleen vindplaatsen met het aantal resten > 100 zaden van gedomesticeerde planten (NMI > 100). Driehoeken geven vindplaatsen weer waarin bedekt graan of naakt graan 25% of meer van de gedomesticeerde plantenresten (alleen zaden) vertegenwoordigen. De rode stippen geven plaatsen aan waar botanisch onderzoek is verricht regularly imported in the archaeological phase AD 5-25. Later on, the presence of *Myagrum* is also mentioned in rural settlements, which provides no evidence for either the importation of luxury goods or for Mediterranean influences. *Coriandrum sativum* has been found in Saint Memmie but the spice was already present (and cultivated?) in northern Gaul during the late La Tène period (Zech-Matterne et al. 2009).

The discovery of *Myagrum* at the Mediterranean *villa rustica* of Liéhon is remarkable, as the weed comes from a storage context. The remains of the wooden trunk, from which the seeds originate, were associated with a pile of spelt wheat (*Triticum spelta*), stored as spikelets, and a heap of well-cleaned pea (*Pisum sativum*). The grains are big, mature and no damage due to pest storage can be noticed. The two crop plants could have been harvested in the fields surrounding the villa but they could also originate from another region. Perhaps, the trunk contained varieties of spelt and pea of special interest for the inhabitants of the villa.

The cultivation of spelt wheat is still of some importance during the Gallo-Roman period in eastern France, namely in the Lorraine and Champagne-Ardenne regions. Spelt represents the main crop for example in the sites of Metz (Moselle), Farébersviller (Moselle), Cuperly (Marne), and Chamfleury (Marne). The status, the architecture, the equipment, the decoration and the material of the Liéhon villa show close connections between the alimentary habits and life style of its inhabitants and the Roman way of living. Those rich farmers could have appreciated the opportunity to import and to test new crops or new varieties of cereals on their land, in order to improve their production. The existence of a long-distance cereal trade, at least for the supply of the armies and cities, is revealed by the presence of *Myagrum* and exotic foods, especially fruit, in the plant material coming from the Roman fort of Biesheim-Kunheim in the Alsace region (Jacomet and Schibler 2001, p. 66), as well as by the "exotic" products and wine importations discovered in several excavations in the cities of Troyes and Reims.

Conclusion

The occurrence of a characteristic Mediterranean weed in northern France raises the question of the circumstances of its introduction and maintenance, as *Myagrum* is not supposed to naturalise itself in this area. The answer probably lies in the existence of a long-distance cereal trade and the possible diversification of crop varieties by local farmers, at least the ones who had come into contact with the Mediterranean culture.

Acknowledgements

As a Corrie Bakels's PhD student, and a guest of the Leiden laboratory, I have had the unique opportunity to be intensively trained by Wim Kuijper in the identification of seeds and fruits of any kind. He taught me how to observe the material in order to give careful diagnoses, but also to accept the limits of the discipline. This part of the work, looking at the material, always gives me the same happiness, and I know it is still an effect of Wim's teaching.

References

Al-Shehbaz A, Beilstein M-A, Kellogg EA (2006) Systematics and phylogeny of the Brassicaceae (Crucifereae): an overview. Plant Systematics and Evolution 259: 89-120

Beilstein M-A, Al-Shehbaz A, Kellogg EA (2006) Brassicaceae phylogeny and trichome evolution. American Journal of Botany 93: 607-619

Jacomet S, Schibler J (2001) Les contributions de l'archéobotanique et de l'archéozoologie à la connaissance de l'agriculture et de l'alimentation du site romain de Biesheim-Kunheim. In: Plouin S, Reddé M, Boutantin C (eds) La frontière romaine sur le Rhin supérieur. A propos des fouilles récentes de Biesheim-Kunheim, catalogue de l'exposition au Musée gallo-romain de Biesheim, 31 août- 20 octobre 2001, ville de Biesheim, pp 60-69

Lambinon J, de Langhe JE, Delvosalle L, Duvigneaud J (1992) Nouvelle flore de la Belgique, du Grand Duché de Luxembourg, du Nord de la France et des régions voisines (Ptéridophytes et Spermatophytes), 4ème éd., 1992. Editions du Patrimoine du Jardin botanique national de Belgique, Meise.

Zech-Matterne V, Bouby L, Bouchette A, Cabanis M, Derreumaux M, Durand F, Marinval Ph, Pradat B, Sellami M-F, Wiethold J (2009) L'agriculture du VIe au Ier siècle avant J.-C. en France: état des recherches carpologiques sur les établissements ruraux. In: Bertrand I, Duval A, Gomez de Soto J, Maguer P (eds) Habitats et paysages ruraux en Gaule et regards sur d'autres régions du monde celtique, Actes du XXXIe colloque de l'AFEAF, 17-20 mai 2007, Chauvigny (Vienne), Tome II, Association des Publications Chauvinoises (Mémoire XXXV), Chauvigny 2009, pp 383-416